Jann

FEHLER EINS

FEHLER EINS

Alles beginnt aus einem Grund

von

Eckhard Jann

Verlag Franz Vahlen München

Eckhard Jann ist Flugkapitän, Trainer, Berater und blickt auf 25 Jahre Erfahrung als leitender Sicherheitsmanager in der Luftfahrt zurück.

Er entwickelte vor über zehn Jahren den ersten und einzigen Unfalluntersucherlehrgang in der deutschen Luftfahrt und hat mittlerweile hunderte Sicherheitsmanager und Untersucher ausgebildet. Er ist außerdem renommierter Redner und hat auf diversen nationalen und internationalen Veranstaltungen Vorträge gehalten.

Disclaimer

Alle Beispiele sind wahrheitsgemäß dargestellt. Bekannte Vorfälle stammen ausschließlich aus öffentlich zugänglichen Quellen. Vertrauliche Berichte wurden so weit anonymisiert und verändert, dass weder Personen noch Unternehmen identifizierbar sind. Ähnlichkeiten wären zufällig und nicht beabsichtigt.

Es sind stets Personen männlichen, weiblichen, diversen Geschlechts gleichermaßen gemeint; aus Gründen der einfacheren Lesbarkeit wird nur die männliche Form verwendet.

ISBN Print: 978 3 8006 6697 3
ISBN ePDF: 978 3 8006 6698 0
ISBN ePub: 978 3 8006 6699 7

Satz: Fotosatz Buck
Zweikirchener Str. 7, 84036 Kumhausen
Druck und Bindung: Westermann Druck Zwickau GmbH
Crimmitschauer Str. 43, 08058 Zwickau
Umschlaggestaltung: Ralph Zimmermann – Bureau Parapluie
Bildnachweis: © Dmitry_Guzhanin – depositphotos.com

CO_2 neutral
vahlen.de/nachhaltig

Gedruckt auf säurefreiem, alterungsbeständigem Papier
(hergestellt aus chlorfrei gebleichtem Zellstoff)

Für Katrin

Inhalt

1 Wie Unfälle entstehen

Kapitel 1
Verkettung von Fehlern

„Was schiefgehen kann, wird schiefgehen!“

Murphys Law

Die Challenger-Katastrophe

Der 28. Januar 1986 endete in einem Fiasko für die NASA.

Es war ein ungewöhnlich kalter Tag in Florida. Ein Blizzard hatte kalte Luft vom Norden bis an die Atlantikküste in Florida getragen. Die Temperaturen sanken bis auf -4° C. An den Geräten der Startrampe hingen lange Eiszapfen. Und das ausgerechnet an dem Tag, als die 25. Spaceshuttle-Mission starten sollte, mit besonderer Beladung an Bord. Die Lehrerin Christa McAuliffe sollte als erste Zivilistin mitfliegen, um aus dem Weltall Unterricht zu geben. Dies war mehr eine PR-Mission, um die amerikanische Bevölkerung wieder für die NASA und ihre Aufgaben zu begeistern.

AUF DEM WEG IN DIE KATASTROPHE: LETZTER START DES SPACESHUTTLES CHALLENGER

FOTO: NASA

Der Start wurde schon vorher dreimal verschoben. Jedesmal gab es unterschiedliche Gründe, um den Start kurzfristig abzusagen. Zweimal spielte das Wetter nicht mit, ein anderes Mal gab es ein Warnsignal einer nicht verschlossenen Außenklappe, was sich später als Fehlwarnung herausstellte.

Das öffentliche Interesse war groß, ebenso groß war aber auch der Druck, der auf dem Spaceshuttle Program Manager lastete, das Challenger Spaceshuttle endlich starten zu lassen. Die Besucher, Zuschauer und Presse wie auch die amerikanische Öffentlichkeit wurden schon mehrfach vertröstet. Die Kamerateams und mit ihnen Millionen Menschen an Fernsehern weltweit warteten.

Um 11:38 Uhr, die Außentemperatur betrug noch 2°Celsius, startete das Spaceshuttle Challenger zu seiner Weltraum-Mission. Die Triebwerke zündeten wie geplant und die Challenger hob mit 121 Tonnen Startgewicht ab. Die ersten 60 Sekunden lief alles nach Plan und die Kameras verfolgten den Start in den klaren Morgenhimmel über Cape Canaveral. Dann plötzlich, 73 Sekunden nach dem Abheben, explodierte das Spaceshuttle in einem großen Feuerball, übertragen live und in Farbe über Kameras millionenfach ins Fernsehen. Es herrschte Totenstille. Der NASA-Kommentator sagte sichtlich geschockt: „Offensichtlich haben wir eine gravierende Fehlfunktion."

Sieben Astronauten verloren ihr Leben. Die Crew hatte keine Überlebenschancen bei dieser Explosion.

Der amerikanische Präsident, Ronald Reagan, beauftragte eine Untersuchungskommission mit der Aufarbeitung der Challenger-Katastrophe. Der Untersuchungsbericht umfasste 170.000 Seiten und zeigte äußerst anschaulich, wie sich die Fehlerkette entwickeln konnte und unweigerlich zu dem Unglück führen musste.

Die primäre Ursache lag in den Gummidichtungen der beiden Hauptraketen (Booster), die links und rechts an dem Spaceshuttle montiert waren. Die Dichtungen sollten das Austreten von Treibstoff verhindern.

Die Gummidichtungen waren jedoch fehleranfällig. Fast genau ein Jahr zuvor kam es beim Start des Spaceshuttle Discovery bereits zum Gasaustritt an den Dichtungen. Der Hersteller der Booster-Raketen, Morton-Thiokol Inc., untersuchte den Vorfall und führte weitere Tests durch. Dabei fanden die Ingenieure heraus, dass die Dichtungen spröde und rissig wurden, sobald die Temperatur unter 10° Celsius lag. In einem Memo schrieb einer der Ingenieure: „Wir befürchten dass unter diesen Umständen die Raketen versagen könnten."

Wie aber kam es, dass trotz dieser Erkenntnisse der Challenger-Start nicht verhindert wurde?

Die Startfreigabe eines Spaceshuttle durchlief immer einen vierstufigen Prozess. Dieser Prozess sollte die Sicherheit erhöhen, denn nur wenn alle Stufen erfolgreich durchlaufen wurden, durfte eine Mission starten.

Die erste Stufe, die Ebene IV, berücksichtigte die Hersteller der verschiedenen Einzelbauteile. Sie alle mussten „grünes Licht" geben, bevor die nächste Stufe, Ebene III ihr Okay geben konnte. Die Ebene III waren die NASA-Manager, die für die unterschiedlichen Untersysteme verantwortlich waren. Anschließend wurde auf Ebene II geprüft, ob sämtliche Sub- und Untersysteme zusammenhängend einsatzbereit waren. Die letzte Stufe war die Ebene I. Es war die Ebene der Mission-Manager der Nasa, die für die gesamte Mission ihre Zustimmung geben mussten. Erst wenn alle Stufen abgeschlossen waren, durfte ein Spaceshuttle starten.

Am Abend zuvor, rund 15 Stunden vor dem verhängnisvollen Start, gab es eine entscheidende Konferenz zwischen der NASA (Ebene III) und dem Team des Raketenherstellers Morton Thiokol (Ebene IV). Die beiden Thiokol-Ingenieure Boisjoly und Thompson erläuterten die unkalkulierbaren Risiken beim Start unter 10°C Außentemperatur. Die NASA-Manager waren entsetzt: „Der Abend vor einem Start ist ein verdammt schlechter Zeitpunkt, um sich neue Kriterien einfallen zu lassen. Mein Gott, was glauben Sie, wann wir starten sollten, erst im April?"

Die Stimmung zwischen dem Thiokol- und NASA-Team war auf dem Tiefstpunkt. Die Konferenz wurde für 30 Minuten unterbrochen. Der ebenfalls anwesende Geschäftsführer von Morton Thiokol, Jerald Mason, war verzweifelt. Seit Monaten hatte er Anschlussaufträge mit der NASA verhandelt und nun befürchtete er, dass zwei übervorsichtige Ingenieure das alles zunichtemachen könnten. Er fragte in die Runde: „Bin ich der Einzige, der bereit ist zu fliegen?" Daraufhin schaute er die beiden Bedenkenträger an und sagte: „Jetzt ist der Zeitpunkt, Ihren Ingenieurshut abzulegen und Ihren Managementhut aufzusetzen!" Die beiden Ingenieure verstummten. Sie dachten sich, dass das Problem mit den Dichtungsringen der NASA ja seit Monaten bekannt sei, und beließen es dabei.

Als die Konferenz zwischen Morton Thiokol und NASA wieder aufgenommen wurde, erläuterte der Vorstand des Raketenherstellers Joe Kilminster: „Wir sind mittlerweile zu einer anderen Einschätzung des Risikos gekommen. Wir halten den Start für vertretbar." Die verantwortlichen NASA-Manager der Prüfebene III waren erleichtert und meldeten, dass der Hersteller keine Einwände mehr hätte. Die Risiken der Dichtungsringe wurden danach bis zum verhängnisvollen Start nicht mehr erwähnt.

In der Nacht, als die Entscheidung für den Start getroffen wurde, lag die Temperatur bei –4°C und damit weit unterhalb der als kritisch betrachteten

10°C. Damit nahm die verhängnisvolle Kette ihren Lauf. Die Dichtungsringe an den Boosterraketen wurden spröde. Als die Challenger abhob und Richtung Weltraum flog, rissen die Dichtungen und große Mengen Treibstoff konnten austreten. Er entzündete sich am Abgasstrahl und führte zur Explosion der Rakete. Das Spaceshuttle Challenger brach auseinander. Knapp sechs Wochen später fanden Bergungsmannschaften die Leichen der sieben Astronauten. Drei der Besatzungsmitglieder hatten noch Zeit, um ihren Sauerstoff für den Notausstieg zu aktivieren. Möglicherweise lebten sie noch, als die Kapsel auf der Wasseroberfläche aufschlug.

Ihre Mission dauerte 73 Sekunden. Die Verkettung der Fehler, die zu dieser Katastrophe führten, begann aber viel früher, lange bevor es lebensgefährlich wurde.

Dieses Buch soll Ihnen helfen, Fehlerketten zu erkennen, den „**FEHLER EINS**" rechtzeitig zu identifizieren und damit Katastrophen wie das Challenger-Unglück zu verhindern.

Katastrophen

Es gab in der Geschichte der Menschheit viele gravierende Unglücke, die am Ende einer Fehlerkette standen:

- Untergang Titanic (1911)
- Katastrophe von Bhopal (1984)
- Challenger-Explosion (1986)
- Nuklearkatastrophe von Tschernobyl (1986)
- Untergang der Kursk (12. August 2000)
- BP Deepwater Horizon (2010)

Und das ist nur ein kleiner Auszug aus der langen Liste der Unglücke und von Menschen verursachten Katastrophen.[1]

Wann sprechen wir überhaupt von einem Fehler und damit zusammenhängend von einer Fehlerkette?

Ein Fehler ist laut Duden etwas, das falsch ist, z.B. eine irrtümliche Entscheidung oder Maßnahme wie auch ein Fehlgriff. Wir betrachten also einen Feh-

1 Anmerkung: Ich gehe nicht so weit, hier Naturkatastrophen zu betrachten, denn für die gelten andere Gesetzmäßigkeiten, insbesondere was deren Bewältigung angeht.

ler als etwas Unvorhergesehenes. Etwas gänzlich anderes ist beabsichtigtes (Fehl-)Verhalten, im Englischen „violation“. Der Unterschied liegt hier bei einem vorsätzlich falschen Verhalten, wie beispielsweise einer Straftat. Insofern handelt es sich dann nicht mehr um einen klassischen Fehler. Der Straftäter hat genau das erreicht, was er geplant hatte.

Als Fehler betrachte ich in diesem Kontext Verhalten und Ereignisse, die nicht geplant oder beabsichtigt waren. Diese Blickweise hilft uns, ein besseres Verständnis für die Entwicklung von Fehlerketten und Entstehung von Unglücken zu bekommen.

Fehlerketten

Für Unfälle, die von Menschen verursacht wurden, lag immer eine Kausalität vor, eine Beziehung zwischen Ursache und Wirkung. Fast immer gab es eine Kausalkette oder Fehlerkette mit einem Beginn und Ende der Verkettung von Fehlern. Das klassische Ursache-Wirkungs-Prinzip. Die Ursache kann eine Kleinigkeit sein, ein winziger Ausrutscher, eine scheinbar harmlose Fehlentscheidung, die sich im Laufe der Zeit zu einer gewaltigen Katastrophe entwickelt.

Nehmen wir das Beispiel der Ölplattform Deepwater Horizon im Jahr 2001. Durch einen kleinen Fehler bei der Bedienung des Bohrgestänges wurde eine Dichtung beschädigt. Im Laufe der Tage danach entwich immer wieder Gas in großen Mengen. Als das Bohrloch verschlossen werden sollte, zeigten die Instrumente ungewöhnlich hohen Druck an. Die Daten wurden als „fehlerhaft“ interpretiert. Der massive Druck schleuderte Öl, Gas und Schlamm aus dem Bohrloch. Der automatische Sicherheitsverschluss war defekt und konnte das Bohrgestänge nicht schließen. Um 21:55 Uhr entwich eine Gasblase und es kam zur Explosion mit einem 75 Meter hohen Feuerball. Elf Menschen starben bei dem Unglück. Der Unfall führte zur größten Ölpest im Golf von Mexiko und zur schwersten Umweltkatastrophe dieser Art.

Ähnlich wie bei der Challenger-Katastrophe gab es eine kleine, ja fast winzige Ursache. Dieser kleine Auslöser hatte aber die Kraft, große Wirkung zu entfalten. Vergleichen lässt sich dies mit einer Reihe von aufgestellten Dominosteinen. Wird der erste Dominostein angetippt, fallen alle anderen Steine nacheinander unweigerlich um. Egal wie lang die Reihe ist, die Steine kippen um.

Es gibt sogar öffentliche Veranstaltungen, die einen Wettbewerb daraus machen. Und manches Mal klappt es beim Wettbewerb dann doch nicht so, wie sich die Teilnehmer das vorgestellt hatten. Ein Stein kippt nicht wie geplant und die Kette wird unterbrochen. Ein einziger Stein würde ausreichen, um die Ereigniskette zu unterbrechen. Genauso verhält es sich mit Fehlerketten.

Am Anfang steht oft ein menschlicher Fehler, der den Beginn einer ganzen Reihe von Folgefehlern darstellen kann.

Eine Reihe von Dominosteinen ist noch recht einfach, da linear. Unser Leben und unsere Organisationen sind aber nicht linear, sondern recht komplex. In einem Unternehmen gibt es viele Rädchen, die an verschiedenen Stellen ineinandergreifen. Wenn Sie an einem Rädchen drehen, einen Aspekt im Unternehmen verändern, kann es durchaus sein, dass an ganz anderer Stelle, unerwartet und ungeplant, Änderungen auftauchen. Gleichermaßen gilt das für Fehlerketten. Ein kleiner Anfangsfehler muss nicht zwangsläufig zu einem vorherbestimmten Vorfall führen. Die Fehlerkette kann Abzweigungen nehmen.

Auch hier kann die Fehlerkette wieder mit großen und verzweigten Dominoreihen verglichen werden. Die Dominoketten verzweigen sich, immer und immer wieder, bis am Ende unzählige Endpunkte herauskommen.

An welcher Stelle würden Sie jetzt einen Dominostein entfernen, um zu verhindern, dass die letzten Dominosteine umfallen? Ich nehme an, so früh wie möglich. Nach der ersten Abzweigung müssten Sie schon an zwei Stellen die Kette unterbrechen. Je länger die Fehlerkette wird, desto schwieriger wird es, gravierende Auswirkungen aufzuhalten.

Im Alltag erleben wir so etwas täglich. Die Programme unseres Smartphones enthalten Millionen von Programmierzeilen. Sie enthalten Fehler. Je komplexer die Systeme und je umfangreicher die Zusammenhänge, desto gravierender die Auswirkungen solcher teils falsch programmierten Befehlszeilen. Täglich bekommen wir Updates und „Fehlerverbesserungen“ für Apps, Programme und Betriebssysteme. Das ist schon so normal geworden, dass wir uns kaum noch Gedanken darüber machen. Meist sind es ja auch nur kleine, vielleicht etwas lästige Probleme, aber zum Glück nichts Gravierendes. Nur hin und wieder erleben wir, wie die Fehlerkette sich unaufhaltsam fortsetzt und unser digitales Leben massiv beeinträchtigt.

Anfang Dezember 2019 erlebten deutschen Sparkassenkunden massive Probleme bei ihren Bankgeschäften. Betroffen waren Überweisungen, Lastschriften und Kartentransaktionen. Selbst Bargeld konnten die Kunden zweitweise nicht mehr abheben. Der Sparkassenverband sprach von einer

„kleinen IT-Panne". Für die Kunden waren die Probleme aber weder klein noch harmlos. Auslöser war ein IT-Fehler beim Dienstleister der Hessischen Landesbank. „Ursache für die Störung war ein Defekt bzw. Fehler in einer zentralen Komponente zur Verarbeitung von Zahlungsverkehrstransaktionen", sagte der zuständige Vorstand anschließend.

Ähnlich erging es Fluggesellschaften am Flughafen Paris-Orly im November 2015. Der Flughafen konnte für etliche Stunden kein einziges Flugzeug abfertigen, da eine wichtige Softwareverbindung unterbrochen war. Die Verbindung zwischen der Flugleitstelle und den Wetterdaten basierte auf einem 23 Jahre alten Betriebssystem namens „Windows 3.1" aus dem Jahr 1992. Im Computerzeitalter ist das ein uraltes, fast schon historisches Betriebssystem. Keiner wusste mehr davon. Insofern wären vermutlich Software-Historiker für die Fehlersuche notwendig gewesen.

Wer hätte das gedacht: Das Betriebssystem Windows 3.1 aus 1992 legt den Flugbetrieb im Jahr 2015 lahm? Wer weiß, welche alten Systeme noch irgendwo unerkannt schlummern und einige Überraschungen für uns parat halten? Und so stecken noch weitere Fehler verborgen in Systemen, bis sich eine Fehlerkette in Gang setzt, bis der erste Dominostein fällt.

Spätestens jetzt stellt sich die Frage, warum es nicht jedes Mal zu einem großen Ausfall, einem Vorfall oder Unglück kommt. Dazu schauen wir uns die ersten Forschungen zu dem Thema an.

Heinrich Pyramide

Herbert William Heinrich, ein amerikanischer Sicherheitsingenieur, wurde 1886 in Vermont, USA geboren. Im Ersten Weltkrieg arbeitete er als Offizier für die US Navy, später dann für die Traveler Insurance Company, ein Versicherungsunternehmen. Um Versicherungsrisiken besser einschätzen zu können, wurde Herbert Heinrich beauftragt, sich rund 75.000 Arbeitsunfälle anzuschauen. Er analysierte sehr akribisch den Ablauf von Unfällen in Fabrikhallen. Ebenso Arbeiter, die sich bei den Unfällen schwerwiegende Verletzungen zugezogen hatten.

Seine Untersuchungen veröffentlichte er 1931 unter dem Titel „Industrial Accident Prevention: A Scientific Approach". Er kam zu dem Ergebnis, dass viele Unfälle ähnliche Ursachen hatten. Aber anders als bei sonstigen Untersuchungen, ging er einen Schritt weiter und untersuchte, ob es bereits kleine Vorkommnisse oder Arbeitsfehler gab, die ebenfalls auf gleiche Ursachen zurückzuführen waren. Es war die erste systematische Untersuchung über die Entstehung von Unfällen.

UNFALLPYRAMIDE

Dazu muss gesagt werden, dass Heinrich seine Untersuchungen weniger aus wissenschaftlichen, sondern vielmehr aus versicherungstechnischen Gesichtspunkten durchgeführt hatte.

Das Ergebnis seiner Arbeit war die sogenannte Heinrich Pyramide, die besagt, dass einfache (Arbeits-)Fehler oftmals keine größeren Auswirkungen haben. Je häufiger sie jedoch auftreten, desto wahrscheinlicher werden größere Auswirkungen bis hin zu Unfällen. Die Unfallpyramide von Heinrich wurde später mehrfach aufgegriffen. So untersuchte der Ingenieur Frank E. Bird im Jahr 1969 etwa 1,7 Millionen Unfälle, ebenfalls im Auftrag für eine Versicherung. Er kam zu einem ähnlichen Ergebnis und fügte der Pyramide die Ebene der kleineren Vorkommnisse hinzu. Im Laufe der Jahre wurde die Unfallpyramide immer weiterentwickelt und ergänzt. Mittlerweile spricht man beim untersten Bereich von der Ebene der „unsicheren Handlungen" bzw. von „beobachtbaren Arbeitsfehlern".

Diese Theorie hat zwar Kritiker auf den Plan gerufen, insbesondere von Wissenschaftlern, aber die grundlegende Hypothese ist uns allen bewusst und bekannt. Jeden Tag unterlaufen uns kleinere oder größere Fehler, hier mal ein Missgeschick, dort eine Fehleinschätzung oder falsche Entscheidung. Aber nicht jeder Tag endet in einem Fiasko. Die meisten unserer kleinen Arbeitsfehler bleiben unentdeckt und folgenlos. Nur in Ausnahmefällen kommt es zu einem größeren Vorfall. Fehler passieren so regelmäßig, dass wir uns in vielen Fällen schon daran gewöhnt haben.

Das Prinzip der Unfallpyramide ist relativ einfach nachzuvollziehen. Sie beschreibt, dass Fehler häufig und regelmäßig passieren, ohne dass es gravierende Auswirkungen hat. Diese einzelnen Arbeitsfehler beinhalten bereits ähnliche Ursachen, die später einmal den Auslöser der Fehlerkette darstellen und zum Unfall führen können.

Die Benutzung des Smartphones ist weltweit eine der Hauptursachen für Unfälle mit Verkehrstoten. An den Autobahnen kennen wir die Plakate „Leg Dein Handy zur Seite!“, „Das war der letzte Gruß“ usw. mit entsprechend abschreckenden Bildern. Aber fühlt sich jeder von uns angesprochen oder gilt das im Wesentlichen für alle anderen? Sprechen Sie doch mal mit Freunden über das Autofahren. Fast jeder behauptet, dass es viel zu viele schlechte Autofahrer auf den Straßen geben würde: „Keiner hält sich an die Regeln.“ Aber glauben wir ernsthaft, dass wir die Einzigen auf den Straßen sind, die sich immer richtig und vorbildlich verhalten? Oder nutzen wir unser Handy vielleicht doch hin und wieder mal während der Fahrt? Und wenn es nur der kurze verstohlene Blick auf die WhatsApp-Nachricht ist.

Jetzt sind wir ja nicht die einzigen Autofahrer, denen es vielleicht so geht. Viele Tausend Autofahrer, jeden Tag, begehen diesen „Fauxpas“, diesen Arbeitsfehler. Und in der Regel passiert dann ja auch nichts Gravierendes. Wir kommen heil an unser Ziel. Unser Gedächtnis lernt also, dass es ja so schlimm nicht sein kann. Wir glauben, dass wir gut fahren können und anders als andere Autofahrer, die verunglückt sind, die Situation stets im Griff haben. Uns wird schon nichts passieren.

Hin und wieder passiert es aber doch und ein Autofahrer ist beim Blick auf das Smartphone abgelenkt. Er weicht für einen kurzen Moment von der Spur ab und lenkt schnell wieder auf seine eigene Spur zurück. „Puuuh, das ist ja noch mal gut gegangen“, denkt er sich und die Fahrt wird fortgesetzt.

Sie merken schon, worauf ich hinauswill. Denn nicht immer klappt es, dass der Autofahrer es rechtzeitig bemerkt, und er touchiert ein anderes Auto. Damit haben wir bereits den kleineren Unfall. Nur in wenigen Fällen, verglichen mit der großen Anzahl an täglichen Fahrten, kommt es zu einem großen Unfall, teilweise sogar mit Verkehrstoten. Das ist die Spitze des Eisbergs, die oberste Ebene der Unfallpyramide.

Herbert Heinrich ging so weit, dass er einen mathematischen Zusammenhang zwischen den Arbeitsfehlern und dem Unfall definierte. Seine Untersuchungen ergaben, dass auf 300 Vorkommnisse etwa 30 schwere Vorfälle kamen und am Ende ein Unfall an der Spitze stand. Gerade dieser statistische Zusammenhang hat für viel Kritik gesorgt und sollte entsprechend mit Vorsicht betrachtet werden. Für unsere Betrachtungen ist es aber nicht relevant, in welchem mathematischen Verhältnis die Arbeitsfehler zu dem Unfall stehen. Uns sollte stattdessen bewusst sein, dass es viele alltägliche Arbeitsfehler gibt, die alle ein Element der späteren Fehlerkette sein könnten. Wie wir ja bereits an einigen Beispielen gesehen haben, reicht ein kleiner Fehler aus, um am Ende der Fehlerkette zu einer Katastrophe zu führen.

Wäre es nicht fantastisch, wenn wir in der Lage wären, die ersten und wichtigsten Fehlerelemente bereits auf der Ebene der Arbeitsfehler zu identifizieren?

Unfalluntersucher bei Flugzeugunfällen wurden in den frühen Jahren der Fliegerei immer dann aktiv, nachdem ein Flugzeug verunglückt war. Damit konnten sie nur an der Spitze der Unfallpyramide mit ihren Untersuchungen beginnen. Viele Untersuchungen in den 50er- bis 70er-Jahren blieben damit auf dieser Ebene. Die Frage, der sie nachgingen, lautete: Wer oder was hat den Unfall verursacht? Nur selten ging die Untersuchung deutlich tiefer und betrachtete weitere Vorkommnisse und Arbeitsfehler. Erst später begannen die Untersucher tiefer einzusteigen und die unteren Ebenen der Unfallpyramide, zumindest bei einigen Unfällen, genauer zu betrachten.

Ein Beispiel ist der Unfall der französischen Fluggesellschaft Air Inter in Strasbourg am 20. Januar 1992 mit einem für damalige Verhältnisse modernen Airbus A320. Der Airbus A320 wurde erst vier Jahre zuvor weltweit in Betrieb genommen. Die Ingenieure hatten sich alle Mühe gegeben, viele neue Ideen und Konzepte in das Flugzeug einzubauen.

Der A320 hatte ein neuartiges Computersystem für die Bedienung des Autopiloten. Die Crew konnte den Autopiloten so programmieren, dass er entweder einen konstanten Gleitwinkel flog, in diesem Fall -3.3 Grad, oder aber einer konstanten Sinkrate folgte, fälschlicherweise 3300 Fuß pro Minute. Die übliche Sinkrate für einen Anflug beträgt zwischen 600 bis 800 Fuß pro Minute.

Diese Gradanzeige war in einem winzigen Display untergebracht. Für beide unterschiedliche Einstellungen standen aber nur zwei Ziffern zur Verfügung: „33“ für die Sinkrate oder „3.3“ für den Gleitwinkel. Die beiden Anzeigen ließen sich auf dem Display nur durch einen kleinen Punkt zwischen den beiden Ziffern unterscheiden. Beide Piloten übersahen den Punkt und die Sinkrate auf ihren Instrumenten. Bei Dunkelheit, schlechter Sicht und Zeitdruck führten sie nach einem langen Tag ihren letzten Anflug mit einer vierfach zu hohen Sinkgeschwindigkeit durch. Das Flugzeug zerschellte im Gebirge, einige Meilen vor dem Flughafen von Strasbourg. 87 Menschen kamen dabei ums Leben, nur 9 Personen überlebten das Unglück.

Als die französischen Ermittler den Unfall untersuchten, kamen sie auf das Merkmal der Anzeige. Sie fanden vor allem heraus, dass vielen Piloten bei Air Inter der gleiche Arbeitsfehler ebenfalls schon mal passiert war. Ein Arbeitsfehler, begünstigt durch mangelhaftes Design. Nie hatte es zuvor aus diesem Grund einen Unfall gegeben. Erst in der Verkettung unglücklicher Umstände, wie Uhrzeit, Wetter, Sichtbedingungen und Gebirge, kam es zu dem Absturz.

Nach dem Unfall wurde übrigens für alle Airbus A320 Flugzeuge die Anzeige geändert, sodass es nicht mehr zu den Verwechslungen kommen konnte. Des weiteren wurden alle Flugzeuge weltweit mit einem Bodenannäherungswarnsystem (EGPWS - Enhanced Ground Proximity Warning System) ausgestattet, um ein CFIT (Controlled Flight Into Terrain) kontrolliertes Fliegen gegen Boden und Hindernisse zu vermeiden.

Der Unfall von Air Inter ist ein trauriges Beispiel, dass wir oftmals lange bzw. zu lange warten, bevor wir etwas ändern und sicherer machen. Wäre es nicht sinnvoll, wenn wir frühzeitig einzelne Elemente einer Fehlerkette erkennen und beseitigen könnten?

Wie erkennen wir diese problematischen Arbeitsfehler? Dazu schauen wir uns als Nächstes ein Modell an, welches als „Schweizer Käsescheiben"-Modell bekannt wurde.

James Reason – Käsescheiben

Viele der genannten Unglücke sind auf menschliche Fehler zurückzuführen. Wie wir an dem Beispiel der Air Inter gesehen haben, ist der menschliche Fehler, der zu dem Unfall führt, nicht alleine die Ursache. Es gibt viele Dinge, die unser Handeln und unsere Entscheidungen beeinflussen.

Einer der ersten und bekanntesten Forscher, der diese Thematik systematisch untersucht hat, ist der britische Psychologieprofessor James Reason von der Universität Manchester. Im Jahr 1990 veröffentlichte er einen Artikel „Der Beitrag latenter menschlicher Fehler beim Zusammenbruch komplexer Systeme". Seine Untersuchungsergebnisse zeigten, dass zwischen aktiven und latenten Fehlern unterschieden werden muss. Um das anschaulich darzustellen, entwickelte er ein Modell, welches als das sogenannte Schweizer Käsescheiben-Modell berühmt wurde.

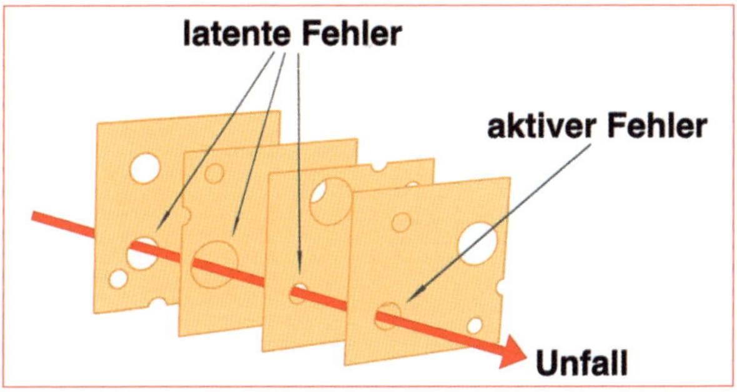

SCHWEIZER KÄSESCHEIBEN-MODELL

Vor James Reason hatten sich Forscher im Wesentlichen auf den Menschen als Individuum konzentriert. Sie untersuchten, warum Menschen Fehler machen. Als Erklärungen wurden Leichtsinn, Nachlässigkeit, Unaufmerksamkeit, Vergesslichkeit oder einfach mangelnde Motivation genannt. Der moralische Gedanke dahinter ist, dass nur schlechten Menschen schlechte Dinge passieren. Es müsste sich nur der Mensch ändern und anpassen, dann wären wir wieder sicher, so die Überzeugung. „Wenn er doch bloß richtig hingeschaut hätte, wäre es zu keinem Unfall gekommen“, war eine übliche Antwort mit dem Hintergedanken: Der Mensch war schuld!

Dass dies ein Trugschluss ist, wurde später deutlich. Und leider muss ich sagen, dass dieser Gedanke auch heute noch verbreitet ist.

Reason hat eine Theorie entwickelt, dass der Mensch nie alleine, quasi im Vakuum, handelt, sondern immer beeinflusst wird von vielen verschiedenen Umständen. Erst diese „latenten“, also immer vorhandenen Fehler in den Ebenen davor, haben zu dem Fehler des Handelnden, des Menschen geführt.

„Das System definiert die Sicherheit“

Eine Organisation, eine Firma, ein Unternehmen besteht nicht nur aus den Mitarbeitern, sondern aus vielen verschiedenen hierarchisch angeordneten Ebenen mit unterschiedlichen Aufgaben und Verantwortlichkeiten (s. Kapitel 9 – „Fehler bewerten“).

Es fängt an mit der obersten Führungsebene der Organisation, die ausreichende Ressourcen zur Verfügung stellen muss und Verfahren sowie Prozesse etablieren soll, um sicheres Handeln zu ermöglichen. Die nächste Ebene betrifft die Aufsicht, also die mittlere Führungsebene. Setzen die Bereichsleiter und Abteilungsleiter Vorschriften und Verfahren richtig um? Erkennen sie Probleme rechtzeitig und stellen sie diese ab?

Als vorletzte Stufe bezeichnet er die Umstände. Das können Umwelteinflüsse sein wie schlechtes Wetter oder Dunkelheit, aber auch mangelhaftes Design der eingesetzten Geräte. Auch die Verfassung des Einzelnen spielt eine Rolle. Hat der Mitarbeiter ausreichende technische und mentale Fähigkeiten, um seine Aufgaben sicher zu erfüllen? Hier würden wir z.B. Schlafmangel als eine mögliche Ursache eines Fehlers identifizieren.

Ganz zum Schluss kommt die Ebene des aktiven Fehlers, die Handlung des Einzelnen, der den Fehler begeht und somit einen Vorfall verursacht. Der Patient erhält zum Beispiel das falsche Medikament. Diese Ebene bezeichnet Reason als die Ebene der **aktiven Fehler**.

In jeder Ebene gibt es Mechanismen, die Fehler verhindern sollen. Sie funktionieren wie Sicherheitsnetze. Sie sollen dafür sorgen, dass sicheres Handeln ermöglicht wird. Leider wissen wir nun aber, dass die Sicherheitsnetze Lücken aufweisen, denn kein System wird jemals perfekt sein können. Diese Löcher können bereits in der obersten Ebene liegen und finden sich beispielsweise bei mangelhaftem Design von Cockpitinstrumenten, sie gehen weiter über zweideutige oder missverständliche Verfahren und enden erst ganz zum Schluss bei der letzten Ebene, der handelnden Person.

Für James Reason war offensichtlich, dass der handelnde Mensch nicht völlig isoliert den Fehler verursacht, sondern seine unsichere Handlung durch viele verschiedene Faktoren beeinflusst wird. Die Ebenen davor können die Entwicklung der Fehlerkette begünstigen, obwohl sie als Sicherheitsnetze die Fehler verhindern sollen.

Diese Lücken sind wie die Löcher eines Edamers, eines Schweizer Käse. Jede einzelne Käsescheibe, jede Ebene der Sicherheitsnetze, ist in der Lage, die Fehlerkette zu unterbrechen, also Fehler auf einer davor liegenden Ebene aufzufangen. Die Netze sollten bestmöglich die Entstehung von Fehlerketten verhindern. Und meistens funktioniert es auch recht gut. Jeden Tag gibt es kleine oder größere Probleme, die wir zu meistern versuchen. Beispielsweise fehlerhafte Bauteile oder eine komplett falsche Ladung. Der Chirurg, der gerade mit der Operation beginnen will und im letzten Moment noch feststellt, dass die falsche Prothese geliefert wurde. Hier hatte es bereits vorher einen Fehler gegeben, die Crew, das Team oder der Einzelne hat gerade noch rechtzeitig eingegriffen und Schlimmeres verhindert.

Genau das meint James Reason, wenn er von den einzelnen Sicherheitsnetzen spricht. Eine Lücke im Sicherheitsnetz, ein Fehler in einer Ebene wird von einer anderen Ebene aufgefangen. Wenn aber alle Löcher im Schweizer Käse übereinander liegen, sich also die Fehlerkette kontinuierlich fortsetzt wie ein Lichtstrahl, der durch die Löcher scheint, kommt es zu den genannten Unfällen.

Diese Lücken in den verschiedenen Ebenen bezeichnet er als **latente Fehler**. Die Lücken sind immer vorhanden. Oftmals bemerken wir sie nicht einmal, zumindest solange nichts passiert. Am entscheidenden Tag kommen diese latenten Fehler dann so ungünstig zusammen, dass sie die Entwicklung von Fehlern begünstigen und schlussendlich zu dem aktiven Fehler führen. James Reason bezeichnet die letzte Käsescheibe als Ebene der „unsafe acts", der unsicheren Handlungen. Die anderen Ebenen sind die Vorbedingungen für unsichere Handlungen.

Vergleichbar sind diese latenten Fehler z.B. mit Mängeln beim Hausbau. Wenn das Fundament falsch geschüttet oder die elektrische Verkabelung schlecht isoliert wurde, dann sind die Fehler dauerhaft, also latent immer vorhanden. Vielfach geht es gut, bis an einem Tag eventuell Feuchtigkeit in die Wände eindringt, es einen Kurzschluss gibt und Feuer ausbricht. Latent waren die Fehler seit dem Bau immer vorhanden.

Die Sicherheit eines Unternehmens wird durch sein System definiert. Wie engmaschig sind die Sicherheitsnetze und wie frühzeitig werden latente Fehler entdeckt und behoben?

Einige Firmen legen sehr bewusst ihren Fokus darauf, das System sicher zu machen, wie beispielsweise Chemiewerke. Sie stellen ausreichend finanzielle Ressourcen zur Verfügung, um schwerwiegende Fehler und somit große Katastrophen zu verhindern. Andere Branchen und Unternehmen tun sich damit schwerer.

Bei einigen Unternehmen erlebe ich, dass der Fokus der Fehlerbetrachtung bei der handelnden Person liegt, somit auf der Ebene der aktiven Fehler. Zu selten werden Fehler als Resultat von Fehlerketten untersucht. Sinnvoller und hilfreicher wäre es, am Anfang der Fehlerkette zu beginnen. Die bewusste Suche nach latenten Fehlern im System hilft uns nämlich, langfristig besser und sicherer zu werden.

Nehmen wir das Beispiel einer Medikamentenverwechslung im Krankenhaus. Eines Nachts, die Krankenschwester war alleine auf der Station, benötigte ein Patient dringend ein Schmerzmittel. Der Patient erhielt dabei versehentlich ein falsches Medikament. Bei der anschließenden Untersuchung kam heraus, dass die Kollegin die richtige Verpackung gegriffen hatte, aber leider in der Verpackung der falsche Blister lag, die falsche Sichtverpackung für einzelne Tabletten. Wo lag der Fehler? Lag es an einem einzelnen Mitarbeiter? Solange die Untersuchung nicht abgeschlossen war, konnte das nicht mit Sicherheit gesagt werden. Möglicherweise gab es noch weitere Medikamentenverpackungen mit falschem Inhalt. Eine falsche Medikamentenabgabe hätte jederzeit wieder passieren können. Das Problem lag im Übrigen nicht an einer Einzelperson und wurde in Zusammenarbeit mit der Apotheke behoben.

Fehler Eins

Damit kommen wir zu der Definition des „**Fehler Eins**". Welches ist der erste Fehler, der Beginn der Fehlerkette? Und damit meine ich nicht die Ursünde von Adam und Eva im Paradies. In diesem Fall reicht der Glaube, die Hinwendung zu und Erlösung durch Gott. Problem gelöst. Dieses Buch ist zu Ende.

Der **Fehler Eins** ist der Anfang und Beginn einer Fehlerkette. Es ist vergleichbar mit dem Patienten null. Dieser Patient steht am Anfang einer Ansteckungswelle. Beim Ausbruch von Covid 19 haben Mediziner sehr schnell begonnen, den Patienten null, den Beginn der Pandemie zu suchen. Fündig wurden sie auf einem Marktplatz in Wuhan, China. Bei einer Pandemie ist diese Vorgehensweise einleuchtend und nachvollziehbar. Denn die Suche nach dem ersten infizierten Patienten hilft den Medizinern, die Ausbreitung der Ansteckungen besser zu verfolgen und zu verstehen. Die Absicht dahinter ist ebenfalls einleuchtend. Man möchte die Verbreitung verstehen und die Weiterverbreitung dieser Ansteckungskette verhindern.

Umso verwunderlicher ist es, dass bei der Untersuchung von Vorfällen, Unfällen oder Katastrophen das so selten gemacht wird. Meistens bleiben die Untersuchungen auf der Ebene der aktiven Fehler und damit bei der Person, welche die unsichere Handlung ausgeführt hat.

Wenn wir uns stattdessen die Mühe machen würden, den **Fehler Eins** zu suchen, könnten wir weitaus mehr erreichen, als nur den einen, den letzten Unfall aufzuklären. Wenn wir bei dem Beispiel mit den Dominosteinen bleiben, so kann ein Dominostein umkippen und sich die Reihe in viele verschiedene Richtungen verzweigen. Genauso können aus dem **Fehler Eins** völlig unterschiedliche Fehlerketten entstehen. Der Unterschied zur Fehlerkette ist allerdings, dass es verschiedene Sicherheitsnetze gibt, welche die meisten Verästelungen aufhalten. Hin und wieder erreicht eine Fehlerkette dennoch das Ende und führt zum Unfall.

Wo fangen die Untersucher mit der Aufklärung des Unfalls an? Meist am Ende der Fehlerkette, beim Ereignis. Sie haben auch kaum eine andere Möglichkeit. Die Unfallstelle ist gesichert und bekannt. Jetzt können sie anfangen, alle Informationen zusammenzutragen, um den Hergang, Ablauf und die Ursache herauszufinden.

Auch in Unternehmen beginnen die Untersuchungen erst, wenn es Vorfälle gab. Die zuständigen Mitarbeiter müssen am Ende der Fehlerkette beginnen. Es gibt kaum eine Alternative. Leider jedoch, und das ist das größte Dilemma, hören die Untersuchungen meistens genau dann auf, wenn ein Fehlverhalten des Mitarbeiters nachgewiesen wurde. In den allermeisten Fällen reicht es den Vorgesetzten, einen Verantwortlichen gefunden zu haben. Damit bleibt es ausschließlich bei der Untersuchung der letzten Käsescheibe, bei den aktiven Fehlern bzw. an der Spitze der Unfallpyramide.

Die wenigsten Unternehmen machen sich die Mühe und suchen aktiv und bewusst nach dem Beginn der Fehlerkette, nach dem **Fehler Eins**. Dabei würde es langfristig so viel mehr bringen. Der gleiche **Fehler Eins** kann und wird wieder auftreten. Er würde sich beim nächsten Mal eine andere Route suchen und zu einem anders gearteten Unfall führen. Denn der **Fehler Eins** wurde nicht behoben. Man war zufrieden, wenn der verantwortliche Mitarbeiter zur Rechenschaft gezogen wurde. „Strafe muss sein!“, sagte mir mal ein Geschäftsführer. Ob er damit die langfristige Verbesserung der Sicherheit im Unternehmen erreicht hat, wage ich zu bezweifeln.

Zusammenfassung:

- Ein katastrophaler Unfall ist das Ergebnis einer Fehlerkette.
- Wir machen täglich viele kleine Fehler, die im ungünstigen Fall der Beginn einer Fehlerkette sein können.
- Latente Fehler sind immer vorhanden und beeinflussen die aktiven Fehler, die zum Unfall führen.
- Der **Fehler Eins** ist der Beginn einer Fehlerkette.
- Seien Sie vorsichtig, wenn Sie Löcher im Käse entdecken.

Kapitel 2
Akzeptanz von Risiken

„Wenn alles gegen dich zu sein scheint, dann erinnere dich, dass ein Flugzeug nur gegen den Wind abhebt und nicht mit ihm."

Henry Ford

Wenn wir uns über latente Fehler und den **Fehler Eins** unterhalten, sollten wir uns überlegen, welche Bedeutung sie haben und welche Gefahren von ihnen ausgehen.

In diesem Kapitel lernen Sie den Unterschied zwischen Gefahr und Risiko kennen, welche Risiken wir eher bereit sind zu akzeptieren und warum wir keinesfalls unsere Hände in den Schoss legen sollten, selbst wenn wir meinen, dass nichts passiert sei.

Unser gesamtes Leben besteht aus Risiken. Das fängt schon beim Aufstehen an, wenn die Hausschuhe vor dem Bett zur Stolperfalle werden, anschließend laufen wir Gefahr, in der Dusche auszurutschen, und zum Frühstück wird noch ein verdorbener Joghurt verspeist. Von den Risiken auf der Fahrt zur Arbeit möchte ich gar nicht erst anfangen. Tagtäglich und in fast allen Lebensbereichen sind wir von Gefahren umgeben. Fast überall wird von Risiken gesprochen.

In der Werbung für Medikamente heißt es beispielsweise: „Zu Risiken und Nebenwirkungen fragen Sie Ihren Arzt oder Apotheker!" Haben Sie sich schon mal den Spaß gemacht und tatsächlich nach Risiken (nicht den Nebenwirkungen) gefragt? Welche Antwort würden Sie bekommen? Vielleicht sagt Ihnen der Arzt: „Sie gehören zu keiner Risikogruppe, und da Sie kein Risikopatient sind, haben Sie auch kein erhöhtes Risiko." Der Apotheker sagt Ihnen eventuell, dass Sie mit einer 95%igen Wahrscheinlichkeit keine inneren Blutungen mit multiplem Organversagen bekommen werden und die Wahrscheinlichkeit zu sterben mit diesem Medikament bei etwa 5‰ liegt. Haben wir dadurch ein besseres Verständnis für Gefahren und Risiken erhalten oder klingt das eher nach beschwichtigen?

Grundsätzlich ist das ganze Leben Risiko. Es endet nach allen wissenschaftlichen Erkenntnissen und Vorhersagen mit größter Wahrscheinlichkeit mit dem Tod. Benjamin Franklin meinte lakonisch: „Nur zwei Dinge auf Erden sind uns ganz sicher: der Tod und die Steuer."

Das Leben ist also riskant. Ist es deshalb auch gleichzeitig gefährlich? Ist Risiko denn gefährlich? Und warum heißt es auch noch Risikolebensversicherung? Müsste es nicht eher Lebensgefahrenversicherung heißen?

Lassen Sie uns gemeinsam dieses Wortwirrwarr entflechten. Fehler, egal ob latente oder aktive, stellen eine potenzielle Gefahr dar. Sie sind Auslöser für eine Verkettung, deren Ende katastrophal sein kann. Sicheres Verhalten, Sicherheitsmaßnahmen oder ganz allgemein Sicherheit sind die richtigen Mittel, um Fehlerketten zu verhindern oder wenigstens zu unterbrechen. Schauen wir uns an, was es mit Sicherheit eigentlich auf sich hat. Die Definition von Sicherheit ist laut Wikipedia:

> *„Sicherheit bezeichnet allgemein den Zustand, der für Individuen, Gemeinschaften sowie andere Lebewesen, Objekte und Systeme frei von unvertretbaren Risiken ist oder als gefahrenfrei angesehen wird."*
>
> Quelle: https://de.wikipedia.org/wiki/Sicherheit

Es heißt also, dass etwas sicher ist, wenn es frei von unvertretbaren Risiken oder gefahrenfrei ist. Gefahrenfrei oder risikofrei. Interessant! Es wirft sofort die Frage auf, ob das nicht ein und dasselbe ist. Offensichtlich nicht, sonst hätte nicht beides genannt werden müssen. Doch was ist der Unterschied zwischen Gefahr und Risiko?

Gefahr vs. Risiko

„Gefahr oder Risiko?" Das ist eine meiner Lieblingsfragen bei Vorträgen und Schulungen. Schnell heißt es, dass natürlich Gefahr und Risiko nicht dasselbe ist. So weit, so gut. Als Nächstes stelle ich die Frage: „Wenn die Begriffe nicht identisch sind, wo sind die Unterschiede?" Dann wird es meistens spannend, denn die Antworten darauf sind zahlreich und vielfältig. Vor allem aber sind die Antworten meist sehr kreativ.

„Gefahr ist etwas Konkretes, z.B. ein Hurrikan. Risiko ist etwas Abstraktes." „Ein Löwe kann gefährlich sein und ist deshalb auch ein Risiko. … oder doch kein Risiko?" „Ein Gewitter ist ein Risiko, aber nicht gefährlich, oder?" „Gefahr kann ich spüren, Risiko nicht wirklich." „Es gibt immer das Risiko, eine Fehlentscheidung zu treffen." Je länger das Publikum darüber nachdenkt, desto schwieriger fällt es ihm, zwischen Gefahr und Risiko zu unterscheiden.

Daher versuche ich es mit einem einfachen Beispiel: Stellen Sie sich vor, es gibt Eisregen und damit verbunden spiegelglatte Straßen. Ist das jetzt eine Gefahr oder ein Risiko? Ist es beides oder vielleicht sogar keines von beidem?

Sofort wird geantwortet: „Ja, das ist natürlich eine große Gefahr!" „Aber ist es auch ein Risiko?", frage ich. Und meistens ist das der Punkt, an dem eine wilde Diskussion im Publikum beginnt.

Nach ein paar Minuten versuche ich, die Frage zu beantworten: „Wenn wir bei dem Beispiel mit dem Eisregen bleiben, sollte uns sehr wohl bewusst sein, dass Eisregen mit Glatteis auf den Straßen natürlich eine Gefahr ist. Diese Situation ist eine Gefahr, und sie bleibt auch eine Gefahr. Zu einem Risiko wird sie für uns erst, wenn wir uns dieser Gefahr aussetzen. Wenn ich also nachts um 2 Uhr tief und fest schlafe, während draußen vor der Tür der Eisregen für glatte Straßen sorgt, ist das für mich kein Risiko. Zumindest nicht, solange ich weiterschlafe. Erst wenn ich morgens aufstehe und zur Arbeit fahre, wird es für mich auch zu einem Risiko."

Die Gefahr ist also vorhanden. Ein Risiko besteht erst, wenn ich mich dieser Gefahr aussetze. Und nicht nur das. Risiko kann ich sogar beeinflussen. Wenn ich zum Beispiel vergessen habe, rechtzeitig die Reifen zu wechseln und dummerweise noch Sommerreifen am Auto habe. Vielleicht bin ich auch noch spät dran und muss mich beeilen, um rechtzeitig zur Besprechung zu kommen. Schnelles Fahren mit abgefahrenen, glatten Reifen erhöhen bei Glatteis automatisch das Risiko. Bis zum Unfall fehlt dann nicht mehr viel. Hat sich die Gefahr dabei in irgendeiner Art und Weise geändert? Keineswegs! Die Straßen sind glatt, egal ob ich im Bett liege oder zur Arbeit hetze.

Welche Schlussfolgerung können wir daraus ziehen? Was können wir beeinflussen? Die Gefahr oder das Risiko?

Wir kommen mit dem Beispiel vom Glatteis also sehr schnell zur Erkenntnis, dass Gefahren vorhanden sind und erst zu Risiken werden, je nachdem, wie wir uns verhalten.

Risiko ist das Einzige, was wir in unserem Leben oder unserem Betrieb beeinflussen können. Gefahren bleiben bestehen. Weder Glatteis noch ein Orkan oder ein Erdbeben lassen sich durch uns aufhalten oder verhindern.

Wir tun uns unglaublich schwer, zwischen Gefahr und Risiko zu unterscheiden, da beide Begriffe im Alltag nahezu synonym verwendet werden. Wir sagen „Vorsicht! Das ist gefährlich!“ und meinen „Geh bloß kein Risiko ein!“. Wir sprechen von Feuergefahr bei Trockenheit oder Brandgefahr in den Wäldern. Es heißt aber auch Unfallgefahr oder Verletzungsrisiko. Im Casino gibt es ein hohes Verlustrisiko und man läuft Gefahr, sein Geld zu verlieren. Es ist risikoreich und gefährlich.

Es geht jedoch nicht darum, den Sprachgebrauch dieser Wörter zu verändern. Die Unterscheidung hilft uns aber, ein besseres Verständnis zu entwickeln, wenn wir verstehen wollen, was wir ändern können und wo unsere Möglichkeiten enden. Es sollte mit den Beispielen klar geworden sein, dass wir lediglich das Risiko beeinflussen bzw. managen können.

Nehmen wir als Beispiel einen Hurrikan. Ein Hurrikan, Taifun oder Wirbelsturm ist und bleibt eine Gefahr. Das Risiko, von einem Hurrikan getroffen zu werden, lässt sich dabei sogar recht gut berechnen. Es gibt diverse Vorhersagemodelle, um die Anzahl der Wirbelstürme für jedes Jahr neu zu berechnen. Noch genauer werden die Vorhersagemodelle, sobald sich die ersten tropischen Stürme gebildet haben. Wie aber können wir das Risiko eines Hurrikans beeinflussen?

Florida hat viele Jahrzehnte Erfahrung gesammelt im Umgang mit tropischen Wirbelstürmen. Auf Grundlage dieser Erfahrungen hat der Bundesstaat Gesetze erlassen, um die Auswirkungen eines Hurrikans zu minimieren. Nachdem Hurrikan Andrew in Florida 1992 erheblichen Schaden angerichtet hatte, wurden die Baugesetze angepasst. Seither müssen alle Neubauten hurrikansicher konstruiert werden, das heißt, die Außenwände müssen Stein auf Stein gemauert werden und das Dach muss Windgeschwindigkeiten von bis zu 160 mph, das entspricht knapp 260 km/h, aushalten. Florida hat außerdem bestimmte Routen eingerichtet, um die Bevölkerung schnell aus gefährdeten Gebieten evakuieren zu können.

Sämtliche Maßnahmen dienen dazu, das Risiko für Menschen zu reduzieren. Sie eignen sich nicht dazu, den Hurrikan abzuwenden. Auch wenn Donald Trump mal der Meinung war, dass man einen Hurrikan verhindern könne, indem man eine Atombombe ins Auge des Hurrikans werfe.

Sie sehen, dass wir sehr wohl unser Risiko beeinflussen können, wenn es darum geht, Menschenleben durch die Gefahr eines Wirbelsturms zu schützen. Wir kontrollieren wieder nicht den Wirbelsturm per se, sondern nur die Auswirkungen, die durch ihn zu erwarten sind.

Risiken können wir grundsätzlich beeinflussen, verändern oder schlussendlich auch akzeptieren. Einige Risiken wollen wir bewusst nicht eingehen, andere wiederum sehen wir persönlich sehr gelassen. So gibt es immer wieder Menschen, die sich selbst beim schlimmsten Hurrikan einer Evakuierung widersetzen, weil sie glauben, dass es so gefährlich ja nicht werden kann. Diese Menschen haben eine sehr subjektive Wahrnehmung ihres individuellen Risikos.

Wir sollten uns daher Risiko aus zwei unterschiedlichen Perspektiven anschauen:

- Selbstbestimmte Risiken
- Fremdbestimmte Risiken

Selbstbestimmte Risiken

Die meisten von uns besitzen einen Führerschein. Bereits in der Fahrschule haben wir gelernt, wofür das Kürzel StVO steht, nämlich für Straßenverkehrsordnung. Die StVO legt die Regeln für alle Teilnehmer am Straßenverkehr fest, egal ob Autofahrer, Radfahrer oder Fußgänger. Uns wurde beim Erwerb des Führerscheins beigebracht, dass die Regeln der Straßenverkehrsordnung einzuhalten sind. Es ist uns allen durchaus bewusst, dass die Regeln nicht als wohlwollende Hinweise oder gut gemeinte Empfehlungen zu verstehen sind. Wer Vorfahrt hat und wer warten muss, ist eindeutig festgelegt. Das gilt im Besonderen auch für Höchstgeschwindigkeiten.

Hand aufs Herz: Wer ist schon mal versehentlich in Ortschaften schneller als die zulässige Höchstgeschwindigkeit von 50 km/h gefahren? Die meisten werden jetzt wahrscheinlich nicken. Andere werden sich denken: „Wieso versehentlich?“

Wie aber fühlt es sich an, wenn wir Beifahrer sind oder Fahrgast im Taxi? Stellen Sie sich vor, Sie sitzen im Taxi und lassen sich spät in der Nacht nach einer langen und feuchtfröhlichen Silvesterparty nach Hause fahren. Der Taxifahrer hat es eilig, denn es warten noch viele andere Partygänger, die nach Hause wollen. Es ist eine verregnete Nacht. Der Taxifahrer fährt auf der Autobahn durch eine Baustelle, wo nur 80 km/h erlaubt sind. Sie sitzen auf der Rückbank und schauen verstohlen über seinen Rücken auf den Tacho. Er zeigt 120 km/h an.

Wie fühlt sich das an? Wie wohl fühlen Sie sich in der Obhut des Taxifahrers? Oder anders gefragt: Wie sicher fühlen Sie sich in diesem Moment? Denken

Sie „Wie toll, dass er mich so schnell nach Hause fährt!", oder haben Sie ein mulmiges Gefühl? Die meisten werden sich dabei nicht wohlfühlen und es als riskante Fahrweise bezeichnen. Und das, obwohl wir möglicherweise selber zu einem anderen Zeitpunkt auch nicht gerade mit 79 km/h durch die Baustelle fahren würden.

Sie merken also, dass die Risikowahrnehmung einen großen Unterschied ausmacht, je nachdem, ob wir selber am Steuer sitzen oder als Fahrgast daneben.

Das Bundesministerium für Verkehr schreibt zu den häufigsten Fehlern von Fahrern bei Unfällen mit Getöteten:

> *„Die meisten Menschen sterben im Straßenverkehr aufgrund einer unangepassten Geschwindigkeit."*

Gleiches gilt für die Bedienung und Nutzung von Smartphones während der Fahrt. Vor einigen Jahren bin ich in Köln gelandet und sollte einen Vortrag in Bensberg halten, etwa 15 km vom Kölner Flughafen entfernt. Ich bin ins Taxi gestiegen, um mich dorthin bringen zu lassen. Als wir uns bereits auf der Autobahn befanden, begann der Taxifahrer, auf seinem Navi die Route zu programmieren. Ich starrte ihn an und fühlte mich nicht sehr wohl. Allerdings ertappte ich mich dabei, hier wieder mit zweierlei Maß zu messen und mein eigenes Risikoempfinden mit seiner Risikowahrnehmung zu vergleichen. Schließlich hatte ich selber auch schon mal während der Fahrt ein neues Fahrziel ins Navi eingegeben.

Nach 20 Minuten Fahrzeit sind wir dennoch ohne Vorkommnisse am Ziel angekommen. Außerdem hatte ich für meinen Vortrag gleich wieder eine neue, aktuelle Anekdote und ein neues Beispiel für selbstbestimmte Risiken.

Es gibt viele andere Beispiele für Risiken, denen wir uns freiwillig aussetzen. Dazu gehören in erster Linie Extremsportarten, beispielsweise Klippenspringen, Höhlentauchen, Canyoning oder Mountain Diving mit einem Wingsuit. Extremsportler testen ihre physischen und psychischen Grenzen aus, oftmals unter Lebensgefahr.

Schauen Sie doch einfach mal in die Unterlagen Ihrer Risikolebensversicherung. Die Versicherung hat einen sehr guten Überblick über risikoreiche Sportarten, denn letztlich müsste sie zahlen, wenn mal etwas schiefgeht. Diese Risiken sind ihr zu hoch und deshalb in den meisten Verträgen vom Versicherungsschutz ausgeschlossen. Versicherer können die Mortalitätsrate für einige typische Sportarten sehr genau berechnen:

- Motorradrennen (Wahrscheinlichkeit eines tödlichen Unfalls liegt bei 1 zu 1000),
- Drachenfliegen (1 zu 560),
- Base-Jumping (1 zu 60) oder
- Bergsteigen in Nepal (1 zu 16).

Die Risiken sind teilweise extrem hoch. Zu keinem dieser Tätigkeiten werden Freizeitsportler gezwungen. Sie entscheiden sich aus freien Stücken dafür.

Auch Bergsteiger entscheiden sich aus freiem Willen für einen Aufstieg. Insgesamt gibt es weltweit nur 14 Gipfel, die höher als 8000 Meter sind. Sie liegen ausnahmslos im Himalaja-Gebirge. Daher ist es für jeden passionierten (Extrem-)Bergsteiger das Ziel, den einen oder anderen Achttausender zu erklimmen.

Insbesondere um den Mount-Everest-Aufstieg hat sich ein regelrechter Massentourismus entwickelt. Der höchste und berühmteste aller Gipfel hat bereits so viele Bergsteiger gleichzeitig erlebt, dass die zuständige Behörde in Nepal die Anzahl der Aufstiege begrenzen musste. Es gibt einen Ansturm von Bergsteigern im Himalaja, obwohl diese Art der Freizeitbeschäftigung das höchste Risiko birgt. Die Wahrscheinlichkeit, nicht mehr lebend von einem Kletterausflug aus Nepal zurückzukommen, liegt bei über 6 %. Das gilt für alle Achttausender.

Ein Berg sticht aber besonders hervor, der Annapurna. Er gilt als gefährlichster Berg mit den schwierigsten Pfaden und Aufstiegen. Außerdem gibt es plötzliche Wetterumschwünge, die eine Planung nahezu unmöglich machen. Er steht mit 8091 Meter Höhe zwar nur an zehnter Stelle der höchsten Berge, aber an erster, was seine Tödlichkeit betrifft.

Bis 2012 haben lediglich 191 Kletterer den Annapurna bestiegen. Davon sind 54 tödlich verunglückt. Das Risiko zu sterben, lag mit 34 % bereits extrem hoch. Alleine am 14. Oktober 2014 verstarben weitere 43 Menschen und 175 wurden verletzt, als die Kletterer von Schneesturm und Lawinen überrascht worden sind. Sie waren nicht einmal auf dem direkten Weg zum Gipfel, sondern hatten sich einen vermeintlich leichteren Nebenpass ausgesucht. Dieses Ereignis gilt als schlimmste Klettertragödie in der Geschichte Nepals.

Wir können davon ausgehen, dass keiner der Bergsteiger leichtfertig und unvorbereitet den Aufstieg gewagt hat. Mehrere Jahre Vorbereitung, Training sowie mindestens 10.000 US-Dollar sind notwendig, um sich auf dieses Abenteuer einzulassen. Jeder fühlte sich fit und in der Lage, den Aufstieg durchzuführen. Alle Kletterer hatten bereits andere Achttausender erfolgreich erklommen.

BASISLAGER VOR DEM ANNAPURNA

FOTO: SEVEN SUMMIT TREKS P. LTD, KAPAN, KATHMANDU, NEPAL

Sie hatten ein gutes Gefühl und waren zuversichtlich, den Annapurna erfolgreich zu bezwingen. Keiner hatte die Absicht und noch weniger die Erwartung, in Nepal zu sterben. Es war ihr freier Wille, die eigene Vorbereitung und Einschätzung des Risikos, was die Bergsteiger veranlasst hatte, den Annapurna zu besteigen. Es war, um es auf den Punkt zu bringen, ein selbstbestimmtes Risiko.

Für Extremsportarten wie Bergsteigen im Himalaja gibt es keine Pauschalreisen. Das ist auch gut so. Was sollte man den Touristen bei der Buchung auch sagen? „Herzlichen Glückwunsch! Sie haben die Annapurna-Tour gegen Vorkasse gebucht und von Ihrer Reisegruppe wird voraussichtlich jeder Dritte nicht mehr lebend nach Hause kommen"? Ich kann mir nicht vorstellen, dass Reiseveranstalter jemals auf die Idee kommen, eine Pauschalreise mit solchem Risiko anzubieten. Ich würde sie jedenfalls nicht buchen und kann es auch niemandem empfehlen.

Trotz der hohen Risiken bei den verschiedenen Extremsportarten geht der Trend immer mehr in diese Richtung. Die Menschen wollen und suchen den besonderen Kick. Sie akzeptieren die Risiken, weil sie sich einbilden, dass es nur andere treffen kann.

Sofort stellt sich die Frage, ob diese Menschen die gleichen hohen Risiken auch für andere Lebensbereiche akzeptieren würden. Würden Sie in ein

Flugzeug mit brennendem Triebwerk steigen oder auf ein Schiff mit einem klaffenden Loch im Rumpf, in das bereits Wasser eindringt?

Wir merken sehr schnell, dass wir unterschiedliche Risikowahrnehmungen haben. Es ist ein himmelweiter Unterschied, ob wir selbst am Steuer sitzen oder Beifahrer sind, ob wir das Gefühl haben, das Risiko im Griff zu haben oder dem Risiko ausgeliefert zu sein.

Fremdbestimmte Risiken

Stellen Sie sich vor, Sie sitzen im Flugzeug. Können Sie in diesem Moment das Risiko beeinflussen? Eher weniger, denn sobald Sie das Flugzeug betreten haben, liegt die Verantwortung für eine sichere Flugdurchführung bei der Besatzung. Sie können als Passagier nicht beeinflussen, wohin das Flugzeug fliegt, ob es in ausreichendem Abstand an Gewittern vorbeifliegt oder ob genügend Kerosin an Bord ist. Sie müssen der Crew vertrauen, dass Sie nicht nur pünktlich, sondern auch sicher und gesund an Ihr Ziel gebracht werden.

Ähnlich verhält es sich als Patient im Krankenhaus. Welche Möglichkeit haben Sie, das Risiko zu beeinflussen, wenn Sie auf dem OP-Tisch in Narkose liegen? Sie können weder die Fähigkeiten und Fertigkeiten des Operateurs beurteilen noch kennen Sie die Qualifikation des OP-Teams, Sie können auch die „Surgical Safety Checklist", eine Art Sicherheitscheck vor Beginn der OP, nicht einfordern. Können Sie, wenn Sie tief und fest in Narkose liegen, irgendetwas beeinflussen? Zugegeben, das ist eine rhetorische Frage, denn wir legen unser Leben in fremde Hände und vertrauen, dass die Ärzte und OP-Schwestern ihr Bestes geben und alles richtig machen.

Beides sind klassische Beispiele für fremdbestimmte Risiken. Risiken, die wir nicht abschätzen und noch weniger beeinflussen können. Wir müssen den handelnden Personen vertrauen. Natürlich erwarten wir, dass sich auf unserem Flug in den Urlaub der allerbeste, erfahrenste und routinierteste Pilot an Bord befindet. Ausgeschlafen sollte er sein, gesund und mit voller Konzentration seinen Beruf ausüben. Schließlich wird er ja dafür bezahlt. Wir vertrauen einer uns völlig unbekannten Person und haben entsprechend hohe Erwartungen an ihre Fähigkeiten und unsere Sicherheit. Ähnlich erwarten wir von einem Taxifahrer, dass er sich stets an die Regeln im Straßenverkehr hält und umsichtig fährt. Wir fühlen uns nicht wohl mit einem Fahrer, der einen ruppigen Fahrstil hat, hupenderweise überholt und andere Verkehrsteilnehmer schneidet. Auch im Taxi wollen wir sicher an unser Ziel gelangen. Sobald wir aber im eigenen Auto am Lenkrad sitzen, ändert sich mit einem Schlag unsere Einstellung gegenüber dem, was wir als akzeptables Risiko ansehen. Minuten vorher haben wir uns noch über den Taxifahrer geärgert. Kurze Zeit später legen wir die Verkehrsregeln dann doch etwas großzügiger aus. „Naja, wir haben es ja auch eilig. Außerdem weiß ich ja, was ich tue …" Das sind Argumente, mit denen wir vor uns selber unsere Fahrweise rechtfertigen.

Es ist verblüffend, wie schnell sich die Wahrnehmung von Risiko verändert, abhängig davon, ob es selbstbestimmtes oder fremdbestimmtes Risiko ist.

Wie hoch ist aber unsere Erwartung an fremdbestimmtes Risiko? Wie viel korrektes und sicheres Handeln erwarten wir?

Dafür schauen wir uns ein weiteres Beispiel an, nämlich Atomkraftwerke. Kaum etwas jagt uns mehr Angst und Schrecken ein als ein Super-GAU, ein größter anzunehmender Unfall eines Atomkraftwerks. Die Auswirkungen eines Super-GAUs sind verheerend, wie man 1986 in Tschernobyl erlebt hatte. Wir wären ihm nahezu schutzlos ausgeliefert, und uns bliebe nichts anderes übrig, als zu flüchten. In dicht besiedelten Gebieten würden viele Tausend Menschen sterben. Die betroffenen Bereiche wären für Jahrhunderte unbewohnbar. Letzten Schätzungen zufolge würden bei einer Kernschmelze in Westeuropa rund 28 Millionen Menschen kontaminiert.

Es ist das ultimativ fremdbestimmte Risiko. Insofern ist es nicht verwunderlich, dass die Sicherheitsanforderungen an Atomkraftwerke erheblich sind. Wir vertrauen den Gesetzgebern, Aufsichtsbehörden, Betreibern und Wissenschaftlern, dass das Risiko eines Super-GAUs auf ein absolutes Minimum reduziert ist. Laut einer Studie der US-amerikanischen Kommission für nukleare Sicherheit Mitte der 1970er-Jahre sei rechnerisch nur alle 1.000.000 oder sogar nur alle 10.000.000 Jahre mit einem Super-GAU zu rechnen. Er wäre also rein hypothetisch möglich, aber extrem unwahrscheinlich, meinte man damals. Die Öffentlichkeit war beruhigt und weltweit begannen die Staaten, in großem Umfang Atomkraftwerke zu bauen.

Die Zahlen zur Risikoabschätzung beruhten auf damaligen Annahmen. Es wurden weder Gefahren durch einen terroristischen Angriff noch Auswirkungen eines Erdbebens bzw. Tsunamis berücksichtigt. Jahrzehnte später haben Forscher und Wissenschaftler dazugelernt und die neuen Risiken berücksichtigt. Bei aktuell geschätzten 500 Atomkraftwerken weltweit ist das Risiko deutlich größer geworden. Nach neuen Schätzungen wäre alle 20 Jahre eine Kernschmelze möglich.

Nach dem Tsunami in Japan und dem folgenden Reaktorunfall in Fukushima war plötzlich der politische Wille da, aus der Atomkraft auszusteigen. Das tatsächliche Risiko ist aus heutiger Sicht deutlich höher als ursprünglich gedacht und berechnet. Trotzdem ist das Risiko eines GAUs immer noch äußerst gering – deutlich geringer als die allermeisten alltäglichen Risiken des Lebens.

Ich bin kein Experte für Atomkraft und deren Risiken. Das Beispiel soll lediglich aufzeigen, dass wir hohe Anforderungen an fremdbestimmte Risiken stellen.

Versuchen Sie einmal, Ihr Haus in der Nähe eines Atomkraftwerks zu verkaufen, kurz nachdem es zu einem Vorfall gekommen ist.

Am Donnerstag, den 28. Juni 2007, kam es infolge eines Kurzschlusses in einem benachbarten Trafohäuschen des Atomkraftwerks Krümmel zu einem Brand. Dieser Brand konnte gelöscht werden, die Bilder, die verbreitet wurden, sahen allerdings sehr dramatisch aus. Schwarze Rauchwolken über dem Atomkraftwerk. Diese Bilder bleiben haften. Der junge Familienvater Thorsten P. versuchte daraufhin, sein Haus zu verkaufen und wegzuziehen. Er hatte sogar schon ein Jobangebot. Die neue Schule für seine Kinder war ausgesucht und ein potenziell neues Haus bereits gefunden. Nur mit dem Verkauf wollte es nicht so richtig klappen. Es wurde günstig angeboten, auf Vordermann gebracht, aufgehübscht, noch weiter im Preis reduziert, doch die Familie wartete und wartete. Die Interessenten blieben leider aus. Die Erinnerung an die Bilder vom Rauch über dem Atomkraftwerk war noch zu frisch und zu präsent.

Nach 18 Monaten hatte Thorsten die Hoffnung aufgegeben und fand sich mit seinem Schicksal ab. Er fand plötzlich wieder Gründe, warum es doch gar nicht so schlecht sei, in dem Haus wohnen zu bleiben. Es war ein sehr schönes Haus mit einem großen Garten und jedes Kind hatte sein eigenes großes Zimmer. Er hatte ja in den letzten Jahren so viel Geld in das Haus gesteckt und es wäre doch wirklich schade, wenn das Geld verloren wäre. Außerdem war die Lage, so nah an der Elbe, eigentlich ganz schön. Und das Atomkraftwerk sah man von dem Grundstück so gut wie gar nicht.

Die Erinnerungen an die Rauchsäulen waren verblasst und damit auch die Wahrnehmung des Risikos.

Unser Gehirn ist schon bemerkenswert. Solange der Vorfall noch aktuell und frisch in unserem Gedächtnis ist, wird das Risiko anders bewertet, als wenn die Erinnerungen daran verblasst sind. Ein gutes Beispiel hierfür sind Urlauber: Ein Schiffsunglück in Italien, ein Erdbeben auf einer Urlaubsinsel oder ein Tsunami im Indischen Ozean – nichts davon verändert ihre Risikowahrnehmung derart, dass sie nicht nach ein bis zwei Jahren wieder dort hinreisen würden.

Risiko einschätzen

Die Wahrnehmung von Risiko, egal ob selbst- oder fremdbestimmt, ist ohnehin eine Sache für sich und geschieht meist subjektiv.

Stellen Sie sich vor, Sie sprechen mit einem Bekannten über seine Hobbys: Motorradrennen, Paragliding, Klettern in den Anden oder Ping-Pong. Sie beide haben unterschiedliche Vorstellungen und schätzen die Risiken jeweils anders ein. Sie argumentieren mit den Informationen aus Ihrer Risikolebensversicherung. Einige Hobbys seien so gefährlich, dass dafür kein Versicherungsschutz besteht. Ihr Freund wiegelt aber ab. Er ist der Meinung, dass sein Hobby ja gar nicht so gefährlich sein kann, denn es ist ihm ja noch nie was passiert.

Genau diese Antwort höre ich dann oft auch in Unternehmen, wenn wir über Vorfälle sprechen. „Es ist ja nichts passiert." Implizit meint man damit, dass dann ja auch kein Risiko vorlag. Aber ist das wirklich so?

Dazu eine kurze Anekdote:

Der 19-jährige Lukas hatte gerade seit zwei Wochen seinen Führerschein und freute sich, endlich mobil zu sein. Eines Abends saß er mit Freunden zusammen. Er entschloss sich ganz spontan, es wird gegen 22:00 Uhr gewesen sein, den Porsche seines Vaters für eine Spritztour auszuleihen. Die Eltern waren unterwegs und der Cayenne stand einladend in der Auffahrt.

Also nahm er sich die Schlüssel, setzte sich in den Wagen und startete den 460 PS-Motor. Er fuhr auf die nächste Autobahn. Er wollte doch mal sehen, wie schnell so ein Porsche fahren könnte. Um die Uhrzeit war die Autobahn leer und sie konnten richtig Gas geben.

Als erfahrenem Autofahrer dürfte Ihnen spätestens jetzt der Atem stocken.

Nach 30 Minuten stellte er den Wagen wieder auf die Auffahrt und ging glücklich strahlend mit den Freunden zurück ins Haus. Passiert war nichts!

Kommen wir zurück zu der Aussage: „Es ist ja nichts passiert!“ Ist die Schlussfolgerung zulässig, dass tatsächlich kein Risiko vorliegt? Das Beispiel sollte deutlich machen, dass dem natürlich nicht so ist. Wenn ein Fahranfänger mit 14 Tagen Fahrpraxis den Porsche Cayenne an seine Leistungsgrenzen bringt, liegt das Risiko mit Sicherheit nicht bei null.

Und trotzdem wird sowohl privat wie auch beruflich immer wieder argumentiert: „Es ist ja nichts passiert und deshalb brauchen wir uns jetzt darum auch keine Gedanken zu machen.“

Wie aber können wir Risiken richtig oder zumindest besser abschätzen?

Das Risiko ist immer das Ergebnis aus Eintrittswahrscheinlichkeit und *erwarteter* Schwere des Vorfalls. Ich betone ganz bewusst, dass es sich um die erwartete Schwere handelt und nicht um die tatsächlichen Auswirkungen eines Vorfalls. Denn tatsächlich ist Lukas bei seinem nächtlichen Ausflug nichts passiert. Was hätte aber passieren können? Das ist die Frage, die wir uns stellen müssen.

Es ist notwendig, eine Abschätzung der möglichen Auswirkungen vorzunehmen. Lukas hätte die Kontrolle über den Porsche Cayenne verlieren können, das Fahrzeug wäre ins Schleudern geraten und möglicherweise hätte es einen schlimmen Unfall gegeben. Und je nach Einschätzung liegen wir dann mindestens bei einem gefährlichen Vorfall. Als Nächstes müssen wir abschätzen, wie häufig Lukas diese Spritztour wieder machen würde. Sollten die Eltern mit Lukas ein ernstes Wörtchen geredet und ihm solche Ausflüge verboten haben, können wir von einer zumindest geringen Wahrscheinlichkeit der Wiederholung ausgehen.

Eine Risikoabschätzung kann man nur vornehmen, wenn man nicht bewertet, was passiert *ist*, sondern was passieren *könnte*.

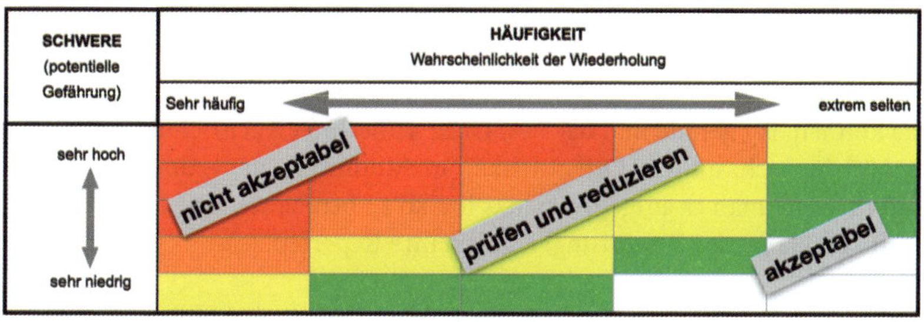

TYPISCHE RISIKOMATRIX

Es spielen natürlich auch diverse andere Aspekte eine Rolle. Wenn Lukas beispielsweise bereits mit acht Jahren begonnen hätte, oft und regelmäßig Kartrennen zu fahren, wäre sein vermutetes und erwartetes Fahrkönnen deutlich besser als die eines höchst unerfahrenen Fahrers.

Versicherungen berechnen das Risiko übrigens ganz unabhängig von Können oder möglichen Vorerfahrungen. Fahranfänger gelten als unerfahren und werden mit einem höheren Risiko bewertet. Die Versicherungen schauen sich an, welche Schäden aus welchem Grund beglichen wurden, und können daraus eine Risikoabschätzung ableiten. Mit ausreichender Datengrundlage lassen sich Risiken sehr genau kalkulieren.

Etwas anders verhält es sich, wenn wir nur eine sehr geringe Datengrundlage haben, oder wenn wenige vergleichbare Vorfälle bekannt sind. Wie wollen Sie beispielsweise eine geplante Mission zum Mars bewerten? Es ist unmöglich, alle Risiken vor Beginn eines so großen Unterfangens genau zu berechnen. Trotzdem versuchen es Experten und nutzen die beschriebene Methode. Wie hoch ist die Wahrscheinlichkeit, dass ein Raketentriebwerk auf dem Mars nicht zündet und die Astronauten somit verloren wären? Wie hoch ist das Risiko, dass wichtige Systeme an Bord eines Raumschiffs, beispielsweise die Klimaanlage oder Teile der Bordelektronik, ausfallen?

Das Risiko ist nur bis zu einem bestimmten Grad messbar. Es können lediglich Risiken erfasst, gemessen und bewertet werden, die bekannt sind oder zumindest erwartet werden. Alles andere wird passenderweise als „unkalkulierbares Risiko“ bezeichnet.

Die NASA hatte zu Beginn des Apollo-Programms versucht, die möglichen Risiken zu berechnen. Die Fehlerraten und Ausfallwahrscheinlichkeiten wurden ermittelt und zusammengetragen. Die Experten versuchten zu errechnen, wie groß die Chancen wären, einen Mann auf dem Mond landen zu lassen und sicher zur Erde zurückzubringen. Die eigentliche Herausforderung war ja das Zurückbringen. Einen Mann zum Mond schießen wäre schon sehr viel früher möglich gewesen. Das Ergebnis war verheerend. Die berechnete Wahrscheinlichkeit, die Apollo-Mission erfolgreich durchführen zu können, lag gerade mal bei 5 %. Diese schlechten Nachrichten behielt die NASA für sich, um die Öffentlichkeit nicht unnötig zu verunsichern. Daraufhin hatte man es aufgegeben, das Risiko zu berechnen. Die NASA verließ sich auf qualitative Bewertungen durch ihre Experten.

Die erste bemannte Mission, Apollo 1, schlug bereits bei einem Testdurchlauf auf der Startrampe fehl. Am 27. Januar 1967 saßen drei Astronauten in der Kapsel und führten einige vorbereitende Tests durch, als es einen Kurzschluss gab. Die Ausstiegsluke ließ sich nicht schnell genug öffnen und alle drei Astronauten erstickten. Bei der Untersuchung kamen diverse Mängel zum Vorschein, sowohl hinsichtlich der mangelhaften Verkabelung als auch hinsichtlich der Evakuierungsmöglichkeiten für Astronauten.

Und selbst bei der berühmten Apollo-11-Mission war den Astronauten das Risiko bewusst. Der Pilot des Kommandomoduls, Mike Collins, beschrieb die Mission als fragile Kette von Ereignissen. Neil Armstrong schätzte seine Überlebenswahrscheinlichkeit auf 50 zu 50.

Der Fokus auf das Risiko führte dazu, dass alle an der Apollo-Mission beteiligten Menschen dazu beigetragen haben, das Risiko zu reduzieren. Aber im Laufe der Zeit ließen die Anstrengungen nach, was zu einigen Problemen bei der Entwicklung der Spaceshuttles führte. Ursprünglich war man davon ausgegangen, dass das Risiko, eine Landefähre zu verlieren, bei etwa 1 zu 100.000 lag. Nach der in Kapitel 1 beschriebenen Challenger-Katastrophe wurde das Risiko neu bewertet und die NASA kam zu dem Ergebnis, dass die Unfallwahrscheinlichkeit bei 1 zu 100 lag. In Wahrheit war das Risiko noch höher. Es gab 135 Missionen, von denen zwei verunglückt sind: das Space-Shuttle Challenger und als zweites die Columbia beim Wiedereintritt in die Erdatmosphäre. Es war die 113. Mission mit einem Spaceshuttle. Die tatsächliche Unfallwahrscheinlichkeit lag damit bei 1 zu 57.

Damit war für alle offensichtlich, dass die Tage der Spaceshuttles gezählt waren. Das Risiko war zu hoch. Es gab zu viele unentdeckte Löcher im Schweizer Käse. Die NASA musste ihre Bemühungen verstärken, latente Fehler rechtzeitig zu erkennen.

Zusammenfassung

- Zwischen Gefahr und Risiko besteht ein Unterschied: Nur das Risiko können wir beeinflussen.
- Wir akzeptieren ein höheres Risiko, wenn es selbstbestimmt ist, und erwarten ein höheres Maß an Sicherheit, wenn es fremdbestimmt ist.
- Wenn nichts passiert, heißt das noch lange nicht, dass kein Risiko vorlag.
- Buchen Sie keine Pauschalreise auf den Annapurna.

Kapitel 3
Fehlerarten

„Allen Menschen ist es eigen, Fehler zu machen, nur den Dummen ist es eigen, im Fehler zu verharren."

Cicero, Philippica

In diesem Kapitel werden wir uns anschauen, welche unterschiedlichen Arten von Fehlern auftreten können.

Sie werden lernen, warum unsere Wahrnehmung fehleranfällig ist, warum unser Gehirn fehlende Informationen ergänzt und was mentale Modelle sind.

FUCKUP NIGHTS

Wir Menschen machen viele unterschiedliche Fehler: Denkfehler, Arbeitsfehler, Fehltritte, Fehlentscheidungen, Produktionsfehler, Programmierfehler, Wahrnehmungsfehler, Flüchtigkeitsfehler usw.

Es hat sich mittlerweile ein regelrechter Kult um das Thema Fehler entwickelt. Regelmäßig finden sogenannte Fuckup Nights statt, oder kurz FUN, auf denen Geschäftsführer, Manager, Führungskräfte und Gründer von ihren Fehlern und dem anschließenden Scheitern berichten. Immer in der Hoffnung, dem anwesenden Publikum zu vermitteln, wie sie es besser machen könnten. Es gibt Bücher, wie z.B. den Wälzer „Mein größter Fehler" mit 100 Beispielen bekannter Persönlichkeiten. Sogar mehrere Konferenzen mit dem Titel „Aus Fehlern lernen" gab es in Deutschland. Viele Hundert Teilnehmer hörten begeistert zu, als Führungskräfte und sogar Politiker offen über ihre Fehler sprachen, Ratschläge gaben, was sie anders machen würden, und eine echte Fehlerkultur für Deutschland forderten.

Es sind die ersten zaghaften Versuche in unserer Kultur, Fehler und Scheitern nicht als Makel zu begreifen, sondern als einen Schritt zu verstehen, der uns besser macht und nach vorne bringt.

Die meisten dieser Erfahrungsberichte haben eines gemeinsam: Sie haben aus ihren Fehlern gelernt. Sofern Menschen überhaupt bereit sind, über Fehler zu sprechen, dann am häufigsten über Fehlentscheidungen. Sie trafen eine Entscheidung, die sie anschließend bereuten. Mit den Erfahrungen würden sie heute anders entscheiden. Das ist aber nur ein Spektrum der verschiedenen Fehler, die wir als Menschen machen.

Welche Arten von Fehlern gibt es noch?

Arten von Fehlern

James Reason, der Psychologieprofessor, den wir bereits im ersten Kapitel kennengelernt haben, hat Fehler in vier unterschiedliche Arten aufgeteilt. Dabei unterscheidet er, ob eine beabsichtigte oder eine unbeabsichtigte Handlung vorlag.

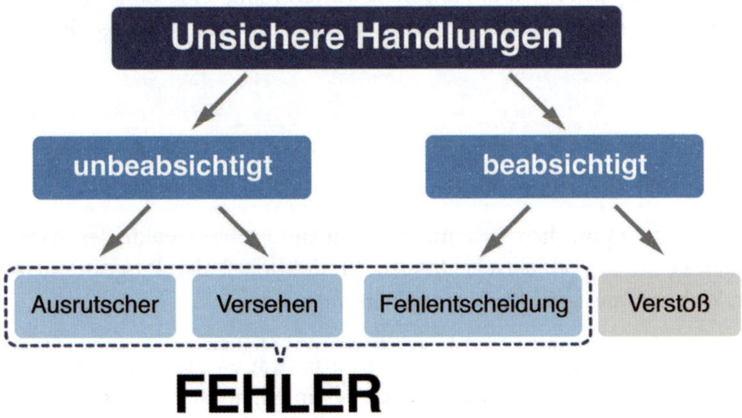

Die unsichere Handlung steht am Ende der Fehlerkette und ist, wie wir bereits gelernt haben, ein aktiver Fehler. Als aktiver Fehler könnte er auf unterschiedliche Arten auftreten:

- **Ausrutscher**
- **Versehen**
- **Fehlentscheidung**
- **Verstoß**

Und hier sehen wir schon, dass Fehlentscheidung als Fehlerart wichtig ist. Sie ist aber nur eine von vier verschiedenen Kategorien. Schauen wir uns die einzelnen Fehlerarten der Reihe einmal an:

Beabsichtigt oder unbeabsichtigt

Als Erstes müssen wir uns fragen, ob die Handlung beabsichtigt war oder nicht. War die fehlerhafte Handlung beabsichtigt oder hat man versehentlich und unwissentlich gehandelt?

Mit den Entscheidungen, die wir treffen, verfolgen wir konkrete und bestimmte Absichten. Wir entscheiden beim Kauf eines Autos, beim Geldanlegen, wir entscheiden, einem Geschäftspartner zu vertrauen, oder entscheiden uns für einen neuen Standort einer Produktionshalle.

Über die Entscheidung z.B., ein Haus zu bauen, wird lange nachgedacht. Solche Entscheidungen werden nicht leichtfertig getroffen. Wir überlegen, prüfen, hadern, überprüfen nochmals, denken nach und hoffen immer, dass wir die richtige Entscheidung getroffen haben. Ist das Grundstück das richtige für uns? Haben wir uns für den richtigen Bauträger entschieden? Wie groß soll das Haus werden? Und: Können wir uns das überhaupt leisten? Hausbau gilt als eine der stressigsten Phasen im Leben, denn immer wieder müssen Entscheidungen getroffen werden, ohne vorher zu wissen, ob sie richtig sind. Die große Sorge, die uns dabei umtreibt, ist die Angst einer gravierenden Fehlentscheidung, die wir gerade beim Bau eines Hauses sehr lange bereuen würden.

Zum Zeitpunkt der Entscheidung glauben wir, alle Informationen zu haben und richtig zu handeln. Wir entscheiden bewusst und handeln mit einer bestimmten Absicht. Rückblickend werden wir feststellen, ob unsere Entscheidungen richtig waren, oder ob wir Fehler gemacht haben. Erst dann werden wir erkennen, ob es Fehlentscheidungen waren.

Etwas anderes ist es allerdings, wenn jemand eine Straftat begeht. Dann handelt er bewusst falsch und erreicht sein illegitimes Ziel. Das wird nicht als Fehler im klassischen Sinne verstanden, sondern als Verstoß. Es war eine bewusste und beabsichtigte Handlung, die ihr geplantes, falsches Ziel erreicht hat. Damit ist es zwar immer noch falsch, aber im klassischen Sinne kein Fehler mehr (mehr dazu in Kapitel 8 – Schuld und Buße).

Was sind also Fehler im klassischen Sinne?

Neben der Fehlentscheidung gibt nach Meinung von James Reason noch zwei weitere Arten von Fehlern. Das sind:

- Ausrutscher
- Versehen

Beide Fehler passieren weder absichtlich noch willentlich. Sie sind Resultat einer nicht beabsichtigten Handlung. Schauen wir uns beide Arten von unbeabsichtigten Fehlern genauer an.

Ausrutscher

Der klassische Ausrutscher oder lateinisch Lapsus passiert so häufig, dass wir ihn kaum noch als echten Fehler wahrnehmen. Dazu gehören kleine Flüchtigkeitsfehler wie z.B. Tippfehler beim Schreiben eines Textes. Der kleine Fehler wird gerne auch etwas verniedlicht und heißt dann Patzer, Schnitzer, Fauxpas oder Lapsus. Ausrutscher sind Fehler, wie der Name schon sagt, die einem versehentlich passieren, wie ein Kochlöffel, der plötzlich aus der Hand fällt. Ich stolpere oder rutsche auf einer Bananenschale aus.

Slapstick und Komödien funktionieren nach diesem Prinzip. Ungeplant und unerwartet rutscht der Darsteller aus, fällt hin oder stolpert von einer peinlichen Situation in die nächste. Wir können uns förmlich in die Situation hineinversetzen und fühlen mit, wenn beispielsweise Inspektor Clouseau, gespielt von Peter Sellers in Blake Edwards Film „Der rosarote Panther", von einem Schlamassel ins andere rutscht. Mit stoischer Gelassenheit stolpert er gegen eine Ritterrüstung, um dann im nächsten Moment mit dem Morgenstern in der Hand unbeabsichtigt den teuren Flügel zu zerschlagen. Es reihen sich Ausrutscher und Patzer pausenlos aneinander.

Wir halten fest: Ausrutscher sind nicht beabsichtigte Fehler. Es sei denn, sie sind in einer Komödie so gewollt.

Versehen

Beim Versehen steckt die Erklärung ebenfalls wieder in dem Namen: ich habe etwas falsch gesehen, falsch wahrgenommen oder schlicht und ergreifend vergessen.

Ich stehe in der Küche und brauche für den Kuchen noch etwas Zucker. Leider greife ich daneben, versehentlich, denn ich denke an den Zucker und greife stattdessen zum Salz. Ich hatte weder geplant noch beabsichtigt, Salz in den Kuchenteig zu streuen. Es war ein Versehen. Der Unterschied zum Ausrutscher wäre, wenn ich die richtige Zutat nehme, also den Zucker in der Hand halte, und mir der Deckel von der Zuckerdose fällt, als ich gerade dabei bin, den Teig anzurühren. Mir rutscht zu viel Zucker aus der Hand.

Ein Versehen wird daher auch als unbeabsichtigter Missgriff bezeichnet.

Verhörer gehören ebenfalls in diese Kategorie von versehentlichen Fehlern. Mittlerweile gibt es sogar Radiosendungen zu Verhörern, die sehr populär geworden sind.

Bekannte Verhörer sind zum Beispiel „Agathe Bauer“. Eine Hörerin hatte bei ihrem Radiosender angerufen und einen Musikwunsch geäußert. Sie wollte gerne das Lied „Agathe Bauer“ hören. Die beiden Moderatoren waren etwas irritiert und fragten immer wieder nach, um welches Lied es sich denn handeln würde. Erst nachdem die Hörerin die Melodie vorsang, wurde klar, welches Lied sie meinte. Es handelte sich um den Song „The Power“ von SNAP! und die Liedzeile lautete „I’ve got the power“.

Ein weiterer Verhörer, der ebenfalls berühmt wurde, lautete „Oma fiel ins Klo“. Auch hier hatte sich ein Zuhörer ein Lied gewünscht und die Textzeile „Oma fiel ins Klo“ zitiert. Gemeint war aber stattdessen „Oh, my feelings grow“ aus dem Lied „Midnight Lady“ von Chris Norman.

Diese Verhörer lassen uns jedes Mal aufs neue schmunzeln. Wir lachen dabei nicht über die vermeintliche Dummheit der Menschen, sondern können es nachvollziehen, selber raushören, warum der Zuhörer den Liedtext falsch verstanden hatte. Wir hören den Fehler mit eigenen Ohren.

Ein weiteres Beispiel für Versehen ist uns allgegenwärtig. Jemand nennt uns seine Telefonnummer und kaum dass wir uns umdrehen, haben wir sie schon wieder vergessen oder schreiben sie falsch und unvollständig auf. Damit haben wir versehentlich die falsche Nummer notiert. Unser Gehirn tut sich ohnehin unglaublich schwer damit, eine lange Reihe von Informationen zu merken. Unser Kurzzeitgedächtnis ist teilweise extrem kurz.

In der Luftfahrt gibt es häufig den Fehler „Hear-Back, Read-Back“ Error, falsch gehört und falsch zurückgelesen. Fluglotsen geben den Piloten die Anweisung, beispielsweise auf eine neue Funkfrequenz zu wechseln. Der Pilot ist verpflichtet, die neue Frequenz richtig zurückzulesen.

Fluglotse: „MyFair Airlines 345, change frequency 134.145“ (ausgesprochen onetreefour decimal onefourfive).

Fluglotse: „MyFair Airlines 345 changing frequency to 135.145“ (ausgesprochen: onetreefive decimal onefourfive)

Und schon haben wir einen Fehler. Die Frequenz wurde falsch zurückgelesen. Aus der „4" wurde eine „5". Warum ist es wichtig, die Frequenz richtig zu wiederholen? Fluglotsen haben die Aufgabe, den Luftverkehr ordnungsgemäß, zügig und sicher zu kontrollieren. Sie achten u.a. darauf, dass sich Verkehrsflugzeuge nicht zu nahe kommen. Daher müssen Besatzungen immer im Kontakt mit einer Flugleitstelle stehen. Mit einer falschen Frequenz kann kein Kontakt zum richtigen Fluglotsen aufgenommen werden. Sollte es über einen längeren Zeitraum keinen Kontakt geben, wird das Risiko einer gefährlichen Annäherung zweier Flugzeuge höher.

Das Problem Hear-Back, Read-Back Error hat dazu geführt, dass Fluglotsen nur noch maximal drei Daten gleichzeitig übermitteln sollen. Nach dem Prinzip, weniger ist mehr. Denn selbst ein trainiertes Gehirn kann sich durchschnittlich sieben bis neun Ziffern merken. Das entspricht etwa drei Anweisungen zur gleichen Zeit: beispielsweise Flugrichtung, Flughöhe oder Funkfrequenz:

> *Fluglotse: „MyFair Airlines 345, turn heading 270°, descend to FL 310 and change frequency 134.145" (ausgesprochen „MyFair Airlines treefourfive, turn heading twosevenzero, descend to flightlevel treeonezero and change frequency to onetreefour decimal onefourfive").*

Diese Anweisung muss erst richtig gehört und verstanden werden, dann sofort korrekt zurückgelesen werden und anschließend die Anweisungen genau wie vorgeschrieben umgesetzt werden. Ohne entsprechendes Training wäre jeder von uns aufgeschmissen, denn das Kurzzeitgedächtnis merkt sich Informationen für einen Zeitraum von 20 bis maximal 45 Sekunden.

Wie viele Informationen können Sie sich hintereinander merken? Ein Lieblingsspiel unserer Kinder war: „Ich packe meinen Koffer." Vielleicht kennen Sie es noch. Reihum nennt jeder einen Gegenstand, der in den Koffer kommt. Der Erste sagt einen Gegenstand, der Zweite einen weiteren, danach drei usw. Alle Dinge müssen in der richtigen Reihenfolge aufgezählt werden. Gewonnen hat derjenige, der die meisten Sachen zusammenbekommt. Meistens hatten unsere Kinder gewonnen, denn ich konnte mir nur selten mehr als 20 Gegenstände merken. Der Grund dafür liegt wieder an unserem Kurzzeitgedächtnis. Wir sind nicht in der Lage, ohne besondere Tricks und Eselsbrücken viele Informationen in kurzer Zeit abzuspeichern.

Wann haben Sie das letzte Mal die Tagesschau gesehen? Falls es bei Ihnen länger zurückliegt, dann probieren Sie es doch einfach beim nächsten Mal aus. Können Sie sich am Ende der Sendung an alle Nachrichten erinnern? Interessanterweise bleibt uns die Wettervorhersage am besten in Erinnerung. Schließlich war es auch die letzte Meldung, liegt am kürzesten zurück und war für uns, vermutlich, die wichtigste Nachricht.

In der Flut der täglichen Informationen und Nachrichten hat es unser Gehirn ohnehin schwer, alle Daten zu verarbeiten und abzuspeichern. Im Informationszeitalter leiden wir an dem sogenannten „Information Overflow", der Informationsüberflutung. Interessanterweise können wir uns an viele Informationen nicht sofort erinnern, es sei denn, und jetzt wird es wirklich spannend, wir werden aktiv darauf hingewiesen. Wenn beispielsweise die dritte Nachrichtenmeldung in der Tagesschau ein Verkehrsunfall mit einem Reisebus war. Werden wir anschließend gefragt, was die dritte Meldung in den Nachrichten war, haben wir meist Schwierigkeiten, diese Information abzurufen. Sollte uns aber jemand sagen, dass es sich um den Unfall mit dem Reisebus handelte, erinnern wir uns und wissen sofort, worum es ging. Die Information war sehr wohl in unserem Gedächtnis gespeichert, wir konnten sie bloß nicht aktiv abrufen.

Wenn wir sichergehen wollen, dass etwas wirklich hängen bleibt, also erinnert wird, müssen wir die Information mit ausreichender Aufmerksamkeit abspeichern. Am besten funktioniert das mit Analogien. Dinge die wir bereits kennen, erweitern wir mit neuen Informationen. Das muss man sich vorstellen wie einen Zug mit vielen Güterwaggons. Jeder Waggon stellt eine bekannte Erfahrung, Information dar. Auf den Güterwaggon kommen dann neue Informationen, werden verarbeitet und abgespeichert. So können wir am besten lernen und unser Gedächtnis kann die Daten leichter wieder abrufen. Die Chance, sich daran zu erinnern, wird größer.

Fehlerhäufigkeiten

Bei Fehlerbetrachtungen ist nicht nur wichtig, sich die verschiedenen Fehlerarten anzuschauen, sondern auch unterschiedliche Fehlerhäufigkeiten. Regelmäßigkeiten in Fehlern zu erkennen hilft uns, Umstände und Ursachen besser zu verstehen. Auch aus Risikogesichtspunkten ist das relevant, denn je häufiger ein Fehler auftritt, desto größer wird natürlich das Risiko.

Im Grunde genommen gibt es drei unterschiedliche Arten, wie regelmäßig und häufig Fehler auftreten können.

- **Zufällig** (Random Error)
- **Systematisch** (Systematic Error)
- **Sporadisch** (Sporadic Error)

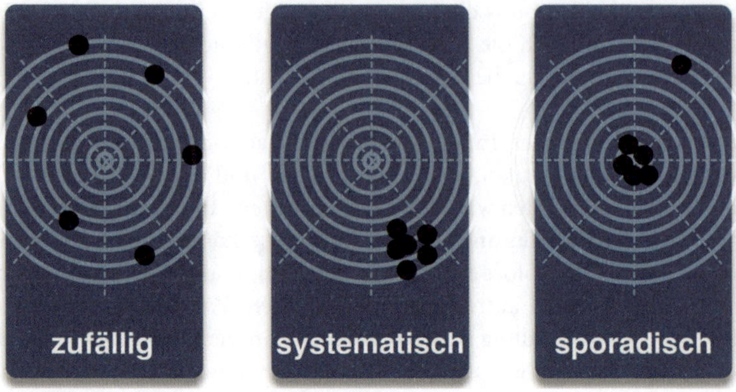

ZUFÄLLIG

Beim zufälligen Fehler gibt es kein einheitliches Fehlerbild. Immer wieder passieren Fehler, aber jeder Fehler ist anders. Eine Freud'sche Fehlleistung ist so ein zufälliger Fehler. Man sagt „Den Plan durchtagen", obwohl man „Den Tag durchplanen" meinte. Es gibt keine Freud'schen Versprecher, die immer auf dieselbe Art und Weise wiederkehren. Sie treten zufällig auf.

SYSTEMATISCH

Beim systematischen Fehler geschehen diese immer wieder auf die gleiche Art und Weise. Die Fehler treten gehäuft auf und lassen vermuten, dass bei allen Fällen gleiche oder zumindest ähnliche Ursachen eine Rolle gespielt haben könnten.

SPORADISCH

Der sporadische Fehler ist da eine Ausnahme. Er tritt nur vereinzelt und selten auf. Die übrigen Handlungen werden wie geplant und vorgesehen durchgeführt. Es könnte die Fehlleistung eines Einzelnen sein, was oft vermutet wird, oder auch ein blöder Zufall. Daher ist es hier besonders wichtig, genau zu schauen und zu untersuchen, warum in diesem Einzelfall ein Fehler passiert ist.

Die Hearback/Readback-Fehler im Cockpit kommen regelmäßig vor und gelten damit als systematischer, regelmäßiger Wahrnehmungsfehler. Allerdings sind zahlreiche Maßnahmen entwickelt worden, um die Auswirkungen zu reduzieren, wie beispielsweise zwei Piloten im Cockpit oder automatische Anzeigen der Lotsenanweisungen in den Bordcomputern. Lassen Sie uns gemeinsam Wahrnehmungsfehler einmal näher betrachten.

Wahrnehmungsfehler

Unsere Sinneswahrnehmungen sind: Sehen, Hören, Riechen, Schmecken und Fühlen. Wir alle kennen Sinnestäuschungen und wissen, dass wir unseren Sinnen nicht immer trauen sollten.

Die Verhörer als Fehler haben wir bereits kennengelernt. Wir haben festgestellt, dass unser Hör-Sinn in diesen Momenten fehlerhaft sein kann und etwas anderes wahrgenommen hatte, als tatsächlich abgespielt wurde.

Wie also kommt es zu diesen Täuschungen, den Verhörern? Das funktioniert ähnlich, wie unser Gehirn neue Dinge lernt. Hören oder sehen wir neue Sachen, dann vergleicht unser Gehirn schnell und nahezu automatisch, ob bereits ähnliche Informationen abgespeichert sind. Ohne dass wir uns dessen bewusst sind, sucht unser Datenzentrum im Gehirn nach vergleichbaren Objekten. Wenn unser Gehirn also keine bekannten englischen Begriffe abgespeichert hat und somit die Worte „I got the power" nicht zuordnen kann, werden ähnlich klingende Worte gesucht. Prompt wird aus dem Gehörten der Name „Agathe Bauer". Der Verhörer ist ein klassischer Wahrnehmungsfehler.

Optische Täuschungen

oder Was ist Realität?

Jeder von uns kennt verschiedene Arten von optischen Täuschungen oder Illusionen. Aber warum ist das so und warum ist unser Gehirn so anfällig dafür?

Das hängt ganz wesentlich damit zusammen, wie unser Gehirn arbeitet. Es macht zwar nur 2% des Körpergewichtes aus, nutzt dafür aber rund 20% unserer Energie. Kein Wunder also, dass es versucht, die zugeführte Energie so ökonomisch wie möglich zu verwenden. Unser Gehirn ist ganz schön bequem.

Hinzu kommt, dass etwa ein Drittel unseres Gehirns für das Sehen und besonders für die Verarbeitung optischer Eindrücke benötigt wird. Das Sehen ist obendrein von den Sinneswahrnehmungen am anfälligsten für Fehler.

Wir haben keine Festplatte im Kopf, die alle visuellen Eindrücke in vollem Umfang abspeichert. Um es sich einfach und bequem zu machen, nutzt unser Gehirn Bekanntes und bereits gesammelte Erfahrungen. Dadurch können Informationen schneller verarbeitet werden. So macht sich unser Gehirn sein eigenes Bild der Realität. Wir lassen uns deshalb relativ einfach täuschen.

Haben Sie mal einem Magier, oder, wie sich viele heute bezeichnen, einem professionellen Illusionisten zugesehen? Bekannte Illusionisten mit ihren gigantischen Bühnenshows beeindrucken jedes Jahr Millionen von Zuschauern. Der Zauberer schwebt über die Bühne und gaukelt seinem Publikum vor, dass er fliegen könnte. Obwohl rational klar ist, dass es physikalisch unmöglich ist, sind die Zuschauer immer wieder beeindruckt. Die Seile an denen der Magier hängt, sind im perfekt ausgestrahlten Bühnenlicht nicht zu erkennen.

Ebenso gut funktioniert es bei Close-up-Magiern, die ihre Zaubertricks unmittelbar vor den Zuschauern, in greifbarer Nähe vorführen. Die optische Illusion wird hier noch gepaart mit perfekt inszenierter Ablenkung. Das jahrhundertealte Hütchenspiel ist nichts anderes. Eine Münze, ein Kügelchen oder eine Nuss wird unter einen von drei umgedrehten Bechern gelegt. Die Becher werden in schneller Reihenfolge verschoben und durcheinandergebracht. Wir als Zuschauer sollen anschließend sagen, wo die versteckte Münze liegt. Tatsächlich wird sie bereits entfernt, bevor die Becher gemischt werden. Unser Gehirn hat dabei fälschlicherweise angenommen, dass die Münze daruntergelegt wurde.

Unsere Wahrnehmung ist weniger davon abhängig, was wir tatsächlich sehen, hören und erleben, sondern weitaus mehr von unseren Erfahrungen, Erinnerungen und abgespeicherten Abbildern. Unser Gehirn kennt die Form eines Baums, Apfels, Tisches oder Stuhls. Unser Gehirn prüft bei dem Prozess der Wahrnehmung nur noch, ob ein Objekt zu der abgespeicherten Information, zu dem bekannten Abbild passt. Sie kennen bestimmt den Spruch: „Wir hören, was wir hören wollen!" Das entspricht dem kognitiven Prozess in unserem Gehirn.

Kennen Sie das von Ihrer morgendlichen Autofahrt zur Arbeit? Sie fahren die Strecke jeden Tag und kennen jede Ampel und jede Kreuzung. Sprichwörtlich könnten Sie die Strecke blind fahren. Vielleicht haben Sie sich schon mal dabei ertappt, wenn an normalen Tagen nichts Ungewöhnliches passiert. Sie erreichen Ihre Arbeitsstelle und können sich nicht bewusst an die Fahrt erinnern. Sie sind die Strecke nahezu automatisch gefahren, fast ferngesteuert mit Autopilot.

Es ist ein Paradebeispiel, wie unser Gehirn Dinge wahrnimmt, denn es gleicht nur Informationen ab. Altbekanntes wird nicht zusätzlich aufgenommen, wahrgenommen und abgespeichert, sondern nur neue, unbekannte oder ungewohnte Informationen. Das könnte eine Baustelle und Umleitung auf der Fahrt sein oder ein schwerer Unfall, der sich im Berufsverkehr ereignet hat. Diese Wahrnehmung wird als neue Information abgespeichert. Der Rest ist nur unbewusst an uns vorbeigerauscht.

Kognitionswissenschaftler empfehlen aus diesem Grund, immer mal wieder neue Strecken zu fahren und ungewohnte Wege zu gehen. Die neuen Wahrnehmungen fördern und fordern unser Gehirn, denn unsere Neuronen knüpfen neue Verbindungen. Unser Gehirn bleibt damit länger fit und gesund. Das gilt im besonderen Maße auch für Reisen. Wie heißt es so schön: Reisen bildet. Wir bekommen neue Eindrücke, lernen Neues dazu und unsere kognitiven Eigenschaften entwickeln sich weiter.

Was passiert aber, wenn uns diese Informationen fehlen und wir keine vorhandenen Bilder in unserem Gehirn abrufen können?

Der amerikanische Geschäftsmann Michael May hatte im Alter von drei Jahren durch einen Chemieunfall sein Augenlicht verloren. Er wuchs blind auf. Seine übrigen Sinne übernahmen verloren gegangene Funktionen. Als junger Mann gewann er sogar 1984 die Winter Paralympics im Abfahrtskifahren. Er fuhr die Abfahrt komplett blind mit einer Geschwindigkeit von 100 km/h und umfuhr die Hindernisse ausschließlich geleitet durch seinen Hörsinn. Die Hindernisse waren mit Signaltönen markiert.

Im Alter von 46 Jahren entschloss er sich zu einem Experiment. In einer aufwendigen Operation wurde seine zerstörte Hornhaut in den Augen wieder hergestellt. Das Ergebnis war allerdings ganz anders, als sich Michael May und das Operationsteam vorgestellt hatten. Da sein Gehirn seit dem dritten Lebensjahr keine Möglichkeit mehr hatte, die Sinneseindrücke des Sehens zu verarbeiten und weiterzuentwickeln, konnte es nach der Operation mit den neuen Informationen nichts anfangen. Sein Gehirn war nicht auf Sehen eingestellt und trainiert. Alles, was er anfangs sah, waren grelle Lichtblitze, ohne dass er Form, Farbe und Funktion zuordnen konnte. Selbst Skifahren fiel ihm deutlich schwerer als früher, als er die Abfahrt noch blind fahren konnte. Es dauerte Jahre, bis sein Gehirn die neue Wahrnehmung halbwegs nutzbar verarbeiten konnte. Seine normalen Sehfähigkeiten hat er nie wieder erlangt.

Um herauszufinden, wie sehr wir uns auf unsere erlernten kognitiven Eigenschaften verlassen, wurde an einer kalifornischen Universität ein interessanter Test durchgeführt.

Bei dem Versuch mussten sich die Testpersonen speziell präparierte Brillen aufsetzen. In die Brillen war ein Prisma eingebaut, welches das Sehfeld spiegelverkehrt darstellte. Was links war, wurde durch die Brille rechts gezeigt und umgekehrt. Obwohl alle Testpersonen die Funktionsweise der Brille kannten, hatten sie Schwierigkeiten, sich in der „neuen" Welt zurechtzufinden. Das Gehirn hatte noch keinen Fahrplan, war nicht programmiert, die Welt spiegelverkehrt zu sehen und zu verarbeiten. Den Testpersonen wurde reihenweise schwindelig, einigen sogar übel. Ein Glas Wasser einzuschenken, etwas zu essen oder einfach durch eine Tür zu gehen war nicht ohne Probleme möglich. Sie stießen reihenweise gegen Türrahmen. Erst als die Probanden täglich die neue Brille aufsetzten und damit übten, konnte sich ihr Gehirn daran gewöhnen. Nach durchschnittlich zwei Wochen hatte sich die Wahrnehmung umprogrammiert und die Testpersonen konnten sich wieder normal bewegen.

Es zeigt uns, wie komplex die Verarbeitung unserer Sinneseindrücke ist und wie aufwendig die scheinbar einfache Tätigkeit Sehen ist. Wir sehen nicht einfach, sondern unsere visuelle Wahrnehmung wird aufwendig verarbeitet.

Weil das so aufwendig ist, passiert es unbewusst und unbemerkt. Unsere Wahrnehmung wird gefiltert. Das nennt sich auch selektive Wahrnehmung.

Selektive Wahrnehmung

Wie funktioniert selektive Wahrnehmung? Wir sehen und hören, was wir erwarten bzw. „was wir hören wollen". Wobei es weniger ein Wollen oder Nicht-Wollen ist, sondern es findet unbewusst und somit ungewollt statt. Unsere Wahrnehmung filtert die Informationen und speichert, was zu den bereits vorhandenen Abbildern in unserem Gehirn passt.

Selektive Wahrnehmung erleben wir in höchst unterschiedlichen Situationen und Ausprägungen. Das passiert, wenn wir ein spannendes Buch lesen und uns mitten in der Geschichte befinden. Oder nehmen wir das Beispiel eines eingefleischten Fußballfans. Er sitzt vor dem Fernseher und schaut die entscheidende letzte Partie der Saison. Die letzten Minuten laufen, als plötzlich im Strafraum gefoult wird und ein Elfmeter vergeben wird. Mit einem Treffer hätte sein Team die Meisterschaft gewonnen. Die Spannung ist nicht mehr zu übertreffen. In diesem Moment ist die Aufmerksamkeit und damit die Wahrnehmung des Fußballfans vollständig auf das Spiel fokussiert. Er lässt sich durch nichts mehr ablenken. Er würde nicht mal bemerken, wenn seine Tochter mit einem Filzstift den Teppich bemalen würde. Seine Aufmerksamkeit und Wahrnehmung ist selektiv auf das Fußballspiel konzentriert.

Zwei Wissenschaftler der Harvard Universität, Daniel Simons und Christopher Chabris, haben mit einem Experiment diese selektive Wahrnehmung nachweisen können. Sie nannten es „Monkey Business Illusion", was Sie sich bei YouTube anschauen können. Wenn Sie die Zeit haben, schauen Sie sich das Video an, bevor Sie weiterlesen.

Haben Sie sich das Video angeschaut? Dann können Sie hier weiterlesen.

Das Video zeigt zwei Teams, die sich gegenseitig Basketbälle zuwerfen. Ein Team mit weißen T-Shirts und ein Team mit schwarzen T-Shirts. Die Aufgabe lautet, auf das Team in weißen T-Shirts zu achten und die Ballwechsel zu zählen. Für uns als Beobachter gibt es eine klare Aufgabe und einen klaren Fokus, worauf zu achten ist. Die Wahrnehmung wird bewusst darauf gelenkt. Vor Beginn des Versuches wird dem Beobachter jedoch nicht erzählt, dass eine Person im Gorillakostüm durch das Bild wandern wird. Der Gorilla ist insgesamt neun Sekunden lang zu sehen. Am Ende des kurzen Films werden die Testpersonen gefragt, wie häufig der Ballwechsel stattgefunden hatte. Die meisten geben die richtige Antwort: 16 Mal. Dann kommt aber die nächste Frage: „Haben Sie noch etwas beobachtet?" Bei den meisten Versuchen haben weniger als ein Drittel aller Probanden den Gorilla wahrgenommen. Zwei Drittel haben sich, so wie die Aufgabe lautete, auf das weiße Team konzentriert und haben keinen Gorilla durchs Bild laufen sehen. Als sie den Clip ein zweites Mal sahen, waren einige sogar der Meinung, dass es ein anderer Film sein müsste, denn der Gorilla ist so offensichtlich, dass man ihn unmöglich übersehen konnte.

Dieser Test zeigt auf verblüffende Weise, wie stark wir durch selektive Wahrnehmung beeinflusst werden. Das Problematische dabei ist, dass wir es selber gar nicht merken. Ein Beobachter, der das Video kennt, wird nicht verstehen, warum wir den Gorilla nicht gesehen und so einen eklatanten Fehler gemacht haben.

Musterillusionen

Realität ist eine Illusion

Musterillusionen oder im englischen Cluster Illusions sind allgegenwärtig. Auch wenn es sich weniger um selektive Wahrnehmung handelt als ein weiteres Mal um die Ergänzung unserer Wahrnehmung mit vorhandenen Erinnerungen. Wir kennen Musterillusionen von Kindern, wenn sie in den Himmel schauen und uns laut zurufen: „Guck mal Papa, da ist ein Bär! Der sieht aus wie mein Teddybär."

Auch bei Musterillusionen wird die Wahrnehmung ergänzt. Unser Gehirn sucht automatisch und unbewusst vergleichbare Formen und Figuren. Ähnliche Strukturen und Muster entlasten unser Gehirn. Es hilft uns, besser und einfacher durchs Leben zu kommen, wenn wir regelmäßig auf Bekanntes zurückgreifen können.

Ein schönes Beispiel für ungewollt komische Musterillusionen steht an der Golfküste von Florida im Örtchen Madeira Beach. Die Kirche wurde 1944 gebaut und erhielt seinen ikonischen Turm ein Jahr später. Ursprünglich wurde er als Leuchtturm mit verwendet, um nachts den Seefahrern den Weg nach Hause zu leuchten. Berühmt ist die Kirche mittlerweile geworden, seit sie den Spitznamen „Chicken Church“ oder „Küken-Kirche“ erhalten hat. Beabsichtigt war das nie und die Kirchengemeinde ist nicht immer stolz darauf. Viele Besucher kommen zur Kirche und machen Fotos. Denn vom richtigen Blickwinkel aus betrachtet, sieht der Glockenturm tatsächlich aus wie ein Küken. Zumindest vergleicht unser Gehirn die Form und das Aussehen vollautomatisch mit vorhandenen Erinnerungen und erkennt das Bild eines Kükens oder Hähnchens.

„CHICKEN CHURCH“ IN FLORIDA

FOTO: E.JANN

Das bedeutet, dass unsere Wahrnehmung abhängig ist von unseren Erfahrungen. Menschen mit unterschiedlichen Erfahrungen nehmen die Dinge auch unterschiedlich wahr. Im Kapitel über selbstbestimmte und fremdbestimmte Risiken haben wir bereits gelernt, dass unsere Risikowahrnehmung unterschiedlich ist und immer davon abhängt, welche Erfahrungen wir gemacht haben.

Wahrnehmung ist etwas, das wir für wahr nehmen. Das muss aber bei Weitem nicht der objektiven Wahrheit entsprechen. Immanuel Kant war sogar der Meinung, dass es niemals eine objektive Wahrheit geben wird, da unsere Wahrnehmung immer gefiltert wird durch unsere Erfahrungen und Meinungen. Unsere Wahrnehmung ist somit nur das Abbild der Wirklichkeit, es ist nicht die Wirklichkeit und entspricht nicht unbedingt der Wahrheit. Sie wird gefiltert durch unsere Erfahrungen und abgespeicherten Abbilder der Wirklichkeit.

Es ist unmöglich, den ganzen Tag sämtliche Sinneseindrücke vollständig und ungefiltert aufzunehmen. Das gibt es zwar in Ausnahmefällen, dann aber sprechen wir bereits von Menschen mit Wahrnehmungsstörungen. Menschen, die zu wenige oder, um bei unserem Beispiel zu bleiben, zu viele Reize aufnehmen und nicht in der Lage sind, alle zu verarbeiten. Insofern ist es eine wichtige und notwendige Eigenschaft unseres Gehirns, die Informationen zu filtern.

Unser Gehirn, bekanntermaßen sparsam bis faul, macht es sich aber noch einfacher. Für viele dieser Abbildungen haben wir regelrechte Modelle abgespeichert, die wir schnell und einfach abrufen können, genannt „Mentale Modelle“.

Mentale Modelle

Was ist ein mentales Modell?

Wir haben gelernt, dass unsere Wahrnehmung auf unseren Erfahrungen und Erinnerungen beruht. Einen Gegenstand sehen wir nicht jedes Mal neu, sondern vergleichen ihn mit den Bildern in unserem Gedächtnis. Das geschieht blitzschnell und unbewusst. Dieser Prozess funktioniert auch für komplexere Zusammenhänge. Das mentale Modell konstruiert ein Abbild der Wirklichkeit in unserem Gehirn.

Dieser Prozess ist vergleichbar mit dem Bauplan für ein Haus. Vor dem ersten Spatenstich ist der Bauplan nichts anderes als ein Blatt Papier mit vielen Strichen. Die Zeichnung soll einen Eindruck des zukünftigen Hauses vermitteln. Einige können sich anhand der Zeichnung sehr gut vorstellen, wie das Haus später einmal aussehen wird. Die meisten haben damit aber deutlich mehr Schwierigkeiten. Daher gehen Architekten immer häufiger dazu über, 3D-Modelle des zukünftigen Hauses zu entwickeln. Damit kann der Bauherr deutlich besser erkennen, wie sein Traumhaus später einmal aussehen wird. Noch moderner wird es, wenn das 3D-Modell mit einer VR-Brille begehbar wird. Einer Brille, die uns sogar die Innenansichten des modellierten Hauses zeigt, während der Bauherr durch die Räume wandert. Das Modell des Hauses wird erlebbar.

Das alles soll uns helfen, eine bessere Vorstellung vom zukünftigen Gebäude zu bekommen. Dennoch passiert es Bauherren immer wieder, dass sie auf der Baustelle ankommen und sagen „Oh, das habe ich mir aber ganz anders vorgestellt." Sie hatten ein anderes mentales Modell im Kopf.

Selbst wenn Sie kein Haus gebaut haben, werden Sie dieses Phänomen kennen. Haben Sie einmal eine Wohnung gemietet und Ihnen haben die Fotos der inserierten Wohnung sehr gut gefallen? Die Wohnung hat scheinbar einen langen Flur, riesige Zimmer und die Räume sind toll ausgeleuchtet. Es scheint die perfekte Wohnung zu sein und Sie beginnen, bereits im Kopf einzurichten und zu überlegen, wo Sie das Sofa hinstellen können.

Dann kommen Sie am Besichtigungstag in die Wohnung und stellen mit Entsetzen fest, dass die Wohnung ja viel kleiner und dunkler ist, als es auf den Fotos aussah. In Ihrer Vorstellung hatte es ganz anders ausgesehen. Sie hatten ein anderes mentales Modell der Wohnung.

Mentale Modelle funktionieren nicht nur mit unserer visuellen Wahrnehmung, sondern auch akustisch. Wenn Sie mal Hörbücher gehört haben, dann haben Sie es ebenfalls kennengelernt. Bei meinen Schulungen bitte ich die Teilnehmer, für einen kurzen Moment die Augen zu schließen. Dann spiele ich ihnen ein kurzes Geräusch vor. Es ist das Geräusch einer typischen alten Kaffeemaschine, die das Wasser aufkocht und dann durch einen Kaffeefilter den fertigen Kaffee in eine Kanne tropfen lässt.

Nach wenigen Sekunden dürfen die Teilnehmer ihre Augen wieder öffnen und berichten, was sie gesehen haben bzw. wo sie sich dabei gesehen haben. Die meisten sehen sich früh morgens zu Hause in ihrer Küche und haben die Kaffeemaschine beim Kochen beobachtet. Einige berichten sogar, dass ihnen beim Geräusch der Geruch von frischem Kaffee in die Nase stieg. Tatsächlich passierte das alles ausschließlich in ihrer Vorstellung. Sie riefen sich ihr eigenes mentales Modell vom Kaffeekochen ins Gedächtnis.

Interessant war bei diesem Versuch die Tatsache, dass insbesondere jüngere Teilnehmer Schwierigkeiten hatten, das Geräusch eindeutig zuzuordnen. Viele sind nicht mit den alten Aufbrüh-Kaffeemaschinen groß geworden, sondern kennen nur die modernen Vollautomaten. Sie hatten kein mentales Modell der alten Kaffeemaschinen und konnten das Geräusch nicht zuordnen.

Kluge Unternehmen nutzen mentale Modelle, um Geräte zu entwickeln, die instinktiv genutzt werden können, ohne lange Einarbeitungszeit. Wenn Funktionsweisen einfach und intuitiv sind, dann entspricht sie unserer Erwartungshaltung und unserem mentalen Modell. Mitte der 60er-Jahre hatte die Firma Braun Hi-Fi-Geräte entwickelt, die das bereits perfekt umgesetzt hatten. Nach dem Motto „Form follows function". Die Funktion gibt vor, wie die Form und das Design auszusehen hat. Der Anschaltknopf eines Verstärkers war rund und grün, der Knopf für die Tonbandaufnahme war rot, Lautstärkeregler waren immer groß und rund. Für die Benutzer war sofort ersichtlich, wie und wofür die Schalter und Regler zu verwenden waren. Dieter Rams hatte als Designer bei Braun die These aufgestellt, dass nur durch gutes Design ein Produkt verständlich wird.

Steve Jobs hat sich diese Herangehensweise als Vorbild genommen für die Entwicklung seiner Produkte. Heute nennt es sich „user experience". Der Nutzer soll ohne Umschweife einfach und unkompliziert verstehen, wie Geräte und Software zu nutzen sind.

Bis 2007 war Nokia der unangefochtene Marktführer für Mobiltelefone. Neben Nokia waren auch alle übrigen Hersteller der Meinung, dass sie die besten, modernsten Telefone herstellen würden. Allerdings wurden die Geräte komplizierter, die Bedienungsanleitungen gleichzeitig immer dicker und umfangreicher. Die Telefone waren nicht einfach zu bedienen. Dann präsentierte Apple im Januar 2007 das erste Smartphone. Als die Menschen zum ersten Mal ein iPhone in der Hand hielten, merkten sie, was ihnen bislang gefehlt hatte. Es war so einfach, auf den Touchscreen zu tippen und zu wischen. Es machte Spaß und war intuitiv zu bedienen. Aufwendige Anleitungen wurden nicht mehr benötigt.

Die Firma Braun und später Apple haben sich unsere mentalen Modelle zunutze gemacht, um bedienerfreundliche Produkte zu entwickeln. Sie haben sich schon in der Design-Phase Gedanken gemacht, wie das menschliche Gehirn Informationen wahrnimmt und verarbeitet. Zeit und Geld, die sie investiert hatten, haben sich gelohnt. Die Kunden haben es ihnen gedankt. Sie waren begeistert von der einfachen Bedienung.

Wahrnehmung und Fantasie

Unsere Wahrnehmung wird nicht nur gefiltert und anhand von mentalen Modellen verarbeitet, sie regt auch unsere Fantasie an. Wir ergänzen Bekanntes mit Unbekanntem, die abgespeicherten Abbildungen und Erinnerungen mit neuen Informationen und Bildern.

Wir können dieses Phänomen beim Lesen von Büchern erleben. Wir sehen ein paar aneinandergereihte Buchstaben, erkennen die Worte und verstehen den Satz. Mehrere Sätze ergeben einen Zusammenhang und wir befinden uns mitten in der Geschichte. Wir können uns bildlich vorstellen, welche Geschichte uns der Romanautor erzählen möchte.

> *Jack und Rose sahen sich das erste Mal auf der Überfahrt. Sie stand auf dem Oberdeck an der Reling und genoss die Aussicht, während er ihre Schönheit im Sonnenlicht bewunderte. Ihre Blicke trafen sich, erst noch etwas verlegen, dann aber immer deutlicher. Sie sahen sich in die Augen und beide merkten, wie es zwischen ihnen funkte. Rose spürte, wie ihr Herz schneller schlug.*

So ähnlich könnte der Beginn einer Liebesgeschichte lauten. Und wenn Sie glauben, Sie hätten jetzt ein klares Bild vor Augen, wie und wo sich die Szene abgespielt haben könnte, muss ich Sie leider enttäuschen. Denn es beschreibt die fiktive Begegnung zwischen Johannes Köster, genannt Jack, und Rosalinde Eggers, genannt Rose, auf der Fahrt über die Elbe von Hamburg Altona nach Finkenwerder. Sonstige Ähnlichkeiten mit anderen Begebenheiten wären rein zufällig. Und trotzdem vermute ich, dass Sie sich diese Szene ein wenig anders ausgemalt haben. Sie hatten möglicherweise ein anderes mentales Modell.

Aber ist das nicht faszinierend? Wir lesen den Text und unser Gehirn interpretiert die Zeilen. In unserem Kopf wird daraus eine lebendige Szene. Sie haben vermutlich ein sehr konkretes Bild der Szene vor Augen. Wir stellen uns genau vor, wo die Romanfiguren stehen und wie die Umgebung aussieht. Dabei ergänzen wir in erheblichem Umfang alle Informationen, die für eine genaue Beschreibung noch fehlen würden. Unser Gehirn hat dabei unbemerkt alle weiteren Informationen aus unserem Erfahrungsschatz eingefügt. So wie wir uns das Aussehen der Figuren, die Aussicht auf dem Schiff, die Uhrzeit und das Wetter vorstellen können. Die Szene bleibt für uns so in Erinnerung. Daher ist es oft eine Enttäuschung, wenn Sie erst einen Roman gelesen haben, eine eigene Vorstellung von der Geschichte hatten und anschließend ins Kino gehen. Der Kinofilm entspricht ganz häufig nicht unseren Erwartungen. Er stellt einfach nur die Vorstellung und Wahrnehmung des Regisseurs dar.

So müssen wir uns die unterschiedlichen Wahrnehmungen der Menschen vorstellen. Ihre Wahrnehmung, Interpretation und Verarbeitung der Realität müssen keineswegs den Vorstellungen der anderen entsprechen.

Nicht nur das, wir haben auch eine Vorstellung von Gefühlen. Egal ob der Roman beschreibt, wie traurig, wütend oder verliebt die Personen sind. Wir können es spüren und nachempfinden.

Wahrnehmung und Emotionen

Geschichten zu lesen zeigt uns, wie sehr die Wahrnehmung unsere Gedanken und unsere Emotionen beeinflusst. Generell lassen sich unsere Gefühle stark beeinflussen. So können akustische Reize uns beruhigen oder verwirren. Zu Musik können wir einschlafen oder sie macht uns aggressiv. Es gibt Musik für Sport und Workouts, Musik zum Feiern und Tanzen, Musik zum Meditieren und für Wellness oder einfach nur stimmungsabhängige Musik. Wir sind nicht mal in der Lage, einfache Joga-Übungen zu machen, während gleichzeitig Hardrock in voller Lautstärke aus dem Radio schallt. So sehr lassen sich unsere Emotionen durch unsere Wahrnehmung beeinflussen.

Sogar Träume fühlen sich real an. Wir nehmen den Traum so wahr, als wären wir tatsächlich mittendrin. Wir fühlen, hören und kommunizieren in unseren Träumen. Dass Träume sich echt anfühlen, kann jeder bei einem Albtraum nachempfinden. Wir wachen danach auf und denken schweißgebadet: „Ein Glück! Es war nur ein Traum!"

Selbst Filme und Fernsehsendungen lösen Emotionen aus. Nur durch die Sinneswahrnehmungen Hören und Sehen werden wir beeinflusst und unsere Gefühle manipuliert. Wir fühlen die Angst in uns hochkriechen, wenn wir Horrorfilme gucken, und freuen uns, wenn zum Schluss der Held doch noch seine Angebetete rettet. Unsere Emotionen sind echt, obwohl uns bewusst ist, dass der Film nur eine Illusion ist.

Was aber bedeutet das für unsere Fehlerbetrachtungen?

Unsere Wahrnehmung ist fehleranfällig, denn sie wird gefiltert und abgespeichert, jeweils abhängig von unseren eigenen Erfahrungen. Unsere individuelle Realität entspricht nicht der Wirklichkeit, sondern basiert auf einer sehr individuellen Verarbeitung unserer Wahrnehmung, deren Selektion und unserer mentalen Modelle. Das ist wichtig, wenn wir verstehen wollen, warum wir Fehler machen und Agathe Bauer hören.

Wie unser Denken beeinflusst und sogar manipuliert wird, sehen wir im nächsten Kapitel.

Zusammenfassung

- Fehler können auf unterschiedliche Arten auftreten: beabsichtigt oder unbeabsichtigt. Wichtig für uns sind die Ausrutscher, Versehen und Fehlentscheidungen.
- Fehler treten zufällig, sporadisch oder systematisch auf.
- Wahrnehmung ist das, was wir für wahr nehmen. Es muss nicht der Wahrheit entsprechen.
- Wir gleichen unsere Wahrnehmung mit bekannten Bildern, genannt mentalen Modellen, ab.
- Nicht alles, was nach Hähnchen aussieht, ist auch eins. Es könnte auch eine Kirche sein.

2 Warum wir Fehler machen

Kapitel 4
Denkfehler

> *„Das Leben eines Menschen ist das, was seine Gedanken daraus machen."*
>
> Marcus Aurelius (121 bis 180), römischer Kaiser und Philosoph

In diesem Kapitel werden wir uns anschauen, wie unsere Emotionen das Denken beeinflussen.

Sie werden auch lernen, warum unsere Denkprozesse fehleranfällig sind und warum unser Gehirn sich Abkürzungen sucht, die leider auch mal falsch sein können.

Sie hören eine angenehme, warme Stimme am Telefon „Hallo! … Wie kann ich Ihnen weiterhelfen?" Kennen Sie das Gefühl, wenn Sie mit einer Person telefonieren, die eine sehr ruhige, warme Stimme hat? Wir fühlen uns sofort wohl. Plötzlich haben wir das Gefühl, dass unsere Probleme gar nicht mehr so schlimm sind. Das Anliegen scheint bei dieser Person genau in den richtigen Händen zu liegen. Einfach schön. Wir schmelzen regelrecht dahin.

Wie Wahrnehmung unsere Gefühle und damit unsere Emotionen und unser Denken beeinflusst, ist Gegenstand dieses Kapitels.

Marketingagenturen suchen nach solchen Stimmen für ihre Werbespots, sowohl für das Radio als auch im Fernsehen. Wir verbinden etwas mit einer angenehmen, warmen und freundlichen Stimme. Wir fühlen uns sofort geborgen und vertrauen dem Klang der Stimme.

In Berlin Tegel gab es vor längerer Zeit mal eine Fluglotsin auf dem Tower. Ihre Stimme war einmalig und legendär. Sie sprach sehr angenehm, schon fast leicht erotisch. Die Fantasie im Cockpit ging bei einigen durch. Die Männer wurden jedenfalls alle wachsweich am Funk. Das manchmal forsche Auftreten einiger Piloten veränderte sich dadurch. Erwachsene Männer wurden lammfromm und folgten ihren Anweisungen, ohne zu murren. Jeder Pilot, der in Berlin landete, hatte ein eigenes Bild vor Augen, wie diese Lotsin wohl aussehen würde. So eine hübsche Stimme musste ja schließlich zu einer attraktiven Frau gehören. Eines Tages hatten zwei Piloten am Flughafen etwas Pause nach ihrem Flug. Sie nahmen allen Mut zusammen und gingen zum Tower, um die hübsche Fluglotsin zu treffen. Vielleicht könnte man sich ja sogar mit ihr verabreden, dachte einer der beiden. Als sie dann im Tower ankamen, staunten sie nicht schlecht. Die Dame sah so ganz anders aus, als es sich die beiden Piloten ausgemalt hatten. Ihr mentales Bild der Frau passte nicht zur Wirklichkeit. Etwas ernüchtert machten sie sich wieder auf den Weg zurück in ihr Cockpit. Keiner der beiden hat sie je wieder im Tower besucht. Die wunderschöne Stimme hatte ein mentales Bild erzeugt, was wiederum Gefühle ausgelöst hatte.

Emotionen und Gefühle

Die Begriffe Emotionen und Gefühle werden oft synonym verwendet. Nico Frijda, holländischer Psychologe, vertritt in seinem Buch „The Laws of Emotion" die Meinung, dass Emotionen uns zum Handeln antreiben und Gefühle die Interpretation dieser Emotionen sind. Demzufolge sind Emotionen spontane biologische Prozesse, die wir nicht steuern können. Unsere Gefühle hingegen nehmen wir bewusst wahr. Wir fühlen Schmerz, Hunger, Geborgenheit, Kälte, Lust und können sie zumindest zum Teil kontrollieren. Emotionen wie Angst (z.B. Angst vor Spinnen) lassen sich kaum beeinflussen. Sie sind für unsere weiteren Betrachtungen wichtig, da sie unser Denken und Handeln beeinflussen.

Durch unsere Vorstellungen und Erwartungen werden aus diesen Wahrnehmungen Emotionen. Was passiert dabei in unserem Kopf? Die wichtigste Schaltzentrale für unsere Sinne und Emotionen ist das limbische System. Es besteht aus unterschiedlichen anatomischen Strukturen. Die bekanntesten sind der Hippocampus, die Amygdala (Mandelkern) und der Thalamus, um nur einige zu nennen. Sie alle verarbeiten die Sinneswahrnehmungen, kognitive wie auch biologische, und lösen Emotionen aus. Nach Paul Ekman, einem amerikanischen Professor für Emotionspsychologie, hat der Mensch sechs Basisemotionen. Das sind:

- **Angst**
- **Wut**
- **Ekel**
- **Traurigkeit**
- **Überraschung**
- **Freude**

Das limbische System ist in der Lage, diese sechs unterschiedlichen Emotionen zu erzeugen. Interessant vor allem, dass nur eine davon positiv ist, nämlich Freude. Insofern ist es keine Überraschung, dass wir häufiger mit Sorge oder Angst, Wut und Traurigkeit konfrontiert werden. Denn negative Emotionen überwiegen im limbischen System. Wie viele Menschen kennen Sie in Ihrem Umfeld, die immer und ausschließlich Freude versprühen und eine positive Ausstrahlung haben? Ja, es gibt sie, aber uns sollte nicht wundern, dass wir häufiger Menschen begegnen, die gestresst und frustriert sind, die sich Sorgen machen.

Schauen wir uns einmal an, wie dies in Kombination mit selektiver Wahrnehmung funktioniert. Wir haben bereits gelernt, dass Informationen durch unsere Wahrnehmung gefiltert werden. Das limbische System filtert regelmäßig mittels negativer Emotionen. Auch wenn wir es nicht wahrhaben wollen, so suchen wir oft Informationen, die unsere Ängste, unsere Wut, unsere Sorgen bestätigen. Das ist der Grund, warum es immer heißt: „Schlechte Nachrichten verkaufen sich gut."

Warum ist das so? Negative Nachrichten verkaufen sich besser und bringen mehr Einnahmen. Einschaltquoten, Zeitungsauflagen und Click-Raten steigen, wenn Katastrophenmeldungen die Nachrichten beherrschen. Haben Sie das Gefühl, dass in den letzten Jahren die Zahl der Krisen und Katastrophen gestiegen sind? Haben aber die Krisen wirklich zugenommen oder ist es eine Frage der gefilterten Wahrnehmung?

Verlegern aktueller Medien geht es nicht alleine um Inhalte. Um das wirtschaftliche Überleben zu sichern, müssen die Auflagen der Zeitungen oder Klicks der Internetseiten regelmäßig hoch bleiben, selbst wenn in der Welt nichts passiert. Es gibt Tage ohne große Katastrophen oder ernsthaft wichtige Nachrichten. Trotzdem müssen die Zeitungen verkauft und Internetseiten gefüllt werden. Die Medien buhlen um unsere Aufmerksamkeit, egal ob Facebook, Instagram, Spiegel-Online, Bild, CNN etc. Bei welchen Nachrichten bleiben mehr Zuschauer hängen? Bei guten Nachrichten, freundlichen Meldungen? Könnten Sie sich eine Nachrichtensendung vorstellen, wenn Sie mit folgenden Worten begrüßt werden: „Guten Abend, meine Damen und Herren. Heute ist ein guter Tag. Die Politiker vertragen sich, es gibt keine Probleme, auch keine Katastrophen, das Wetter ist schön! Ihnen noch einen netten Abend." Das wäre mal eine Abwechslung! Einen Tag ohne Sensationsmeldungen. Tatsächlich erleben wir täglich das Gegenteil: Skandale, Krisen, Katastrophen und sonstige schlimme Nachrichten. Jede Geschichte wird dramaturgisch verpackt, jeder kleine Vorfall aufgebauscht. Der Informationsgehalt einer Nachricht ist dabei zum Teil äußerst gering. Nachrichtensender suchen stattdessen persönliche Schicksale, um aus den Nachrichten Geschichten, oder besser noch, Dramen zu machen. Wir reagieren stärker auf Dramatik als auf schöne Geschichten, insbesondere wenn Menschen und ihre Schicksale damit verbunden sind.

Daher ist es nicht verwunderlich, dass immer häufiger von Krisen berichtet wird. Was gut für die Verleger aktueller Medien ist, muss nicht gleichzeitig gut für den Zuschauer oder Leser sein. Denn die Dauerbeschallung von Krisen und Katastrophen führt zu mehr Unsicherheit. Die Angst wird dadurch immer häufiger angesprochen. Die Basisemotion filtert noch mehr und wir nehmen immer häufiger Informationen wahr, die unsere Angst scheinbar bestätigen.

Angst ist ein sehr mächtiges Gefühl (genauer gesagt eine Emotion) und beeinflusst jeden. Angst vor dem Scheitern, Angst, eine Abfuhr zu erhalten, Angst vor Ablehnung. Wie ging es Ihnen, als Sie kurz vor Ihrem wichtigsten Bewerbungsgespräch standen? Waren Sie völlig gelassen und entspannt oder stieg die Anspannung kurz vor dem Termin? Die meisten Menschen haben Prüfungsangst. Angst, einen Test nicht zu bestehen. Angst, bei der Führerscheinprüfung durchzufallen. Angst, das Abitur nicht zu schaffen. Aber wie entsteht diese Angst in uns? Es sind Gedanken und Ungewissheit, die verunsichern. Nichts davon hat vor der Prüfung oder dem Bewerbungsgespräch bereits stattgefunden. Alles findet ausschließlich in unserem Kopf statt. Das limbische System hat zu diesem Zeitpunkt bereits die Kontrolle übernommen. Diese Emotionen können so überwältigend sein, dass sie unser Leben beeinflussen oder sogar kontrollieren können.

Flugangst

Viele Menschen haben Flugangst. Ich werde immer wieder angesprochen, was dagegen getan werden könnte. Darauf antworte ich, dass es eine Gruppe von Menschen gibt, die grundsätzlich niemals Flugangst haben. Diese Menschen kommen aber genauso sicher an ihr Ziel wie andere auch. Die Gruppe, von der ich spreche, sind kleine Kinder. Kinder haben grundsätzlich keine Flugangst. Sie werden eher mal nervös, weil sie die Angst ihrer Eltern spüren. Babys kennen aber keine Flugangst.

Flugangst basiert nicht auf rationalen Erkenntnissen oder logischem Denken. Die Angst ist trotzdem ein sehr intensives Gefühl. Es kommt „aus dem Bauch“ heraus, sagen wir oft. Dabei hat einfach nur das limbische System diese Emotion ausgelöst.

Mit diesem Beispiel wird meistens klar, dass die Angst durch unsere Fantasie verursacht wird, durch Bilder im Kopf. „Bei mir läuft das Kopfkino ab“, wird dann erzählt. Kopfkino ist eine wunderbare Umschreibung, wie unsere Gedanken unsere Gefühle bzw. Emotionen beeinflussen.

FOTO: E. JANN

VERÄNDERUNG DER WAHRNEHMUNG

FOTO: E. JANN

Dazu eine kleine Anekdote: Vor einigen Jahren hatte ich im Frühjahr einen Flug nach Mallorca durchgeführt. Kurz vor Abflug, als bereits fast alle Passagiere an Bord waren, bekam ich die Nachricht, dass ein junges Pärchen wegen Flugangst nicht einsteigen wollte. Beide waren junge Studenten und hatten lange für diese Urlaubsreise gespart. Sie hatten ihre Inline Skates dabei und wollten in der Frühjahrssonne die Insel erkunden. Aber die Flugangst war so übermächtig, dass einer der beiden nicht ins Flugzeug steigen wollte. Ich suchte dann das Gespräch mit dem Pärchen. Sie erklärten mir, dass sie sich lange darauf gefreut hatten, aber jetzt am Flugzeug Angst verspürten und es kaum schafften, die Schwelle zum Flugzeug zu überschreiten.

Ich versuchte, ihre Wahrnehmung zu ändern, und erzählte ihnen vom wunderschönen Frühlingswetter auf Mallorca. Es war die Zeit der Mandelblüte und die Bäume standen in voller Pracht. Auf Mallorca war das Wetter einfach traumhaft: 25°, blauer Himmel und schöne Gerüche von blühenden Pflanzen. Je mehr ich ihre Gedanken auf das Ziel lenkte und ihnen eine Vorstellung vermittelte, wie schön es dort sein würde, desto ruhiger wurden sie. Ihr limbisches System hatte ein neues Bild wahrgenommen und eine neue Aufgabe erhalten. Die Basisemotion Angst wurde zurückgedrängt und das Gefühl der Freude kam wieder deutlicher zum Vorschein. Mit tiefer und ruhiger Stimme sagte ich ihnen zum Schluss: „Ich verspreche Ihnen, ich bringe Sie sicher nach Mallorca!“ Ihre Angst löste sich und wie hypnotisiert stiegen sie ins Flugzeug. Der Flug war übrigens wie erwartet sehr angenehm und ruhig. Als wir auf Mallorca gelandet waren, bedankten sie sich überschwänglich und waren vor Freude und Enthusiasmus kaum noch zu bändigen.

Dieses Beispiel macht deutlich, wie Kopfkino funktioniert. Unsere Emotionen sind extrem mächtig und können unser Denken massiv beeinflussen.

Unsere Gewohnheiten prägen unser Denken

Psychologen haben in verschiedenen Untersuchungen und Experimenten herausgefunden, dass unsere Erziehung und unsere Erfahrungen die eigene Wahrnehmung formen. Unser Weltbild und unser Selbstbild ist von Mensch zu Mensch unterschiedlich. Unsere Kultur, unsere Herkunft und sogar unser Alter beeinflussen unsere Wahrnehmung und somit unser Denken.

Menschen, die in Rundbauten aufgewachsen sind, wie beispielsweise Lehmhütten, haben kein Bild vor Augen (bzw. Sie haben kein mentales Modell), wenn wir uns über viereckige Räume unterhalten. Wenn sich Menschen aus westlichen Kulturkreisen wiederum über Häuser unterhalten, meinen sie Gebäude, die über einen Wohnraum, Schlafzimmer, Küche und Badezimmer verfügen. Das manifestiert sich in unserer Sprache, unseren mentalen

Modellen und unserem Denken. Es prägt unsere Gewohnheiten. Und Gewohnheiten lassen sich nur sehr schwer ändern. Versuchen Sie doch einmal, die Sitzordnung in einem Klassenzimmer neu zu ordnen. Das geht vielleicht noch am ersten, spätestens am zweiten Schultag gut. Danach sind Probleme vorprogrammiert. Selbst im familiären Umfeld gibt es Gewohnheiten, die wir nur sehr ungern aufgeben oder ändern wollen. Am Esstisch haben Familien häufig feste Sitzplätze, auf die sich jeder automatisch setzt. „Der Mensch ist ein Gewohnheitstier", heißt es im allgemeinen Sprachgebrauch. Da steckt viel Wahrheit drin. Wenn sich schon Gewohnheiten nur sehr schwer ändern lassen, wie schwer ist es dann, unser Denken zu verändern?

Ein Milliardär ist es gewohnt, reich zu sein. Er fühlt sich arm, wenn er einen Großteil seines Vermögens verloren hat und statt 10 Mrd. „nur" noch ein Vermögen von 2 Mrd. besitzt. Der schwäbische Milliardär Adolf Merckle hatte ein Firmenimperium aufgebaut, bestehend aus Ratiopharm, Heidelberg Cement und VEM. Sein Privatvermögen betrug 7,4 Mrd. Euro. Er gehörte damit zu den fünf reichsten Menschen in Deutschland. Ausgelöst durch die Finanzkrise im Jahr 2008 und Fehlspekulationen mit VW-Aktien, hatte er mehrere Milliarden verloren. Gemessen nach objektiven Kriterien war er dennoch nicht arm. Sein Verlust war für ihn persönlich aber so schlimm, dass er sich vor einen Zug warf und seinem Leben ein Ende setzte.

Die Art und Weise, wie wir die Welt sehen, wie wir uns selber wahrnehmen, prägt unser Denken. Ein Mensch mit positiver, lebensbejahender Einstellung ist glücklicher als ein Milliardär, der täglich Angst hat, sein Geld, seine Stellung und seine Freunde zu verlieren. Dieses innere Weltbild prägt uns. So ist auch der Satz von Marcus Aurelius zu verstehen: „Das Leben eines Menschen ist das, was seine Gedanken daraus machen." Haben wir das Gefühl, auf der Sonnenseite des Lebens zu stehen oder sehen wir uns als Dauerverlierer und haben das Gefühl, immerzu benachteiligt zu werden?

Vorurteile und Stereotypen

Vorurteile, Stereotype und Schubladendenken sind eine Abwandlung unserer Wahrnehmungsverarbeitung. Da unser Gehirn immer versucht, energieeffizient zu arbeiten, brauchen wir Alternativen, um es zu entlasten. Es ist unmöglich, alles zu erfassen, was um uns herum passiert. Wir sind nicht einmal in der Lage, alle Tagesschaunachrichten aufzunehmen, geschweige denn zu begreifen, was alles in der Welt passiert. Was uns fremd ist und wir nicht verstehen, macht uns Angst. Unsicherheit mögen wir nicht. Wie wir bereits bei der Wahrnehmung kennengelernt haben, nimmt unser Gehirn dafür Abkürzungen. Es ergänzt Dinge, die wir nicht bewusst wahrnehmen. Es fällt uns viel leichter, in wiederkehrenden Mustern zu denken. Wir nehmen Muster in den Wolken wahr, erkennen Küken statt Kirchen und malen uns eine romantische Kreuzfahrt aus – statt einer einfachen Überfahrt auf einer kleinen Fähre.

Diese Vereinfachung der Dinge benötigt unser Gehirn, um nicht vollständig überlastet zu sein. Wiederkehrende Muster und Strukturen sind die Grundlage, warum Menschen Schubladendenken, Stereotype und sogar Vorurteile entwickeln. Alles, was vereinfacht wird, fällt auf fruchtbaren Boden. In unserer komplexen Welt sehnen sich die Menschen nach einfachen Antworten. Mit der Fülle an täglichen Nachrichten und Informationen gelangt unser Gehirn häufig an seine Grenzen.

> Ähnlich verhält es sich bei den großen Problemen einer globalisierten Welt. Die erforderlichen Lösungen sind komplex, verzweigt, miteinander verwoben und voneinander abhängig. Komplexität mag unser Gehirn nun mal nicht. Deshalb haben es Populisten mit ihren einfachen Antworten so leicht. Probleme werden verkürzt dargestellt und scheinbar simple Lösungen geliefert. Populisten bereiten damit den Boden für Vorurteile und ihre Folgen. Sie geben Dritten die Schuld an vielen, wenn nicht sogar allen Problemen. Ein klassischer Denkfehler.

Wir lieben alles, was unser Leben einfacher macht. Der Discount Pionier Aldi beispielsweise hat es zu seinem Prinzip erklärt, das Einkaufen zu vereinfachen. Die Auswahl ist nicht nur günstiger, sondern auch deutlich geringer als in großen Supermärkten mit vollem Sortiment. Wer bei Aldi einkaufen geht, kann sich darauf verlassen, dass bereits eine Vorauswahl getroffen wurde. Es gibt nur eine Sorte Mais in Dosen statt fünf verschiedene. Es ist auf Dauer zu anstrengend, immer abzuwägen, was wir einkaufen wollen. Zu viel Auswahl erschöpft uns. Wenn für uns bereits eine Vorauswahl getroffen wurde, entlastet es den Entscheidungsprozess und das Einkaufen. Solche Vereinfachungen fühlen sich angenehm an und machen das Leben leichter.

Daniel Kahneman hat diese Unterscheidung sehr zutreffend als „Schnelles Denken, langsames Denken" bezeichnet. Für komplizierte mathematische Formeln benötigen wir das langsame Denken: ein Prozess, der dazu die rationalen Bereiche unseres Denkens benötigt. Das schnelle Denken ist intuitiv und aus dem Bauch heraus. Es wird durch unsere Gefühle beeinflusst und nutzt die emotionalen Bereiche unseres Denkens. Dazu verwendet das Gehirn am allerliebsten Denkabkürzungen, sogenannte Heuristiken.

Heuristiken

Der Begriff ist abgeleitet aus dem altgriechischen Wort heurískō, was übersetzt wird mit „Ich finde, ich entdecke". Heuristik beschreibt die Art, wie Probleme gelöst werden können. Dass die Art, wie wir denken, zu fehlerhaften Schlussfolgerungen führen kann, ist kein Geheimnis. Denkfehler erleben wir jeden Tag. Dabei sind es nicht die klassischen Missverständnisse oder Verhörer, sondern Fehler, die uns beim Denken passieren. Wir haben nicht nur fehlerhafte Wahrnehmungen, lassen uns von unseren Emotionen leiten, sondern machen zu allem Überfluss Fehler im Denken. Denkfehler sind systematische Fehler, die uns unterlaufen und sogar vorhersehbar sein können.

Warum ist das so?

Wie wir bereits festgestellt haben, ist unser Gehirn sehr energiehungrig und versucht, seine Aufgaben so effizient wie möglich zu gestalten. Daher nutzt es Vereinfachungen und Abkürzungen, wo es nur kann. Im Alltag nennen wir so etwas Faustregeln oder Eselsbrücken.

Wir haben bereits gelernt, dass bei Illusionen, optischen Täuschungen oder Verhörern unser Gehirn auf bereits Gelerntes und abgespeicherte Informationen zurückgreift. Bei Heuristiken geht es noch einen Schritt weiter: Es nutzt unsere Erfahrungen, um ebenfalls schnell und einfach ganze Situationen und Abläufe einschätzen zu können.

Sobald eine unbekannte Person den Raum betritt, braucht unser Gehirn gerade mal wenige Sekunden, um zu entscheiden: Wir mögen die Person oder mögen sie nicht. Und das, obwohl wir noch kein Wort mit ihr gesprochen haben. Das Aussehen, Auftreten und vielleicht die Stimme reichen aus, damit unser Gehirn ein schnelles Urteil fällen kann. Wir können noch nicht einmal genau sagen, was der Grund dafür ist, warum wir eine Person nicht mögen. Vielleicht erinnert uns das Auftreten, das Aussehen oder die Stimme an jemanden aus Kindheitstagen. Möglicherweise war es eine übergeordnete Person, die uns abfällig behandelt hat. Vielleicht mögen wir die laute, überhebliche Art nicht und fühlen uns unterlegen. Wichtig zu wissen ist, dass dieser Prozess extrem schnell und nicht bewusst stattfindet. Es ist kein rationales Abwägen der Aspekte. Unser Gehirn hat in wenigen Sekunden entschieden. Danach erwarten wir, ebenfalls unbewusst, dass unser Vor-Urteil über die Person bestätigt wird. Wir suchen nach Eigenschaften, die das bereits gefällte Urteil bestätigen. Je mehr wir diese negativen Eigenschaften beobachten, desto mehr bekräftigt es unser Urteil. Auch hier macht es sich unser Gehirn sehr einfach. Und Sie haben sich gewundert, warum es so viele Vorurteile gibt?

Heuristik ist nicht grundsätzlich etwas Schlechtes. Im Alltag hilft es, schnell und einfach ein Urteil zu fällen oder eine Entscheidung zu treffen. Aber gerade in der Schnelligkeit liegt die Tücke. Denn unsere Denkprozesse sind hochgradig fehleranfällig. Sie können bewusst oder unbewusst manipuliert werden. Intuitive Denkfehler lassen sich unglücklicherweise nur schwer abstellen oder vermeiden.

Schauen wir uns ein paar Beispiele für Heuristiken an:

Affektheuristik

Stellen Sie sich vor, Sie haben eine komplizierte Operation vor sich und sprechen mit zwei unterschiedlichen Ärzten. Beide erläutern Ihnen die möglichen Risiken.

Ein Arzt sagt Ihnen:

> *„Mit 10-prozentiger Wahrscheinlichkeit werden Sie bei dieser Operation sterben."*

Ein anderer Arzt sagt Ihnen:

> *„Die Überlebenswahrscheinlichkeit liegt bei 90%."*

Das ist bewusst ein extremes Beispiel, um die Wirkung von Affektheuristik deutlich zu machen. Bei welcher der beiden Aussagen fühlen Sie sich besser? Wo würden Sie sich eher operieren lassen? Welchem Arzt würden Sie am meisten vertrauen?

Wir alle, nehme ich an, würden uns für den zweiten Arzt entscheiden. Obwohl die Aussagen rational betrachtet exakt gleich sind, fühlt es sich besser an, wenn von „Überlebenswahrscheinlichkeit" als von „10-prozentiger Wahrscheinlichkeit zu sterben" gesprochen wird. Unser Gehirn hat aus dem Affekt heraus eine Abkürzung gewählt und für uns entschieden, was uns besser gefallen sollte. Bemerkenswert ist, dass wir keine Information über die Qualifikation und Erfahrung beider Ärzte haben. Aber ein Urteil haben wir schon gefällt, auch wenn es möglicherweise ein Denkfehler ist.

Wie leicht unser Denken durch unsere Wahrnehmung beeinflusst wird, zeigen auch folgende Effekte:

- Primacy-Effekt
- Recency-Effekt
- Halo-Effekt

Primacy-Effekt

Der Primacy-Effekt bedeutet, dass der erste Eindruck, bzw. das zuerst Gesagte den Rest überschattet. Damit wird der erste Eindruck so dominant, dass alles, was danach kommt, kaum noch eine Rolle spielt. Vergleichbar ist das mit dem ersten Eindruck einer unbekannten Person. „Du hast niemals eine zweite Chance, einen ersten Eindruck zu hinterlassen." „Der erste Eindruck ist entscheidend", heißt es immer. Wenn wir zu einem Vorstellungsgespräch gehen, wollen wir uns so gut es geht präsentieren. Wir ziehen gute Sachen an, putzen die Schuhe und kommen pünktlich zum vereinbarten Termin.

Jetzt stellen Sie sich vor, Sie säßen auf der anderen Seite beim Vorstellungsgespräch. Sie sind Personalchef oder Abteilungsleiter und suchen einen neuen Mitarbeiter. Einer der Kandidaten kommt aber deutlich zu spät zum Termin. Sie haben schon fast 15 Minuten warten müssen. Gehetzt stürmt er in den Besprechungsraum. Auch wenn noch kein Wort gesagt wurde, ist schon der erste Eindruck prägend. Besonders erfreut sind wir nicht, denn wir haben noch weitere Termine und unsere Zeit ist kostbar. Dahinter steckt ein wenig fehlende Anerkennung und Achtung für die Person gegenüber, also für mich. Der erste Eindruck ist schon mal negativ. Und ähnlich wie das bei den o.g. Vorurteilen beim ersten Eindruck ist, sucht unser Gehirn unbewusst nach Bestätigung für das bereits gefällte Urteil. Der Kandidat will sich möglicherweise nichts anmerken lassen, um unaufgeregt und sachlich zu wirken. Dann denken wir erst recht: „Na, der hat ja Mut, erst zu spät kommen und dann so zu tun, als wenn nichts gewesen wäre." Sobald er aber nervös wird und sich um Kopf und Kragen redet, denken wir, dass er dem Stress wohl nicht gewachsen ist. Egal wie er sich anschließend verhält, der Primacy-Effekt hat dafür gesorgt, dass wir unser Urteil bereits gefällt haben. Ob der Kandidat mit seinen Fähigkeiten eventuell genau der Richtige für das Unternehmen wäre, können wir meist gar nicht mehr beurteilen.

Recency-Effekt

Genau umgekehrt verhält es sich mit dem Recency-Effekt. Beim Recency-Effekt dominiert der letzte Eindruck, die letzten Informationen alles. Bleiben wir wieder bei unserem Bewerber. Jetzt war er pünktlich, hat sich aber während des Vorstellungsgespräches nicht sonderlich positiv hervorgetan. Zum Abschluss muss er noch seine Fähigkeiten präsentieren. Das macht er mit absoluter Bravour. Wir sind völlig begeistert. Diese Begeisterung hält an und beeinflusst unsere Erinnerung an das Bewerbungsgespräch. Insgesamt haben wir einen sehr positiven Eindruck von diesem Kandidaten.

Noch deutlicher wird der Recency-Effekt, wenn Sie eine gescheiterte Beziehung oder Ehe hinter sich haben. Die Gründe für die Trennung (oder eine unschöne Trennung überhaupt) überschattet den Rest der Beziehung. Ich kenne kaum jemanden, der nach einer schmerzhaften Trennung davon spricht, dass man ja tolle Jahre und eine wunderschöne gemeinsame Zeit zusammen hatte. Der Schmerz und die Enttäuschung sind so groß, dass sie die Wahrnehmung für die gesamte gemeinsame Zeit überschatten.

Der Recency-Effekt beeinflusst als letzter Input unsere Wahrnehmung und kann dadurch zu Denkfehlern führen.

Halo-Effekt

Der Begriff „Halo“ bezeichnet genau genommen einen Lichtschein oder Kreis um die Sonne oder den Mond. Im Englischen bezeichnet er vor allem einen Heiligenschein. Den Heiligenschein hatten Wissenschaftler im Hinterkopf, als sie einen Begriff für diese Art von Denkfehler suchten. Der Halo-Effekt beschreibt, wie unsere Wahrnehmung beeinflusst wird, wenn wir jemandem begegnen, der so deutlich ungewöhnliche Eigenschaften hat, dass sie wie ein Heiligenschein wirken. Alles andere tritt in den Hintergrund und hat für unsere Wahrnehmung keine Bewandtnis.

Ein Beispiel, wie positive Eigenschaften unsere Wahrnehmung beeinflussen können, ist das Aussehen. Einer besonders attraktiv aussehenden Person werden positive Eigenschaften nachgesagt oder zumindest in sie hineininterpretiert. Ein attraktiver junger Mann, adrett gekleidet, wirkt erfolgreich und intelligent. Dazu wurden eine Reihe von Tests durchgeführt, um den Halo-Effekt nachzuweisen. Den Teilnehmern wurden Bilder von zwei unterschiedlichen Männern gezeigt. Beide Männer saßen im Anzug vor einer blauen Leinwand und hatten neben sich die amerikanische Flagge. Bei dem einen handelte es sich um einen erfolgreichen Politiker aus dem US-Senat, bei dem anderen um einen mehrfach verurteilten Mörder aus Kalifornien. Ganz subtil unterschieden sich allerdings die beiden Fotos. Das Foto des Politikers war schlecht ausgelichtet und wurde mit einer alten Kamera fotografiert. Dadurch wirkte der Blick des Mannes etwas grimmig. Das Foto des Mörders war stattdessen professionell in Szene gesetzt. Es wurde die modernste Fotoausrüstung verwendet, das Bild und das Gesicht waren exzellent ausgeleuchtet; der Mann wirkte positiv und machte einen optimistischen Eindruck. Anhand dieser beiden Fotos wurden die Teilnehmer gefragt, wem sie eher ihre Stimme bei der nächsten Wahl geben würden. Die überwältigende Mehrheit entschied sich, wie sollte es anders kommen, für den positiv wirkenden Mann. Selbst als die Teilnehmer anschließend aufgeklärt wurden und die unterschiedlichen Hintergründe der beiden Männer kannten, blieb immer noch eine erstaunlich hohe Zahl von Teilnehmern bei ihrem ursprünglichen Urteil. Sie hatten ein größeres Vertrauen in den positiv wirkenden Mann, den Mörder. Das zeigt uns, wie stark der Halo-Effekt wirkt und unser Denken beeinflussen kann.

Es gibt Situationen, in denen alle drei Effekte (Primacy-Effekt, Recency-Effekt und Halo-Effekt) gleichzeitig auftreten. Nehmen wir das Beispiel eines perfekten Verkaufsgesprächs. Ein sehr sympathisches, freundliches Auftreten des Verkäufers führt zu einem tollen ersten Eindruck. Der Halo-Effekt trifft ein, wenn ein einziges Merkmal, z.B. eine besondere Produkteigenschaft oder auch eine prominente Werbefigur, im Mittelpunkt der Produktpräsentation steht. Der Abschluss kann dann noch eine kleine Überraschung sein, wie z.B. Sonderkonditionen beim Preis oder ein kleines persönliches Geschenk. Manchmal ist es dann ein „one last thing", eine Überraschung zum Schluss. Das kann ein neues, unerwartetes Produkt sein, wie Steve Jobs das oft bei seinen Präsentationen gemacht hatte. Überhaupt war die Produktpräsentation bei Apple stets perfekt durchorganisiert und orchestriert. Der Anfangsapplaus führte nicht nur zu einer positiven Stimmung, sondern es entstand eine Erwartungshaltung, dass hier gleich etwas ganz Besonderes passiert. Das Produkt wurde mit ein oder zwei besonderen Eigenschaften präsentiert. Der Rest der Präsentation war nur noch Nebensache. Und zum Schluss, Trommelwirbel, tataaa, ein ganz besonderes, neues Produkt. Das Publikum war verzückt und ganz aus dem Häuschen.

Das Dilemma geht nicht auf die Produkte oder den Ablauf einer Präsentation zurück, sondern darauf, dass unsere Reaktionen, unser Verhalten vorhersehbar sind. Wir sind nicht so frei in unserem Denken, wie wir glauben. Tatsächlich sind wir sogar ganz schön manipulierbar. Hier werden Denkfehler systematisch genutzt, um uns zu einer bestimmten Handlung zu bewegen. Erst anschließend stellen wir fest, dass wir einen Fehler gemacht und eine Fehlentscheidung getroffen haben.

Bestätigungsfehler (Confirmation Bias)

Bestätigungsfehler bedeutet, dass wir die Informationen suchen und nutzen, die wir haben wollen, um unsere bereits getroffene Entscheidung zu bestätigen. Wir haben den Bestätigungsfehler schon kennengelernt beim Bewerbungsgespräch mit dem verspäteten Kandidaten. Der Bewerber hatte genau genommen keine Chance mehr, als er verspätet ankam. Wir haben unbewusst nach Argumenten gesucht, ihn abzulehnen. Die innere Stimme sagte uns: „Unsere Zeit ist ihm egal", „Er ist dem Stress nicht gewachsen", „Außerdem hat er geschwitzt, das können wir den Kollegen in der Abteilung nicht antun".

Auch Lehrern, Trainern und Vorgesetzten passiert so etwas regelmäßig. Sie haben ein bestimmtes Bild von der Leistung eines Schülers oder Mitarbeiters, vielleicht sogar beeinflusst durch andere Lehrer bzw. Kollegen. Um beim Beispiel des Lehrers zu bleiben: Beim Abfragen der Schüler und insbesondere bei der Korrektur von Klausuren überprüft der Lehrer unbewusst, ob die Leistung seiner Erwartung entspricht. Die Klausur eines guten Schülers wird daraufhin überprüft, ob er die richtigen Antworten gegeben hat. Der Lehrer sucht nach Aspekten und Gründen, die bestätigen, dass der Schüler eine gute Arbeit geschrieben hat. Also zählt der Lehrer die positiven Aspekte der Arbeit. Bei einem (vermeintlich) schlechten Schüler hingegen wird die Klausur auf die Fehler und negativen Aspekte hin untersucht. Auch dies geschieht unbewusst. Aber im Endeffekt bestätigt der Lehrer seine Vermutung und Erwartung, dass der Schüler „einfach nicht zu den Leistungsträgern in der Klasse zählt".

Natürlich gibt es viele Lehrer, Trainer und Vorgesetzte, die sehr reflektiert und selbstkritisch sind. Es geht auch weniger um spezielle Berufsgruppen, sondern um das Phänomen, dass wir unbewusst zu einem Ergebnis, einer Entscheidung kommen, die durch unsere Erwartungshaltung beeinflusst wird.

Solche Bestätigungsfehler passieren jedem. Wir sehen, was wir sehen wollen, und hören, was wir hören wollen. Unsere Wahrnehmung filtert alle nicht passenden Informationen aus. Nur Informationen, die unser Gehirn als relevant betrachtet, kommen an und werden verarbeitet. Sie gelangen erst ins Kurzzeitgedächtnis und werden anschließend im Langzeitgedächtnis abgespeichert.

Fragen Sie doch mal einen Mann nach einer Feier, wie ihm die Abendgarderobe der Gastgeberin gefallen hat. Verdattert schaut er Sie an. Etwas überfordert antwortet er knapp: „Du meinst das … Kleid?" Fragen Sie ihn aber, wie ihm der neue Fernseher gefallen hat, dann antwortet er wie aus der Pistole geschossen: „Wow, UHD 4K Smart TV, 75 Zoll, mit Sprachsteuerung und Ambient Light! Der Fernseher ist total cool." Sein Fokus lag woanders. Mit diesem Informations- und Wahrnehmungsfilter bildet unser Gehirn die Grundlage für den Bestätigungsfehler.

Bestätigungsfehler unterlaufen uns schnell auch bei der Urlaubsplanung. Sie möchte unbedingt nach Kroatien. Auf der Party hatte die Gastgeberin so von ihrem letzten Urlaub in Istrien geschwärmt: „Wunderschöne, romantische Städtchen, glasklares Wasser am Strand und leckeres Essen. Nur freundliche Menschen!" Er hat aber gelesen, dass die Kriminalitätsrate dort hoch sein soll, die Konflikte zwischen Serbien und Kroatien sollen weiterhin brodeln und quasi jeder Urlauber hatte schon mal eine schmerzhafte Begegnung mit Seeigeln.

Sie möchte aber unbedingt hin und schafft es, ihn trotz seiner Vorurteile zu überzeugen. Sobald das Paar dann in Kroatien ist und es zum ersten kleinen Problem kommt, sieht er sich bestätigt, dass Kroatien ja nur schiefgehen konnte: „Ich hatte es dir ja gesagt!"

Im ungünstigen Fall kann ein negativer Bestätigungsfehler zu einer sich selbst erfüllenden Prophezeiung werden. Wir haben Sorge, dass wir durch die Führerscheinprüfung fallen könnten. Am Tag der Prüfung sind wir nervös, haben Angst und die Unsicherheit spürt auch der Fahrprüfer. In dieser Konstellation sind Fehler fast vorprogrammiert. Es könnte ein kleiner Fahrfehler beim Anfahren sein. Dadurch steigert sich die Unsicherheit immer mehr. Irgendwann bricht der Prüfer ab und wir sind durchgefallen. Wir haben uns selber bestätigt, dass wir durch die Fahrprüfung fallen würden. Stellen Sie sich aber einfach mal vor, dass Sie so sehr von sich überzeugt wären, dass Sie keine Prüfungsangst hätten. Ihre innere Stimme sagt Ihnen immerzu: „Ich kann fahren. Ich weiß, dass ich fahren kann. Ein kleiner Fehler wird schon nicht so schlimm sein." Damit setzen Sie sich ruhig und gelassen in den Wagen und der Prüfer spürt bereits Ihre Gelassenheit. Auch er wird sich denken: „Naja, wenn er so routiniert fährt, macht der kleine Anfangsfehler wohl nichts." Die Prüfung wird bestanden. In diesem Fall hat der Bestätigungsfehler ein positives Ergebnis gehabt.

Pygmalion-Effekt

Der Confirmation Bias, der ähnlich einer sich selbst erfüllenden Prophezeiung wirkt, nennt sich Pygmalion-Effekt. Im Jahr 1965 haben zwei amerikanische Psychologen dieses Phänomen erforscht. Dazu haben sie den Lehrern einer Grundschule gesagt, dass alle Schüler eines Jahrgangs in Leistungsgruppen aufgeteilt würden. Tatsächlich war die Aufteilung der Schüler jedoch willkürlich. Ein Jahr später konnten die Forscher dann feststellen, dass die vermeintlich leistungsstarken Schüler nicht nur aus Sicht der Lehrer besser geworden sind (das wäre der Confirmation Bias), sondern auch nach objektiv messbaren Kriterien. Die Schüler wurden behandelt, als wären sie interessiert, fleißig, intelligent und leistungsstark. Das hat ihre Selbstwahrnehmung verändert und die Schüler wurden daraufhin tatsächlich besser.

Neu ist dieser Effekt allerdings nicht. Denn bereits 1893 griff Mark Twain dieses Thema auf und nutzte es in seiner Kurzgeschichte „The Million Pound Bank Note". Es handelt von dem Amerikaner Henry Adams, der nach einem Bootsunfall verdreckt und völlig mittellos London erreicht. Dort finden ihn zwei reiche Brüder und überreichen Adams einen Scheck über 1 Millionen Pfund (heute wären das umgerechnet

130 Millionen Pfund). Sie wetten, ob er einen Monat durchhalten kann, ohne den Scheck einzulösen. Alle Menschen, die Adams treffen und den Scheck sehen, sind davon überzeugt, dass er ein sehr reicher Ame rikaner sein muss. Jeder hilft ihm. Als er anfängt, sich wie ein Millionär zu verhalten, kommt er am Ende durch einen glücklichen Zufall tatsächlich zu Reichtum. Diese Kurzgeschichte wurde mehrfach verfilmt. Eine der bekanntesten Adaptionen war die Komödie „Die Glücksritter" von 1983 mit Eddie Murphy und Dan Aykroyd in den Hauptrollen.

Auswirkungen sozialer Medien

Die breite Nutzung sozialer Medien führt verstärkt zum Bestätigungsfehler. Der Erfolg von Facebook ist insbesondere darauf zurückzuführen, dass wir genau das präsentiert bekommen, was uns interessiert. Die hinterlegten Algorithmen zählen unsere Clicks, messen die Verweildauer auf den Berichten und Videos, die wir uns anschauen. Sie speichern, was wir gerne mögen, „liken". Üblicherweise lesen wir die Artikel, die unserer Überzeugung entsprechen, die unserem Verständnis der Welt entsprechen, an die wir glauben. Je mehr wir davon lesen, desto mehr Artikel und Berichte werden uns von Facebook dazu präsentiert. Das bestärkt nur unsere bereits vorgefasste Meinung. Und damit verstärkt sich der Effekt des Bestätigungsfehlers umso mehr.

Vielleicht lässt sich dadurch auch erklären, warum Verschwörungstheorien in Zeiten von Social Media immer mehr Zulauf gefunden haben. Da ist zum einen der „Klick Bait", der Klick-Köder. Das sind Berichte, Videos und Internetseiten, die eine extrem absurde Erklärung und Erläuterung enthalten. Wir haben bereits festgestellt, dass dramatische Berichte mehr Aufmerksamkeit auf sich ziehen als zum Beispiel ein Bericht über einen neu gewählten Vorsitzenden des EU-Rates. Wie bei klassischen Print- und Online-Medien gilt auch: Je lauter und greller die Theorie und Erläuterung, desto eher wird der im Internet surfende Leser darauf aufmerksam. Teilweise haben die absurdesten Theorien die höchsten Klick-Raten. Einmal angeklickt, merken sich die Algorithmen von Google und Facebook, dass wir uns für dieses Thema interessieren. Facebook verfolgt uns nicht nur auf seinen eigenen Seiten und Postings, sondern verfolgt unsere Schritte auch im übrigen Internet, egal welchen Browser wir dafür verwenden.

Mit diesem Wissen präsentiert uns Facebook dann anschließend wieder weitere „Nachrichten», die uns interessieren könnten. Das führt zu einem Confirmation Bias in Reinkultur.

Manipulationen

Die US-amerikanische Präsidentschaftswahl von 2016 wurde begleitet vom Vorwurf der ausländischen Einmischung. Russische Trollfarmen, also staatlich gelenkte russische Internet-Agenturen, sollen Falschaussagen über soziale Medien verbreitet haben, um amerikanische Wähler und damit die Wahl zu beeinflussen. Viel wurde über die Einmischung „fremder Mächte“ bei der Präsidentschaftswahl berichtet.

Ganz besonders interessant ist die folgende Tatsache: Wir akzeptieren sofort, dass Trollfarmen überhaupt in der Lage waren, amerikanische Wähler zu beeinflussen. Gleichzeitig sind wir aber zutiefst davon überzeugt, dass Manipulation bei uns selber nicht funktionieren würde. Warum sind wir uns da so sicher? Oder machen wir uns vielleicht etwas vor?

Noch spannender wird es im Zusammenhang mit Verschwörungstheorien. Die Anhänger der Verschwörungstheorien glauben auch, dass sie sich eigenständig und unbeeinflusst eine rationale Meinung gebildet hätten. Das lasse ich jetzt einfach mal so stehen und mache keine Aussage über falsche Wahrnehmung, Denkfehler, Bestätigungsfehler und clevere Algorithmen von Internetfirmen.

Wahrnehmung beeinflusst **Emotionen** beeinflussen **Gedanken** beeinflussen **Entscheidungen und Handlungen**

Wie wir Dinge wahrnehmen, verarbeiten, fühlen und denken, beeinflusst unser Verhalten. Das kann zu einem guten Ergebnis führen oder zum Pygmalion-Effekt einer sich selbst erfüllenden Prophezeiung. Entscheidungen und Handlungen sind nicht so rational, wie wir uns das manchmal einbilden.

Zum Abschluss dieses Kapitels möchte ich Ihnen eine Geschichte über Krösus erzählen.

Die Geschichte von Krösus

Wenn wir von Krösus sprechen, meinen wir damit einen sehr reichen Mensch. „Reich wie Krösus“ ist ein geläufiger Satz. Krösus war um 550 vor unserer Zeitrechnung der König von Lydien, heute ein Teil der westlichen Türkei. König Krösus war unermesslich reich. Er war aber nie zufrieden und wollte immer mehr besitzen. Mehr Geld, mehr Frauen, mehr Länder. Als er überlegte, in das Land der Perser einzumarschieren, fragte er vorher das Orakel von Delphi. Das Orakel sagte ihm „Wenn du gegen die Perser ziehst, wirst du ein großes Reich vernichten.“ Das überzeugte ihn und er meinte, dass er die mächtigen Perser besiegen werde. Also zog er in den Krieg. Es stellte sich heraus, dass der Kampf aussichtslos war und seine Truppen geschlagen wurden. Die Perser nahmen ihn gefangen und sein Königreich zerbrach. Das Orakel von Delphi hatte recht gehabt. Ein großes Reich wurde vernichtet. Krösus dachte allerdings, dass es nur das Reich der Perser sein könnte und nicht sein eigenes. Das war sein Denkfehler und eine tödliche Entscheidung.

Zusammenfassung:

- Gefühle beeinflussen unsere Wahrnehmung und unser Denken.
- Das limbische System ist häufiger Auslöser für negative Basis-Emotionen als für positive.
- Unser Gehirn sucht Abkürzungen, um schneller und einfacher zum Ziel zu gelangen.
- Soziale Medien bestärken durch ihre Algorithmen unsere Vorurteile und führen vermehrt zu Bestätigungsfehlern.
- Seien Sie skeptisch, wenn Ihnen ein Orakel eine Weissagung macht.

Auf welche Weise wir unsere Entscheidungen treffen und dass wir oft gar nicht so frei entscheiden, wie wir uns einbilden, werden wir im nächsten Kapitel sehen.

Kapitel 5
Entscheidungen

> *„Ein Genie macht keine Fehler.*
> *Seine Irrtümer sind Tore zu neuen Entdeckungen."*
>
> James Joyce

Im folgenden Kapitel lernen Sie, warum wir oft nicht so rational entscheiden, wie wir glauben.

Sie lernen den Unterschied zwischen Emotio und Ratio bei der Entscheidungsfindung kennen.

Sie lernen, was Entscheidungsmüdigkeit bedeutet und warum Verhaltensökonomik nicht automatisch zu wirtschaftlich sinnvollen Entscheidungen führt.

Warum machen wir etwas, obwohl wir wissen, dass es schlecht für uns ist? Z.B. rauchen, Alkohol trinken, zu viel essen, das Falsche essen, zu wenig Sport/Bewegung, zu viel Fernsehen/Internet oder vielleicht Lotto spielen?

Beim Besuch eines Krankenhauses habe ich erlebt, dass Krebspatienten rauchend vor der Klinik stehen, kurz nachdem ihnen ein Lungenflügel entfernt wurde. Und hin und wieder steht dann auch der Lungenfacharzt neben seinem Patienten und sie rauchen gemeinsam eine Zigarette. Zu gerne würde ich das Gespräch belauschen, wenn der Arzt seinem Patienten erklärt, warum er das Rauchen aufgeben sollte, während er noch genüsslich an seiner Zigarette zieht.

Auch Essensverhalten kann irrational sein. Im November 2002 haben zwei junge Frauen aus New York eine Klage gegen McDonald's eingereicht. Sie warfen der Fast-Food-Kette vor, schuld an ihrem Übergewicht und ihren gesundheitlichen Problemen zu sein. Jazlyn B. (19) wog 122 kg bei einer Körpergröße von 167 cm. Das entspricht einem BMI von 43,7. Ab einem BMI über 30 gilt jemand als schwer übergewichtig. Die andere junge Frau, Ashley P. (14), wog 77 kg und war 147 cm groß. Ihr BMI betrug 36. Die beiden gingen täglich zu McDonald's Filialen in der Bronx, New York. Jazlyn bestellte sich morgens einen McMuffin und abends ein Big Mac Menu mit Apple Pie als Nachtisch. Die jüngere Ashley liebte Spielzeuge und bestellte sich immer Happy Meals.

Unstrittig ist die Tatsache, dass Amerikaner generell seit Jahrzehnten immer dicker werden. Strittig war bei dieser Klage jedoch, wer dafür verantwortlich gemacht werden sollte. McDonald's wies den Vorwurf weit von sich. Die Anwälte der Mädchen hatten andererseits argumentiert, dass McDonald's gezielt Werbung für Kinder machen würde und sie daher gar nicht anders konnten, als immerzu und täglich zu McDonald's Filialen zu gehen und jeden Abend eine Mahlzeit mit 1570 Kalorien zu sich zu nehmen. Diese Argumentation unterstellt, dass wir durch Werbung manipuliert werden. Es wäre somit nicht mehr unsere freie Entscheidung. Ein interessanter Aspekt, wie ich finde.

Natürlich stimmt es, dass Kinder leichter beeinflusst und manipuliert werden können. Aber Erwachsene behaupten ebenfalls, dass sie Opfer „dunkler" Mächte geworden sind, die ihnen Entscheidungen aufgezwungen haben. Sie geben anderen die Schuld, wenn sie über Jahre zu viel gegessen haben und zu dick geworden sind. Damit sind wir bereits bei den ersten Denkfehlern. Nennen wir sie der Einfachheit halber mal Lebenslügen.

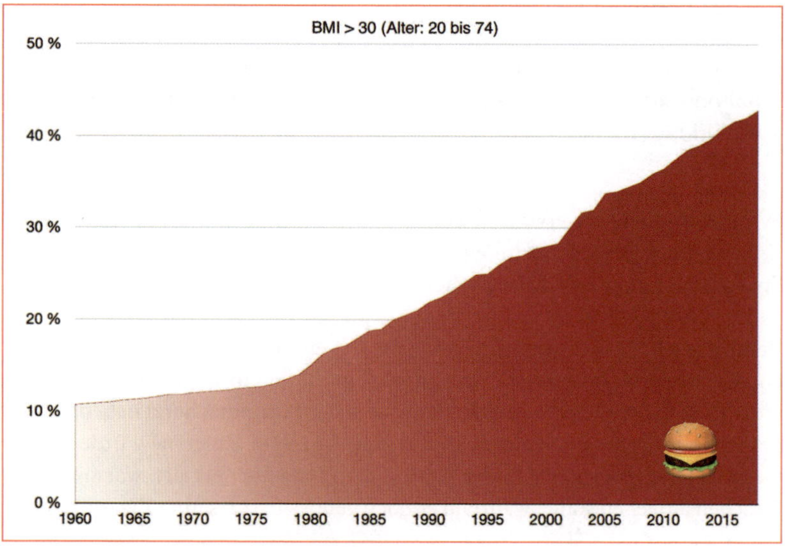

ÜBERGEWICHTIGE US BEVÖLKERUNG IN %

QUELLE: WWW.CDC.GOV/NCHS/DATA/HESTAT/OBESITY

Anmerkung: Ein BMI über 30 bedeutet für einen erwachsenen Mann mit einer Größe von 1,84 m ein Gewicht von über 102 kg. Für eine Frau mit einer Größe von 1,72 m entspricht es einem Gewicht von über 90 kg.

Wie unsere Wahrnehmung unmerklich manipuliert wird, schauen wir uns gleich noch näher an.

Generell stellt sich die Frage, ob freie Willensentscheidung Basis für unser Konsumverhalten ist. Warum leben viele Menschen über ihre Verhältnisse? Täglich werden wir mit Werbung bombardiert. Wir sollen uns das neueste iPhone für 1349,– EUR kaufen, das passt am besten zum neuen Tesla. Die Wohnung sollte mindestens drei Zimmer und 80 qm haben, mit Südbalkon, offener Küche und Tiefgaragenstellplatz, damit der Tesla dort parken kann. Eine absolute Notwendigkeit für die Wohnung ist natürlich der UHD 4K Smart TV Fernseher, 75 Zoll, mit Sprachsteuerung und Ambient Light. Den hatten wir ja gerade letztens noch gesehen, als wir abends bei Freunden eingeladen waren.

Es muss das Neueste, Beste, Schönste und leider oft auch Teuerste sein. Man will sich ja mal was gönnen, sagen sich einige, die am Anfang ihres Berufslebens stehen und die erste eigene Wohnung beziehen. Selten wird gefragt, ob es nicht mehr Sinn machen würde, in den ersten Jahren vielleicht etwas sparsamer zu leben, um dann zu einem späteren Zeitpunkt mehr zu haben. Das bezeichnen Psychologen als „Delayed Gratification“, verspätete Belohnung.

Dazu wurde an einer amerikanischen Universität ein interessantes Experiment durchgeführt. Vorschulkindern wurde gesagt, sie könnten jederzeit den vor sich liegenden Schokoriegel essen. Wenn sie aber 15 Minuten warten, bekämen sie zwei zusätzliche Schokoriegel. Ein Gewinn von 200 % in gerade mal 15 Minuten. Natürlich haben sich die Kinder keine Wahnsinnsrendite ausgerechnet, sondern sind ihrem Instinkt gefolgt. Wer Hunger hatte und seinem Bedürfnis sofort nachgeben wollte, hat den Riegel gegessen. Das galt für die überwiegende Zahl der Kinder. Nur einige hatten die Selbstdisziplin, weitere 15 Minuten zu warten, während sie vor sich auf den Schokoriegel starrten. Die Versuchung war groß, aber sie konnten sich zusammenreißen. Sie hatten die Willensstärke, eine gewisse Zeit zu warten, um anschließend die Delayed Gratification, verspätete Belohnung, zu erhalten. Es ist eine Entscheidung, anfangs auf etwas zu verzichten, um später mehr zu haben. Was so einfach klingt, fällt uns oft schwer. Wir bräuchten eine starke Selbstdisziplin, um unserem Verlangen, unseren Emotionen nicht nachzugeben. Die Emotionen, die schon unser Denken beeinflussen, haben einen Effekt auf unsere Entscheidungen.

Nehmen wir ein anderes Beispiel: Wie klar und rational verhalten sich Menschen, wenn sie Hunger haben? Wieder einmal übernimmt das limbische System die Steuerung in unserem Gehirn und unser Denken wird dadurch massiv beeinflusst. Waren Sie einmal einkaufen, als Sie richtig hungrig waren? Üblicherweise kaufen wir dann mehr ein, als wenn wir satt sind. Noch extremer wird es, wenn Essen verknappt wird. Stellen Sie zwei Hunden nur einen einzelnen Futternapf hin. Der Zank um den Futternapf ist vorprogrammiert. Ähnlich verhalten wir uns. Man nennt es Futterneid. Das limbische System gibt mir das Signal: Das ist mein Essen! Es gibt sogar im Strafrecht den Begriff Mundraub, wenn jemand ungefragt und unerlaubt fremdes Essen „stiehlt". Auch im Restaurant kann es unangenehm werden. Wer hungrig ist und unverhältnismäßig lange auf sein Essen wartet, wird ungeduldig. Emotionen übernehmen wieder und die Laune erreicht den Tiefpunkt. Es braucht in solchen Momenten nicht viel, bis der Gast wütend den Kellner beschimpft. Der kann vermutlich am allerwenigsten dafür. Nach dem Essen ist die Stimmung wie ausgewechselt. Wenn Menschen satt und zufrieden sind, verhalten sie sich völlig anders.

Schnelles Denken ist in solchen Momenten häufiger Grundlage für Entscheidungen als rationales, langsames Denken. Das führt auch in anderen Fällen zu irrationalem Verhalten. Beispielsweise wenn etwas umsonst angeboten wird. BOGO ist in den USA mittlerweile ein bekannter und feststehender Begriff. Er hat eine magische Anziehungskraft auf die Konsumenten. BOGO steht für „Buy one, get one (free)". Eine Sache kaufen, eins umsonst dazu bekommen. Die Wahrnehmung schaltet um, denn: „Umsonst bekommt man es ja nicht alle Tage", denken Konsumenten und schlagen zu. Die Frage, ob das Produkt überhaupt sinnvoll, geschweige denn günstig ist, wird meistens gar nicht mehr gestellt. Sonderangebote haben den gleichen Effekt. Lautstark meldet das Möbelhaus: „Wir schenken Ihnen 19% Mehrwertsteuer!" Ganz bewusst wird der Begriff „schenken" verwendet. Es heißt nicht: „Wir reduzieren vorübergehend den Preis um 19%." Schenken klingt verlockender. Ganz euphemistisch wird es als „verkaufsfördernde Maßnahme" beschrieben, was offensichtlich als Manipulation der Entscheidungsfindung dienen soll.

Aus Sicht von Psychologen handeln Menschen vorhersagbar irrational! Das wird von großen Supermarktketten genutzt, die uns pausenlos manipulieren. Wir werden im wahrsten Sinne des Wortes an der Nase herumgeführt. Besser könnte man es nicht beschreiben. Die Marketingexperten haben einen Weg durch den Supermarkt vorgezeichnet, der die Sinne anregen und zu Käufen verführen soll.

Können Sie sich daran erinnern, was passiert, wenn im Supermarkt Brot und Brötchen aufgebacken werden? Beobachten Sie sich einfach mal bei Ihrem nächsten Einkauf, wenn Sie den Duft von frischen Brötchen riechen. Die Marketingexperten setzen olfaktorische Lockmittel geschickt ein, damit uns das Wasser im Mund zusammenläuft. Auch bei Menschen funktioniert der Pawlow'sche Effekt.

Der russische Mediziner und Physiologe Iwan Pawlow hat bei seinen Forschungen festgestellt, dass sich Hunde leicht konditionieren lassen. Die Fütterung seiner Hunde verknüpfte er mit dem Läuten einer Glocke. Bereits nach kurzer Zeit waren seine Hunde so trainiert bzw. konditioniert, dass das Läuten ausreichte, um den Speichelfluss auszulösen. Ähnlich funktioniert der Pawlow'sche Effekt auch bei Menschen. Ein leckeres Stück Schokolade, oder eben auch ein frisch gebackenes Brötchen, hat die gleichen Auswirkungen. Uns läuft das Wasser im Mund zusammen. Im Supermarkt ist das natürlich gewollt, denn es gibt keinen besseren Supermarkt-Kunden als den, der hungrig ist. Hungrige Kunden kaufen mehr ein und steigern so den Profit des Supermarktes.

Ein weiterer Aspekt gilt der gesamten Aufmachung eines Supermarktes oder des Einzelhandels. Die Lebensmittel werden jeweils auf ihre Art und Weise besonders präsentiert. Milch und Milchprodukte werden heller ausgeleuchtet, während Wurst und Fleisch dezent rot ausgeleuchtet werden. Die Waren sehen dadurch frischer aus.

Verkaufsmanager haben die Absicht, Kunden so lange wie möglich in ihren Geschäften zu behalten. Je länger Kunden ihre Zeit dort verbringen, desto mehr kaufen sie ein.

Große Handelsketten wie Target oder Walmart in den USA versuchen bereits beim Betreten des Geschäftes die Schrittgeschwindigkeit ihrer Kunden zu verlangsamen. Das schaffen sie, in dem Sie Böden auf Hochglanz polieren und damit den Eindruck eines glatten, rutschigen Boden vermitteln. Ganz unbemerkt verlangsamen Kunden ihre Geschwindigkeit, mit der sie durch die Eingangstür gekommen sind.

Das langsame Schlendern führt dazu, dass Kunden mehr Zeit in den Filialen verbringen und mehr Geld ausgeben. Eine subtile Art der Beeinflussung und Manipulation. Wir merken nicht einmal, wie wir beeinflusst werden. Das alles sind Beispiele dafür, dass wir nicht frei entscheiden, zumindest nicht so frei, wie wir uns einbilden. Unsere Wahrnehmungen und Emotionen werden bewusst manipuliert, um uns zu einer Entscheidung und Handlung zu bewegen.

Mit diesen Beispielen wird deutlich, dass Menschen leicht manipulierbar sind und nicht jederzeit frei entscheiden. Daher wundert es mich, dass bei der Bewertung von Vorfällen so getan wird, als wären die Entscheidungen sachlich abgewogen und rational getroffen worden.

Emotio vs. Ratio

> *„Cogito ergo sum." Ich denke, also bin ich.*

Seit Menschengedenken, oder besser gesagt seit Menschen denken, wird über „das Denken“ nachgedacht. Das unterscheidet uns von den nicht denkenden Lebewesen. Sie reflektieren nicht. Vielleicht werden Sie jetzt einwenden, dass dies auch für einige Mitmenschen gilt, dann haben Sie wahrscheinlich nicht ganz unrecht.

„Die Vernunft“ war seit den alten Griechen Grundlage der Philosophie. Bereits vor 2400 Jahren haben Menschen darüber nachgedacht und philosophiert, wie der Mensch denkt und wie er entscheidet. Wovon lässt sich der Mensch bei seinen Entscheidungen leiten? Sind wir der „homo oeconomicus“? Ein Mensch, der seine Entscheidungen aufgrund wirtschaftlich rationaler Abwägungen trifft? Wie viele Entscheidungen werden rein rational getroffen und wie viele Entscheidungen sind Bauchentscheidungen, Entscheidungen, die durch Emotionen beeinflusst werden?

Täglich entscheiden wir etwa 20.000 Mal. Das fängt beim Aufwachen an: „Bleibe ich noch ein paar Minuten liegen oder springe ich sofort auf?“ „Wie lange dusche ich, was ziehe ich an, was esse ich zum Frühstück? Habe ich Zeit, um mir noch ein Ei zu kochen, oder gibt es nur den schnellen Toast mit Marmelade?“ So geht es den ganzen Tag. In der Firma dann die nächsten Entscheidungen. „Beantworte ich diese E-Mail sofort oder lieber erst später? Welchen Aufgaben räume ich heute Priorität ein? Soll ich heute das Personalgespräch führen oder habe ich jetzt keine Lust dazu?“ Bis hin zum Abend: „Was gibt es zum Abendessen und mache ich heute noch Sport oder schaue ich doch lieber die Netflix-Serie weiter?“

Wir sind aufgewachsen in dem Wissen (oder Glauben), dass wir rational denkende Wesen sind. Wie viele der 20.000 täglichen Entscheidungen treffen wir aber wirklich sachlich, vernünftig und rational? Oder treffen wir viele unserer Entscheidungen doch eher spontan und aus dem Bauch heraus, also emotional?

Es wird geschätzt, dass der Mensch zu 80 % aus dem Bauch, dem Gefühl heraus entscheidet. Damit bleiben gerade mal 20 % aller Entscheidungen, die rein rational begründet sind.

EMOTIO vs. RATIO

80 % zu 20 %

Schauen wir uns dazu ein Beispiel an: Wie entsteht die Kaufentscheidung für ein neues Auto? Wie läuft so ein Denkprozess ab? Vielleicht fährt eines schönen Sommertags der Nachbar mit seinem nagelneuen Auto auf die Auffahrt. Der Wagen glänzt in der Sonne und sieht wirklich schick aus. In solchen Momenten entwickelt sich der Wunsch, ebenfalls ein neues Auto zu haben. Mit anderen Worten, man möchte unbedingt auch ein schönes neues Auto auf der Auffahrt stehen haben. Der Bauch sagt uns: KAUF ES!!! Die Emotionen haben vorläufig gesiegt. Dann tritt die rationale Seite in Erscheinung und drängt auf sachliche Gründe. Wir beginnen, nach Argumenten zu suchen, um den Wunsch, das Verlangen nach einem neuen Fahrzeug zu befriedigen. Unsere mickrigen 20 % Ratio brauchen wir, um die mächtigen 80 % Emotio zufriedenzustellen. Tatsächlich haben wir uns aber vorher schon längst entschieden.

Noch deutlicher zeigt sich diese Wirkung, wenn neben unseren Basis-Emotionen auch unsere Ur-Instinkte angesprochen werden. Evolutionsbiologisch gehört der Fortpflanzungstrieb zu den wichtigsten Auslösern unserer Emotionen. Mit der Wahrnehmung subtiler erotischer Reize werden in unserem Stammhirn Emotionen ausgelöst. Liebe und Erotik sind dabei die stärksten und intensivsten Gefühle, die wir empfinden können. Sie beeinflussen unsere Emotionen so stark, dass sie Einfluss auf unsere Entscheidungen haben. Daher sollte uns nicht wundern, dass das Marketingprinzip „Sex sells“ so gut funktioniert. Werbefachleute haben diesen Effekt schon früh entdeckt und nutzen ihn in vielfältiger Hinsicht. Es gibt kaum eine Parfüm-, Schmuck- oder Kosmetikwerbung, die ohne dezente erotische Anspielungen auskommt. Wird die Darstellung allerdings übertrieben und sexistisch, lässt die gewünschte Werbewirkung nach. Dann sieht der Betrachter nur noch das Bild der leicht bekleideten Frau und interessiert sich nicht mehr für das Produkt. Die Universität von Ohio hat diesen Effekt nachweisen können.

Jetzt geht es in diesem Buch aber nicht um verkaufsfördernde Maßnahmen, sondern wie wir entscheiden, wie unsere Entscheidungen beeinflusst werden und warum wir dadurch auch Fehlentscheidungen treffen.

Eine sehr perfide Verhandlungstaktik nutzt ebenfalls diese Beeinflussung der Gefühle, genannt „Dirty Tricks“ oder „Guerilla Tactics“. In einem Fall war dem zuständigen Manager vor einer wichtigen Verhandlung bekannt, dass ausschließlich männliche Teilnehmer der Gegenseite anwesend sein werden. Daher nahm er eine bildhübsche junge Assistentin mit in die Verhandlung. Sie hatte keine Ahnung von dem Thema, geschweige denn zum Inhalt der Verhandlungen. Ihre einzige Aufgabe bestand darin, die übrigen Verhandlungsteilnehmer abzulenken. Die anwesenden Männer der Gegenseite hatten sie stets im Blick und ihre Gedanken waren beim Abendessen. Jeder wollte gerne ihr Tischnachbar sein. Sie waren in höchstem Maße abgelenkt und unkonzentriert. Diese Taktik führte aus Sicht des zuständigen Managers zu einem ganz hervorragenden Vertragsabschluss. Er konnte alle wichtigen Punkte des Vertrages erfolgreich verhandeln. Für die andere Seite war das Ergebnis in doppelter Hinsicht ernüchternd. Der Vertrag war für sie nicht nur sehr nachteilig, auch das Abendessen hatten sie sich anders vorgestellt. Die junge Dame fuhr bereits nach der Verhandlung wieder zurück. Das Abendessen fand somit ohne weibliche Begleitung statt.

Diese Verhandlungstaktik zeigt ein weiteres Mal, wie vorhersagbar irrational wir uns verhalten. Das limbische System mit seinen Basisemotionen lässt sich leicht austricksen. Und wir merken es noch nicht einmal.

Und da soll nochmal jemand sagen, dass wir frei sind in unseren Entscheidungen.

Verhaltensökonomik

In der Wissenschaft gibt es bereits einen Begriff dafür: Verhaltensökonomik. Sie erforscht die Grundlagen für irrationales Verhalten. Die Forscher untersuchen dabei, wie wir uns bei verschiedenen Fragestellungen entscheiden. Schauen wir uns ein Beispiel für Verhaltensökonomik an:

Sie haben die Wahl. Sie können entweder

a) garantiert 250,– Euro gewinnen oder
b) haben eine 25 %ige Wahrscheinlichkeit, 1000,– Euro zu gewinnen, und eine 75 %ige Wahrscheinlichkeit, nichts zu gewinnen.

Alternativ gäbe es auch noch die Wahl zwischen

c) dem sicheren Verlust von 750,– Euro, oder
d) der 75 %igen Wahrscheinlichkeit, 750,– EUR zu verlieren, und der 25 %igen Chance, nichts zu verlieren.

Wie würden Sie sich entscheiden?

Die Fragen wurden speziell formuliert, sie wurden sozusagen eingerahmt, ge-„framed". Die ersten beiden Fragen befassen sich mit dem Aspekt eines Gewinns, die letzten beiden Fragen behandeln den Aspekt eines möglichen Verlustes. Da Menschen überwiegend Risiken meiden, ist auch die Möglichkeit eines sicheren Gewinns verlockend, während der Verlust eher abschreckend ist. Die meisten Menschen würden sich aus nachvollziehbaren Gründen für die Variante a) entscheiden.

Ähnlich entscheiden wir auch im Alltag bei kleinen Dingen. Zum Beispiel freuen wir uns, wenn der Benzinpreis an der Zapfsäule ein paar Cent günstiger ist. Teilweise fahren wir dafür aber kilometerweit, reihen uns in die Autoschlange ein und warten, um ein paar Cent zu sparen. Insgesamt macht die Ersparnis auf die Tankfüllung vielleicht gerade mal 2,60 Euro aus. Aber es fühlt sich gut an und wir freuen uns, dass wir mal wieder Geld gespart haben. Dabei vergessen wir, dass diese Entscheidung locker eine halbe Stunde mehr Zeit benötigt hat, z.B. für die Fahrt zur entfernten Tankstelle und für die Wartezeit vor der Zapfsäule und Kasse. Eigentlich eine ziemlich miserable Ausbeute unserer Zeit. Wenn Ihnen jemand sagt, dass er Sie für 5,20 Euro die Stunde beschäftigen möchte, würden sie vermutlich ablehnen. Aber umgekehrt glauben wir, dass es eine tolle Entscheidung war, den Tank günstig aufzufüllen und so viel zu sparen.

Jetzt werden Sie wahrscheinlich einwerfen, dass es ja nur kleine Beträge sind. Wenn es um viel, sehr viel Geld geht, würden wir sicherlich viel klüger und rationaler entscheiden. Darum sollten wir uns einfach mal dem Aktienmarkt zuwenden. Täglich werden weltweit an den Börsen Aktien im Wert von rund 350 Milliarden Euro gehandelt. Tagein, tagaus. Jeden Tag! Das entspricht dem gesamten Bundeshaushalt Deutschlands im Jahr 2019. Wohlgemerkt, an den Börsen werden diese Werte täglich gehandelt. Wenn so viel Geld eingesetzt wird, sollte man meinen, dass die überwiegende Mehrheit der Akteure rational und logisch handelt. Schließlich verdienen die Trader und Fondsmanager an der Wallstreet mit Abstand die höchsten Gehälter weltweit. Würden Sie mir glauben, wenn ich Ihnen sagte, dass das Wetter einen Einfluss auf die Akteure und somit Aktienkurse hat?

Wissenschaftler der Universität Berkeley sind im Jahr 2011 dieser Frage nachgegangen. Sie haben sich dafür die Relation zwischen Sonnenschein und Aktienkursen für einen Zeitraum von 50 Jahren angeschaut. Sie kamen zu der Schlussfolgerung, dass es einen signifikanten Zusammenhang gibt zwischen Sonnenschein und steigenden Aktienkursen. „Sonnenschein beeinflusst unsere Stimmung und positive Stimmung hat Auswirkungen auf unser Verhalten und unsere Entscheidungen." So ihr Resümee. Gut gelaunt wird mehr gekauft.

Einige Wissenschaftler sind sogar der Frage nachgegangen, ob die Auslöser für die Börsencrashs in den vergangenen 100 Jahren möglicherweise auf das Wetter zurückzuführen sein könnten. Schlechtes Wetter hätte demnach einen Einfluss auf die Stimmung der Börsenmakler, was wiederum einen Einfluss auf ihre Entscheidungen hätte. Zwar konnte dieses Phänomen für einzelne Plätze, wie beispielsweise die Börse in Istanbul, nachgewiesen werden, allerdings gilt das nicht für alle Börsen weltweit und vor allem nicht gleichzeitig.

Dennoch, und das ist der entscheidende Punkt dabei, sind die Entscheidungen der Akteure an den Börsen nicht immer rational. Häufig sind sie sogar stark irrational.

An den Wirtschaftsuniversitäten lernen Studenten, dass die Märkte effizient sind. Das bedeutet, dass in den Preisen und Kursen alle vorhandenen Informationen zu jeder Zeit eingepreist sind. Die Aktien- und Anleihenkurse würden jederzeit den Preis anzeigen, der das Wissen aller Marktteilnehmer widerspiegelt. Die Kurse wären demzufolge jederzeit korrekt. Trotzdem gab es seit Erfindung der Börse immer wieder extreme Höhen und Tiefen. Als erste dokumentierte Spekulationsblase gilt die Tulpenmanie oder der Tulpenwahn in den Jahren 1636 bis 1637. Tulpen wurden ab 1593 aus Persien in den Niederlanden eingeführt und angebaut. Die Holländer waren begeistert von der Farbenpracht dieser einzigartigen neuen Blumen. Die Nachfrage wurde immer größer, denn Tulpen galten als Statussymbol. Das trieb die Preise in kürzester Zeit in unvorstellbare Höhen. Der rasante Preisanstieg lockte Spekulanten mit Aussicht auf schnellen Reichtum. Anfangs bezahlten Händler für die Tulpenzwiebel 0,07 Gulden. Dann stieg der Preis für eine einzelne Tulpenzwiebel mit dem Namen „Semper Augustus" in der Zeit 1623 bis 1637 von 1000 Gulden auf atemberaubende 10.000 Gulden. Das durchschnittliche Jahreseinkommen in Holland betrug damals gerade mal 150 Gulden. Die teuersten Häuser an den Amsterdamer Grachten kosteten 10.000 Gulden. Zum Vergleich: Heute beträgt das Durchschnittseinkommen in den Niederlanden gut 50.000 EUR. Eine Tulpenzwiebel hätte im Vergleich nach heutigen Berechnungen rund 3,3 Millionen Euro gekostet. Und zwar für eine einzelne Tulpenzwiebel! Da soll noch mal einer sagen, dass dem eine rationale Entscheidung zugrunde lag. Der Absturz der Preise war ebenso abrupt und dramatisch. Innerhalb weniger Wochen fielen die Preise unter ihr ursprüngliches Niveau.

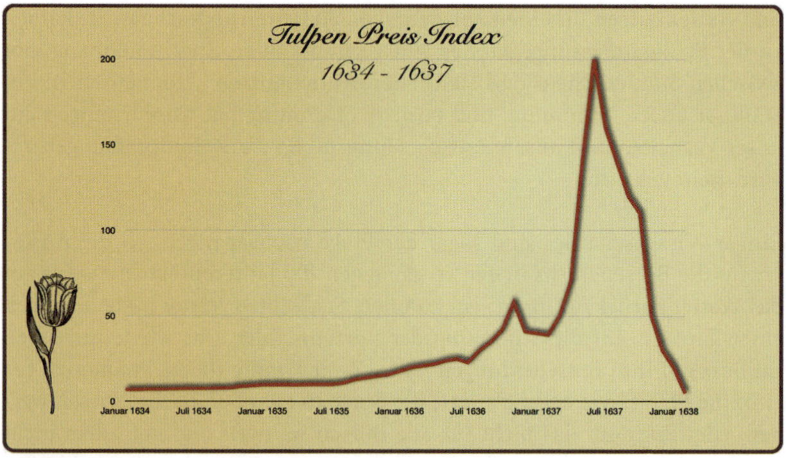

TULPENMANIE

Und wenn Sie jetzt Ähnlichkeiten zum Kursverlauf von Bitcoins ahnen, ist das vielleicht nicht mal ein Zufall, sondern kann darauf zurückzuführen sein, dass wir als Menschen eben doch nicht so rational handeln und entscheiden, wie wir uns das manchmal einbilden.

Der Nobelpreisträger für Wirtschaft, Robert J. Shiller, hat das Phänomen in seinem Buch „Irrationaler Überschwang" ausführlich erläutert. Er beschreibt, wie Aktienmärkte durch irrationales Verhalten beeinflusst werden. Die Euphorie der Marktteilnehmer kann Kurse in Höhen treiben, die rational nicht mehr zu erklären sind. Das passierte sowohl während der Dotcom-Blase 1997 bis 1999 und erneut, als die Immobilienpreise irrational hoch waren und schlussendlich zur großen Finanzkrise 2007/2008 führten. Getrieben von Euphorie und Gier führt irrationaler Überschwang zu Übertreibungen in beide Richtungen. Anfangs klettern die Preise so hoch, dass von einer Spekulationsblase gesprochen wird, und am Ende platzt diese Blase und Investoren verkaufen panikartig. Der größte Teil aller Investoren und Marktteilnehmer verhalten sich so. Es gibt nur wenige, die vom Herdentrieb des irrationalen Überschwangs unbeeindruckt bleiben. Einer der bekanntesten ist Warren Buffett. Alleine durch seine kühlen, sachlichen und rationalen Entscheidungen hat er es mit 82 Mrd. US Dollar Vermögen zum drittreichsten Menschen der Welt geschafft.

Warren Buffett ist der Meinung, dass die Kurse am Markt nicht rational festgelegt werden, denn sie können durch die emotionalsten, gierigsten oder depressivsten Marktteilnehmer beeinflusst werden. Tatsächlich sind die Marktpreise häufig unsinnig, sagt er.

> *„Ich wäre ein Penner auf der Straße mit einem Blechbecher, wenn die Märkte immer effizient wären."*
>
> Zitat Warren Buffett

Zusammenfassend stellen wir fest, dass die Märkte eben nicht immer effizient sind und Marktteilnehmer nicht immer rational entscheiden. Stattdessen beeinflussen ein weiteres Mal Emotionen unsere Entscheidungen: Euphorie, Gier oder Panik.

Sehen wir uns noch ein anderes Beispiel an. Entscheidungen, die eigentlich immer sachlich begründet sein sollten. Lassen Sie uns anschauen, wie Richter entscheiden, im Speziellen Haftrichter. Auch dazu gab es Studien und Untersuchungen, um zu prüfen, ob die Entscheidungen immer und grundsätzlich rational gefällt worden sind.

Entscheidungsmüdigkeit (Decision Fatigue)

Stellen Sie sich vor, Sie säßen im Gefängnis. Sie müssen einige Jahre absitzen, haben aber die Möglichkeit, eine vorzeitige Haftentlassung zu beantragen. Der Tag, an dem Sie vor den Haftrichter treten und Ihre Bitte und Begründung abliefern, steht fest. Sie haben lediglich die Möglichkeit, die Uhrzeit auszuwählen. (Kleiner Hinweis am Rande: Das gilt nur für dieses Beispiel, tatsächlich hätten Sie keine Wahl, falls Sie irgendwann einmal in die Verlegenheit kommen sollten.)

Ihnen stehen vier Möglichkeiten zur Auswahl:

Vormittags: 8:30 oder 11:30 Uhr

Nachmittags: 13:30 oder 16:30 Uhr

Sie müssen sich für eine der vier Alternativen entscheiden. Denken Sie bitte einen kurzen Moment nach, bevor Sie weiterlesen.

Haben Sie sich entschieden? Welche Uhrzeit haben Sie gewählt?

Eine Gruppe von Forschern, Shai Danziger, Jonathan Levav und Liora Avnaim-Pesso, der Universitäten Ben-Gurion University, Israel, und Columbia Business School, New York, ist dieser Frage im Jahr 2011 nachgegangen. Die Ergebnisse waren erstaunlich bis verblüffend. Die Forscher haben über einen Zeitraum von zehn Monaten die Entscheidungen erfahrener Richter beobachtet und analysiert. Rund 1100 Mal hatten sie über gute Führung der Häftlinge zu urteilen. Weder Alter, Geschlecht oder ethnische Herkunft der Häftlinge hatten einen entscheidenden Einfluss auf das Urteil der Richter. Das ausschlaggebende Kriterium war in den allermeisten Fällen die Uhrzeit und damit verbunden die Anzahl der vorangegangenen Entscheidungen. Je länger der Tag andauerte und je häufiger die Richter entscheiden mussten, desto unwahrscheinlicher wurde die Chance der Häftlinge auf vorzeitige Haftentlassung.

Die Forscher fanden heraus, dass der erste Häftling frühmorgens die besten Chancen auf eine positive Entscheidung der Richter hatte. Die Wahrscheinlichkeit lag bei 65%. Je häufiger die Richter aber entscheiden mussten, desto geringer wurden die Chancen der Häftlinge. Kurz vor der Mittagspause fiel die Wahrscheinlichkeit auf null. Erst nach der Mittagspause schnellten die positiven Entscheidungen wieder auf die ursprüngliche Höhe. Wenn Sie sich für 8:30 Uhr oder 13:30 Uhr entschieden haben, dann liegen Ihre Chancen äußerst gut.

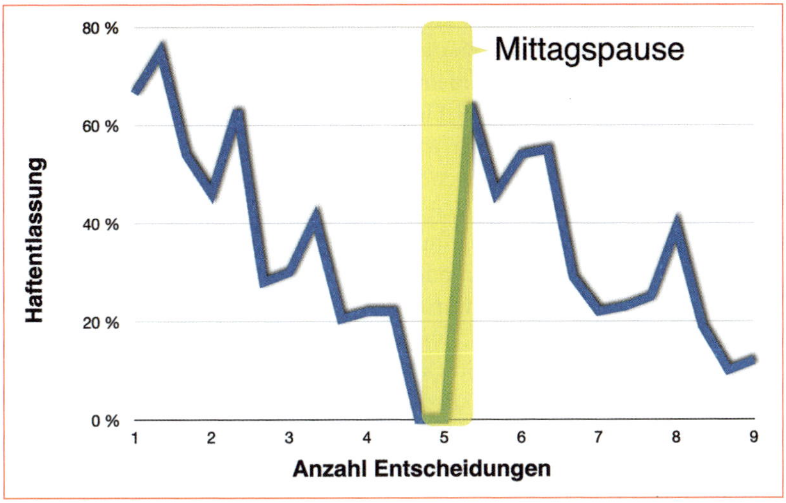

ENTSCHEIDUNGSMÜDIGKEIT

QUELLE: „EXTRANEOUS FACTORS IN JUDICIAL DECISIONS" - BEN GURION UNIVERSITY, ISRAEL; COLUMBIA UNIVERSITY, NEW YORK

Womit hängt das zusammen? Der Hintergrund liegt in der mentalen Verarbeitung und den Denkprozessen, die zu einer Entscheidung führen. Jedes Mal, wenn wir uns für oder auch gegen etwas entscheiden, kostet es mentale Energie. Das Gehirn wird beansprucht, vergleichbar mit einem Muskel, der bei Beanspruchung zusehends müde wird. Es sollte uns eigentlich nicht überraschen, denn mittlerweile wissen wir ja, dass unser Gehirn sehr energiehungrig ist. Nach vielen getroffenen Entscheidungen ist unser Gehirn erschöpft und müde. Die Forscher nennen es Decision Fatigue, Entscheidungsmüdigkeit. In solchen Momenten brauchen wir dringend Nervennahrung. Genaugenommen müssen wir unseren Glykosespiegel wieder auffüllen. Danach haben wir wieder Energie, um neu entscheiden zu können.

Dieses Phänomen ist allgegenwärtig. Gehen Sie doch mal zum Weihnachtsshopping in ein großes Einkaufszentrum. Anfangs sind wir noch motiviert, schöne Weihnachtsgeschenke zu finden. Doch je länger der Tag sich hinzieht, desto schwerer fallen uns Entscheidungen. „Was sollen wir bloß der Tante Erna zu Weihnachten schenken?" Glücklicherweise haben die Betreiber der Einkaufszentren vorgebaut, denn das Phänomen der Entscheidungsmüdigkeit ist ihnen nicht verborgen geblieben. Dafür gibt es in jedem größeren Einkaufszentrum einen Food-Court, eine Ess-Ecke mit verschiedenen Imbiss-Anbietern. Schnell mal einen Burger, ein Stück Pizza oder einen kleinen Teller chinesische Nudeln und wir fühlen uns besser. Wir sind wieder fit, um weiter entscheiden zu können und noch mehr Geld auszugeben.

Selbst Ikea funktioniert nach diesem Prinzip. Ikea-Märkte sind weltweit nahezu identisch aufgebaut. Erst fahren wir mit der Rolltreppe in den ersten Stock und gehen wie in einem Irrgarten durch verschiedene Bereiche: Wohnzimmer, Sessel, Sofas, Schlafzimmer, Küchen, Kinderzimmer usw. Nach jeder Kurve und hinter jeder Ecke erhalten wir neue Eindrücke und stehen vor neuen Entscheidungen. „Oh, das Sofa sieht aber gut aus. Ach ja, wir könnten doch mal das Schlafzimmer umdekorieren. Was für eine schöne Küche! Da sollten wir uns auch mal Gedanken machen." Jedes Mal treffen wir eine Entscheidung: ja, nein oder später. Nachdem wir den Irrgarten im ersten Stock geschafft haben, wartet das Restaurant auf uns. Wenn wir bereits entscheidungsmüde sind, können wir schnell unseren Glykosespiegel wieder auffüllen. Mit einem Stück Kuchen geht es uns bereits besser. Und für Ikea-Kunden gibt es den Kaffee auch noch gratis dazu. Sehr clever! Denn Ikea will ja sicherstellen, dass wir im Erdgeschoss auf dem Weg zu den Kassen auf jeden Fall noch Teelichter und Servietten mitnehmen. „Wenn wir schon mal hier sind …"

Sie merken bereits: Wie wir entscheiden, hängt auch davon ab, wie unser physiologischer Zustand ist. Emotionen basieren nicht nur auf kognitiven, sondern auch auf biologischen Prozessen. Haben wir Hunger, entscheiden wir gänzlich anders, als wenn wir satt sind. Das gilt offensichtlich nicht nur für unser Einkaufsverhalten im Supermarkt.

Vielleicht erklärt das auch, warum es uns so schwerfällt abzunehmen. Um abnehmen zu wollen, brauchen wir Willensstärke. Wir sind aber nur willensstark, wenn wir einen ausreichend hohen Blutzuckerspiegel haben, wir also genug gegessen haben. Wir stecken in der Zwickmühle. Das eine geht nicht ohne das andere. Zumindest fällt es uns deutlich schwerer, richtig zu entscheiden und den Schokoriegel im Regal liegen zu lassen. Jetzt verstehen Sie auch, warum Delayed Gratification oft nicht klappt.

Nach einer Untersuchung der Uni Lübeck aus dem Jahr 2017 hat die Zusammenstellung des Frühstücks einen messbaren Einfluss auf unsere Entscheidungen. Ein sehr reichhaltiges Frühstück mit vielen Kohlenhydraten führt zu anderen Entscheidungen, als wenn das Frühstück mehr Proteine enthielt und dafür weniger Kohlenhydrate. Ein hoher Anteil Proteine und geringer Anteil Kohlenhydrate lässt den Neurotransmitter Dopamin in die Höhe schnellen und fördert die Konzentration.

Was aber hat das mit Unternehmen zu tun? Was müssen Führungskräfte beachten, wenn sie nicht in die Falle der Entscheidungsmüdigkeit tappen wollen?

Entscheidungsprozesse

Entscheiden bedeutet immer, dass Sie eine Wahl bzw. Auswahl haben. Sie entscheiden sich für oder gegen etwas, für die eine oder für die andere Sache. Sie entscheiden sich für einen Urlaub in Spanien oder Griechenland, für eine Wohnung in der Innenstadt oder für ein Reihenhaus im Vorort. Wir sammeln Informationen, prüfen, wägen ab und versuchen dann, eine Entscheidung zu treffen. Je größer die Auswahl, desto besser und leichter können wir uns entscheiden - sollte man meinen. Ist es aber tatsächlich so? Sie gehen einen Abend mit Freunden in ein neues Restaurant. Die Menükarte erstreckt sich über viele Seiten. Die Auswahl ist riesengroß. Wie lange dauert es, bis jeder eine Entscheidung getroffen hat? Erleben wir es nicht häufig, dass einer zum Schluss frustriert aufgibt, weil er sich nicht entscheiden kann? Dann fragt er seinen Tischnachbarn oder den Kellner, was er empfehlen könne.

Vielleicht kennen Sie es auch, wenn Sie abends vorm Fernseher sitzen und sich überlegen, was Sie sehen möchte. Zur Wahl stehen Netflix, Amazon Prime, Apple TV oder verschiedene Mediatheken. Sie können zwischen 10.000 bis 30.000 Filmen und Serien auswählen, kostenlos oder bezahlt. Wie lange überlegen Sie? Wie schnell treffen Sie Ihre Entscheidung? Schnell geht es nur, wenn Sie bereits vorher wussten, was Sie sehen wollen. Wenn also Ihre Entscheidung feststand. Sollte der Entscheidungsprozess aber erst beginnen, wenn Sie durch die Auswahl klicken, dauert es erheblich länger.

Wann haben Sie das letzte Mal ein neues Auto bestellt und sich durch die Ausstattungsvarianten gekämpft? Auch hier ist die Auswahl und sind die Möglichkeiten riesengroß. Während anfangs der Käufer noch relativ schnell die Fahrzeugfarbe wählt und sich bei der Wahl der Innenausstattung sicher ist, tut er sich immer schwerer, je länger der Prozess dauert und je häufiger er abwägen und entscheiden muss. Je größer die Auswahl der Ausstattungsvarianten bei Fahrzeugen und je länge es dauert, desto häufiger wird „Standard" gewählt. Der Käufer trifft keine Entscheidung mehr. Er verlässt sich auf die Vorauswahl des Herstellers. Er hat die Qual der Wahl, will sich aber nicht mehr quälen lassen. Er wird entscheidungsmüde.

Psychologen nennen dieses Phänomen „Paradox of Choice", zu Deutsch Auswahlparadoxon. Eine große Auswahl sieht verlockend aus, denn wir haben das Gefühl, alle Möglichkeiten zu haben und nichts zu verpassen. Aber wenn es um die Entscheidung geht, wird es plötzlich schwierig. Bloß keine Fehlentscheidung treffen! Wir wollen ja keinen Fehler machen! Später könnten wir es ja bereuen. Plötzlich überwiegen wieder Unsicherheit und Emotionen. Die rationale Denkweise tritt in den Hintergrund.

Bereuen Sie auch hin und wieder mal Ihre Entscheidungen? Ärgern Sie sich, dass Sie die falsche Entscheidung getroffen haben? Sie haben Ihren Traumurlaub gebucht und stellen zwei Wochen später fest, dass der Reisepreis erheblich günstiger geworden ist?

Wie so oft bei Fehlentscheidungen haben wir zum Zeitpunkt unserer Entscheidung alle verfügbaren Informationen genutzt, um eine vermeintlich sinnvolle, kluge und richtige Entscheidung zu treffen. Wie sollten wir auch erahnen können, dass der Reiseveranstalter kurze Zeit später ausgerechnet für das gebuchte Hotel Sonderrabatte anbietet?

Wir ärgern uns vielleicht, aber das sollten wir nicht. Denn zu dem Zeitpunkt war die Ermäßigung nicht vorauszusehen. Sie treffen jetzt möglicherweise die Entscheidung, beim nächsten Mal länger zu warten, bevor Sie buchen. Dann könnte aber genau das Gegenteil eintreten und Ihr Wunschtermin für den Flug ist nicht mehr verfügbar.

Das Einzige, was man daraus lernen sollte, ist:

1. Ob alle Informationen zum Zeitpunkt der Entscheidung vorlagen oder
2. Ob der Zeitpunkt für die Entscheidung richtig gewählt war.

Das Problem von Entscheidungen ist, dass wir erst im Nachhinein beurteilen können, ob die Entscheidung richtig war oder wir eine Fehlentscheidung getroffen haben.

Entscheidungsprozesse im Vorstand

Komplexität und eine große Auswahl an Entscheidungsmöglichkeiten führen zu Unsicherheit. Auch wenn das keiner gerne hören mag, aber die gleichen Probleme gibt es ebenso bei Vorständen und Aufsichtsräten. Dort werden oft umfangreiche und weit in die Zukunft reichende Entscheidungen getroffen. Die Zukunft ist nur leider genauso wenig vorhersehbar wie die möglichen Veränderungen, die sich aus den Entscheidungen ergeben können. In beiden Fällen kann der Erfolg des Unternehmens davon abhängen.

Erschwerend kommt hinzu, dass das Machtgefüge, persönliche Interessen oder Zeitdruck eine Rolle spielen. Alles Faktoren, die eher die emotionale Ebene beeinflussen, als eine rationale, sachliche Denkweise zu unterstützen. Über welche Themen diskutieren die Vorstände und Aufsichtsräte am längsten und am liebsten? Themen, bei denen sie mitreden können. Es sollte also nicht verwundern, dass auch Vorstände sich wohler fühlen, wenn sie über Dinge diskutieren, die sie kennen. Bei anderen Themen bleiben sie lieber schweigsam. Bei unbekannten und komplexen Themen hält man sich lieber zurück, als zu offenbaren, dass man gerade nichts verstanden hat. So hängen Entscheidungen manchmal vom Zufall ab oder von der Machtposition der anwesenden Teilnehmer. Selbst die Agenda einer Vorstandssitzung kann taktisch aufgebaut sein. Welche Themen kommen wann und wie auf die Agenda? Je mehr Punkte diskutiert und entschieden werden müssen, desto mehr setzt die Entscheidungsmüdigkeit ein. Taktisches Vorgehen findet in einer Vorstandssitzung immer dann statt, wenn die wichtigsten Entscheidungen ans Ende der Agenda gesetzt werden. Ähnlich wie bei der Auswahl der Ausstattungsvarianten eines Fahrzeuges wird dann oft nur noch durchgewinkt. So können Fehlentscheidungen mit weitreichenden Konsequenzen zum Beginn einer Fehlerkette werden.

Aber nicht nur taktisches Vorgehen, sondern auch äußere Einflüsse wie beispielsweise Ölpreis, Zeitdruck oder Kundenwünsche können die Entscheidung eines Vorstandes beeinflussen. Das sehen wir anhand des nächsten Beispiels.

Das Boeing Desaster – B737 MAX

Das Desaster um die Boeing B737 Max hat seit den Abstürzen von zwei fast neuen Flugzeugen weltweit traurige Berühmtheit erlangt. Am 29. Oktober 2018 stürzte eine werksneue Maschine von Lion Air über dem indonesischen Meer ab. Kein halbes Jahr später, am 10. März 2019, ereignete sich erneut ein Unfall mit diesem Flugzeugtyp. Das Flugzeug der Äthiopien Airlines war mit einem Alter von knapp sechs Monaten ebenfalls fast nagelneu. Wie sich später herausstellte, war in beiden Fällen ein defekter Sensor Auslöser für die fehlerhafte Ansteuerung des Höhenruders. Das von Boeing entwickelte MCAS-System (Maneuvering Characteristics Augmentation System) drückte die Nase der Flugzeuge immer weiter nach unten, sodass selbst erfahrene Piloten die Situation nicht mehr retten konnten. Bei beiden Unfällen kamen alle Passagiere und Besatzungsmitglieder ums Leben. Insgesamt verloren 346 Menschen ihr Leben.

Die Boeing 737 Max wurde in Höchstgeschwindigkeit entwickelt, um dem Konkurrenten Airbus nicht den Markt allein zu überlassen. Durch Zeitdruck und Hektik wurden bei der Entwicklung und Zulassung diverse Fehler gemacht. Der schwerwiegendste Fehler war das MCAS-System, welches an nur einem einzelnen Sensor hing. Sobald dieser Sensor ausfiel oder defekt war, schaltete sich das MCAS-System ein. Es reagierte auf fatale Weise falsch.

Die B737 Max war eine Weiterentwicklung des Vorgängermodells, der B737 NG (für New Generation), die ebenfalls aus früheren Baureihen entstanden ist. Diese Flugzeuge basieren bis heute, in nicht unwesentlichen Aspekten auf dem Grundkonzept der B737 aus dem Jahr 1965. Daher wäre es eigentlich nachvollziehbar gewesen, wenn Boeing eine komplette Neuentwicklung gewagt hätte, um sich von einem 46 Jahre alten Design zu verabschieden.

Wie kam es überhaupt zu der Entscheidung im Vorstand von Boeing, ein altes Flugzeug weiterzuentwickeln, statt eine komplette Neukonstruktion zu wagen?

Um die Entscheidung des Boeing-Vorstandes zu verstehen, müssen wir einige Jahre zurückblicken. Erst im Gesamtzusammenhang werden wir nachvollziehen können, wie und warum die Entscheidung so getroffen wurde.

Die Entwicklung für das Vorgängermodell Boeing B737 NG wurde im Jahr 1993 begonnen. Der Preis für das Fass Rohöl betrug damals gerade 19,– USD, die Preise für Kerosin waren ebenfalls vergleichsweise niedrig. Für die Boeing-Ingenieure gab es keine Notwendigkeit, sich allzuviel Gedanken über die Effizienz der Flugzeuge zu machen. Das änderte sich massiv, als der Preis für Rohöl in der Spitze auf 100,– USD kletterte. Plötzlich bettelten Airlines förmlich nach effizienten und spritsparenden Flugzeugen. Airbus hatte schnell eine pragmatische Lösung parat und präsentierte eine Weiterentwicklung des Airbus A320, den A320 NEO mit neuen und extrem sparsamen Triebwerken. Airbus hatte die Nase vorn und konnte innerhalb kürzester Zeit Marktanteile gewinnen. Boeing geriet unter Zugzwang. Sie hatten den geeigneten Zeitpunkt für die Neuentwicklung ihres Bestsellers, der B737, verschlafen. Die ursprünglich geplante Neuentwicklung hätte mindestens 10 Jahre Zeit in Anspruch genommen. Ein Zeitrahmen, den Airbus geschickt genutzt hätte, um eine marktbeherrschende Stellung zu erlangen.

Einer der wichtigsten Kunden von Boeing, American Airlines, hatte angekündigt, die größte Flugzeugbestellung ihrer Geschichte durchzuführen. Es ging um nicht weniger als 200 Kurz- und Mittelstreckenflugzeuge. American Airlines stand vor der Entscheidung, entweder A320 NEO zu kaufen oder sich für ein vergleichbar effizientes Modell von Boeing zu entscheiden. Daher beschloss der Boeing-Vorstand, die B737 ein letztes Mal, wirklich nur noch ein allerletztes Mal, weiterzuentwickeln. Damit das Flugzeug ebenso effizient wie der Airbus A320 NEO werden konnte, sollten dafür die gleichen sparsamen LEAP Triebwerke verwendet werden. Sie zeichneten sich durch einen höheren Luftdurchsatz aus, was zur Folge hatte, dass die Triebwerke einen größeren Durchmesser hatten. Sie passten damit eigentlich schon nicht mehr unter die Tragfläche eines Flugzeugs, das Mitte der 60er-Jahre entwickelt wurde.

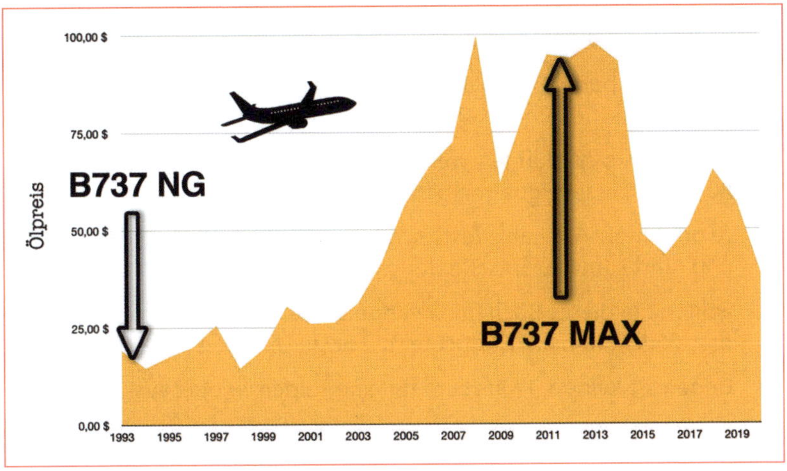

ENTSCHEIDUNGSZEITPUNKT VS. ÖLPREIS

Die Boeing-Ingenieure mussten all ihr Können und Wissen aufwenden, um es irgendwie noch hinzubekommen. Die Triebwerksgondeln wurden weit vor den Tragflächen platziert und leicht nach oben angewinkelt. Dummerweise ist das extrem nachteilig für die Aerodynamik des Flugzeugs. Das hatte zur Folge, dass neue Systeme nötig wurden, um diesen Nachteil der schlechten Aerodynamik auszugleichen. Dafür wurde das MCAS erfunden. Hier wurde also ein weiteres Hilfsmittel verwendet, um eine schlechte Entscheidung doch noch möglich zu machen. Da die wichtigste Motivation des Boeing-Vorstandes war, keine Marktanteile an den verhassten Konkurrenten zu verlieren, war der Zeitdruck enorm. Also musste die Entwicklung und Zulassung deutlich schneller stattfinden als üblicherweise. „Haste makes waste", heißt es dazu im Englischen. Frei übersetzt bedeutet das: Eile führt zu Fehlern! Und so wurden während der Flugerprobung die Systeme geändert, angepasst und weiterentwickelt. In der Konsequenz hatte das MCAS-System einen größeren Einfluss und umfangreichere Kontrolle über das Flugzeug, als jemals geplant war. In der Eile wurde leider übersehen, dass ein einzelnes fehlerhaftes Signal das System aktivieren konnte. Entsprechend Murphys Law „Was schiefgehen kann, wird schiefgehen" kam es zu den Abstürzen.

Anhand dieses Beispiels können wir erkennen, wie sich die Fehlerkette entwickeln konnte und wo der **Fehler Eins** lag.

Spätestens jetzt sollte deutlich geworden sein, dass unsere Entscheidungen in den meisten Fällen alles andere als rational sind. Sie werden beeinflusst durch unsere Emotionen, durch Zeitdruck, äußere Umstände oder sogar durch unser Essen. Die freie Entscheidung ist eher eine Illusion als freier Wille.

Zusammenfassung:

- Verkaufsexperten kennen unsere Schwächen und manipulieren unsere Entscheidungen. Wir handeln vorhersagbar irrational.
- Unsere Entscheidungen werden durch Gefühle beeinflusst. Rund 80% aller Entscheidungen basieren auf Emotio, dem Gefühl.
- Je größer die Auswahl, desto schneller wird sie zur „Qual der Wahl" und führt somit zu Entscheidungsmüdigkeit.
- Sollten Sie dieses Buch im Gefängnis lesen, dann wissen Sie jetzt, dass 08:30 Uhr beim Haftrichter die beste Uhrzeit ist.
- Geben Sie keine 3,3 Mio. Euro für eine Tulpenzwiebel aus!

Kapitel 6
Fehler in Belastungssituationen

„Ruhm liegt nicht darin, niemals zu fallen, sondern jedes Mal wieder aufzustehen, wenn wir gescheitert sind."

Konfuzius

In diesem Kapitel werden Sie private Belastungsfaktoren als wichtiges Element der Fehlerkette kennenlernen.

Sie werden lernen, warum unter Belastung die Fehlerwahrscheinlichkeit rapide nach oben geht.

Sie werden erfahren, warum Zielkonflikte oftmals einen Einfluss auf Entscheidungen haben.

Und warum Handyspiele tödlich enden können.

Im letzten Kapitel haben wir gelernt, wie Entscheidungsprozesse funktionieren, warum sie fehleranfällig sind und dass Entscheidungen Stress verursachen können. Ist die Auswahl zu groß, können wir uns schwerer entscheiden und sprechen von der Qual der Wahl. Wer schon mal ein Haus gebaut hat, kennt die vielen Fragen und Entscheidungen, die zu treffen sind. Keiner würde behaupten, dass ein Hausbau stressfrei wäre.

In diesem Kapitel schauen wir uns aber die Entscheidungsprozesse nicht als Auslöser von Stress an, sondern wie Entscheidungen unter Stress und emotionaler Anspannung getroffen werden.

Private Belastungen

Viele Menschen leiden unter privaten Belastungen unterschiedlichster Art. Sie spielen oft bei Vorfällen eine wichtige Rolle, werden aber bei Fehlerbetrachtungen viel zu selten berücksichtigt.

Ende der 80er-Jahre erhielt eine europäische Fluggesellschaft die ersten, damals hochmodernen Flugzeuge vom Typ Airbus A320. Viele Piloten mussten umgeschult werden. Selbst junge, neu eingestellte Piloten wurden direkt auf den A320 geschult. Es gab also viel Trainingsaufwand, um das Flugzeug wie geplant einsetzen zu können.

Eines morgens startete ein junger Co-Pilot mit seinem erfahrenen Trainingskapitän zu einem Inlandsflug. Der Co-Pilot sollte den Flug durchführen, unterstützt und trainiert durch den Trainingskapitän. Es war ein warmer Sommertag, die Rollwege am Flughafen waren sehr lang. An solchen Tagen können sich dann auch schon mal die Bremsen am Fahrwerk erhitzen. Die Crew startete und der Co-Pilot gab die Anweisung „Gear up!“, „Fahrwerk einfahren“. Der Trainingskapitän reagierte aber nicht. Das Fahrwerk blieb ausgefahren. Der Co-Pilot dachte, dass der Kapitän vielleicht einfach nur die Bremsen abkühlen lassen wollte und flog weiter. Das Flugzeug nahm Fahrt auf und beschleunigte, überschritt dabei aber die zulässige Maximalgeschwindigkeit für das Fahrwerk. Das Flugzeug fing an zu vibrieren.

Wie bei jedem neuen Gerät, Auto oder Smartphone gab es auch bei diesem Flugzeug erste Kinderkrankheiten. In diesem Fall waren es die Simulatoren. Sie mussten neu entwickelt werden und brachten einige Herausforderungen bzw. Schwierigkeiten mit sich. In der Anfangsphase hatten die hydraulischen Beine der Simulatoren, die den Simulator beweglich machen, einige Probleme. Die Technik war nicht komplett ausgereift. Hin und wieder kam es vor, dass die Hydraulik stockte und der Simulator heftig anfing zu vibrieren. Um das abzustellen, mussten die Instruktoren den Simulator einmal resetten, also abschalten und neu starten. Das funktionierte, indem beide Triebwerke im Simulator ausgeschaltet wurden. Der Trainingskapitän unterrichtete auch im Simulator und kannte dieses Verfahren.

So kam es, dass der Kapitän an diesem Morgen während des Steigfluges unvermittelt und ohne Kommentar beide Triebwerke abschaltete. Der Co-Pilot erschrak und war völlig entsetzt. Er startete die Triebwerke sofort wieder und flog zum Abflughafen zurück. Der Kapitän reagierte aber nicht mehr. Er war nicht ansprechbar, bis das Flugzeug gelandet war und seine Parkposition erreicht hatte.

Was war passiert?

Der Kapitän hatte bislang sein Leben im Griff: Er hatte einen tollen Beruf, verdiente sehr gutes Geld, war kerngesund und seit über 20 Jahren glücklich verheiratet. So dachte man zumindest. Am Abend vor dem schicksalshaften Flug eröffnete ihm seine Frau, dass sie sich neu verliebt habe. Sie packte noch am Abend ihre Koffer und verließ ihn. Er war geschockt und fassungslos. Für ihn kam das völlig unerwartet.

Die Nacht hatte er natürlich kein Auge mehr zugetan vor Sorge und Kummer, wie es jetzt für ihn weitergehen sollte. Trotzdem stieg er am nächsten Morgen wieder pflichtbewusst ins Cockpit. Tatsächlich war er mental aber nicht in der Lage, seine Arbeit zu verrichten. Mit diesen privaten Belastungen hätte er niemals arbeiten dürfen. Er war völlig übermüdet und unkonzentriert, da seine Gedanken sich immer nur darum drehten, warum sie ihn verlassen hatte. Seine private Belastungssituation war so schwerwiegend, dass er nicht mehr rational handelte. Erst dadurch verursachte er die Notsituation. Stressige Situationen und extreme Belastungen können, wie in diesem Fall, der Auslöser einer Fehlerkette sein. In diesem Fall war es der **Fehler Eins**. Nur durch das beherzte Eingreifen des jungen Co-Piloten wurde Schlimmeres verhindert.

Dieses Beispiel mag extrem wirken. Dabei ist das ein wichtiger Aspekt, der menschliches Handeln und die Entscheidungsfindung stark beeinflusst.

Wie gehen Fluggesellschaften mit diesen privaten Belastungsfaktoren ihrer Besatzungen um?

Heute gibt es viele Möglichkeiten in der Luftfahrt, solche Risiken wie beim beschriebenen A320 Flug zu vermeiden. Flugbesatzungen sind verpflichtet, nur dann ihren Dienst anzutreten, wenn sie sich mental und körperlich dazu in der Lage fühlen. Die Fluggesellschaften sind ebenso verpflichtet, einzelne Besatzungsmitglieder vom Dienst abzusetzen, wenn sie „unfit" sind, sich quasi krank melden. Crews haben darüber hinaus zahlreiche Angebote, um mit ausgebildeten Kollegen oder Psychologen über ihre Belastungen zu sprechen. Das alles dient dem Zweck, Risiken, die sich aus privaten Belastungen entwickeln können, zu vermeiden.

Die wenigsten Unternehmen bieten ihren Mitarbeitern ein vergleichbares System für den Umgang mit privaten Belastungsfaktoren an. Erschwerend kommt hinzu, dass die wenigsten Menschen gerne zugeben, wenn sie private Probleme haben und Hilfe benötigen. Möglicherweise weil sie Angst um ihren Arbeitsplatz haben oder weil es ihnen unangenehm und peinlich ist.

Auch geht nicht jeder auf die gleiche Art und Weise mit Belastungen um. Einige haben „ein dickes Fell" und können Krisen besser bewältigen. Sie sind resilient, d.h. widerstandsfähig. Andere wiederum tun sich deutlich schwerer mit solchen Situationen. Ungeachtet der inneren Stärke bleiben es Belastungen, die wir nicht einfach abschütteln können. Im Hinterkopf bleiben die Sorgen weiter präsent.

Wie gehen Menschen damit um, wenn sie private Sorgen haben, wie z.B. gesundheitliche Probleme des Ehepartners, der Kinder oder der Eltern, die im Sterben liegen? Wie verhält es sich, wenn es Eheprobleme gibt, der Ehepartner die Trennung möchte oder finanzielle Probleme drohen? Die Liste der möglichen Beispiele ist lang. Grundsätzlich stellt sich die Frage, welche emotionalen Auswirkungen diese Belastungen auf den Menschen haben. Insbesondere müssen wir uns fragen, welchen Einfluss es auf unsere Entscheidungen und Handlungen hat.

Dazu haben Ende der 60er-Jahre zwei Psychiater, Thomas Holmes und Richard Rahe, private Belastungsfaktoren bewertet. Je höher die Belastung der verschiedenen Ereignisse, desto höher die Punktezahl, so ihre Annahme. Herausgekommen ist die „Holmes & Rahe Stress Skala".

HOLMES & RAHE STRESS SKALA

Tod des Lebenspartners	100
Scheidung	73
Trennung	65
Tod eines Familienmitgliedes	63
Schwere Krankheit oder Verletzung	53
Heirat	50
Entlassung	47
Pension	45
Krankheit enger Familienangehöriger	44
Sexuelle Probleme	39
Familienerweiterung	39
Tod eines Bekannten	37
Arbeitsveränderung	36
Familienkrach	35
Größere Schulden	31
Wechsel im Verantwortungsbereich	29
Sohn oder Tochter ziehen aus	29

Anmerkung: Diese Tabelle ist nur ein Auszug aus der genannten Stress-Skala.

Holmes und Rahe waren der Meinung, dass der Tod eines Lebenspartners an der Spitze der Skala steht, denn es verursacht den größten Stress. Danach folgen Scheidung, Trennung, Tod eines Familienmitgliedes, schwere Krankheit und Heirat.

Aus heutiger Sicht werden die Schlussfolgerungen aus der Skala etwas differenzierter betrachtet. Die beiden Psychiater waren damals der Meinung, dass diese Belastungen als Indikator für Erkrankungen dienen können. Allerdings reagieren Menschen sehr unterschiedlich auf verschiedene Belastungen. Außerdem war die Untersuchungsmethode nicht sehr wissenschaftlich. Die Befragten sollten rückblickend beurteilen, welche Probleme möglicherweise Ursache ihrer Krankheiten waren. Das ließ sich jedoch nicht immer belegen.

Aber, und das ist der entscheidende Punkt, einschneidende und lebensverändernde Ereignisse lösen Stress aus. Die emotionalen Auswirkungen beeinflussen unser Verhalten und unsere Entscheidungen. Die Wahrscheinlichkeit, dass wir Fehler machen, steigt deutlich an.

Neben den bereits beschriebenen privaten Belastungsfaktoren gibt es noch zusätzlich Belastungen, die sich direkt und unmittelbar aus der Arbeit oder dem Arbeitsumfeld ergeben. Private Belastungen addieren sich zu den Arbeitsbelastungen. Arbeitsfehler sind die Folge. Die ersten Anzeichen spüren wir, wenn wir häufiger mal unkonzentriert und abgelenkt sind. Die Arbeit geht vielleicht nicht mehr so locker von der Hand wie üblicherweise. Menschen reagieren schneller gereizt.

Arbeitsbelastungen

Fast alle Berufstätigen klagen über zu hohe Arbeitsbelastungen. Was kein Wunder ist, denn in der heutigen schnelllebigen Zeit geht es immer mehr um Arbeitsverdichtung und Produktivitätssteigerung. Der Konkurrenzkampf zwischen den Unternehmen wird von Jahr zu Jahr immer größer. Das bekommen Berufstätige in nahezu allen Branchen zu spüren. Druck erzeugt Gegendruck und sucht sich oftmals ein Ventil. Allgemeine Unzufriedenheit macht sich bemerkbar. Leider macht sich die eigene Unzufriedenheit manchmal an der falschen Stelle bemerkbar. Ärger, Misstrauen und Streit zwischen Kollegen ist dann die Folge. Unter diesen Belastungen kommt es fast unweigerlich zu Fehlern. Warum das so ist, werden wir gleich sehen.

Schauen wir uns einen normalen Arbeitsalltag mal an. Ein Tag, den wir ohne Probleme bewältigen können, ermöglicht uns noch genug Zeit und Kraft für Freizeitaktivitäten nach Feierabend. Schnell nach Hause, um dann Zeit für die Hobbys zu haben: Joggen, Fahrrad fahren, Tennis spielen oder mit Freunden treffen. Wir haben meistens genug Reserven, um den Feierabend nach unseren Vorstellungen gestalten und genießen zu können. Nach einem normalen Arbeitstag haben wir meist noch genug Energie, um uns mal so richtig auszupowern.

Wenn wir aber morgens mal verschlafen, ist die Belastung unmittelbar nach dem Aufwachen bereits groß. Die hektische Fahrt zur Arbeit trägt auch nicht zur Entspannung bei. Gibt es Stau und kommt eine Verspätung hinzu, dann fehlt nicht mehr viel bis zu aggressivem Verhalten. Die Erwartung auf einen unangenehmen Arbeitstag führt zu weiterem Stress. Falls der Tag bereits schlecht gestartet ist und ein besonders anspruchsvoller, stressiger Arbeitstag dazukommt, geht die Belastung massiv nach oben. Es gibt Tage, die unerwartete Probleme mit sich bringen. Zum Beispiel ein wichtiger Kunde, der abspringt, wodurch Jahresziele nicht mehr erreicht werden können. Oder die Krankenschwester, die alleine auf der Station alle Patienten versorgen muss und unerwartet mit einem Patienten konfrontiert wird, der um sein Leben kämpft. Auch ein Unfall in einer Produktionshalle kann zu einer Krise führen, auf die wir vermutlich nicht vorbereitet waren.

Solche Tage führen zu außergewöhnlichen Belastungen. Wenn solche Arbeitstage zu Ende gehen, sind wir einfach nur noch froh, nach Hause zu dürfen. Wir freuen uns auf das Sofa und möchten abschalten. Die Arbeitsbelastung des Tages war so hoch, dass für anstrengende Freizeitbeschäftigung keine Kraft mehr bleibt. Wir sind schon ausgepowert.

Jetzt stellen Sie sich vor, dass es nicht nur ein anstrengender Tag mit hoher Arbeitsbelastung war, sondern hinzu kämen noch private Belastungen. Die Belastungen addieren sich und führen zu einer Überanstrengung, die kaum noch zu bewältigen ist. Das sind die fehlerträchtigsten Momente. Situationen, in denen nicht mehr rational und nachvollziehbar gehandelt oder entschieden wird. Dann passieren Fehler, teilweise fatale Fehler, die wir nicht erklären, noch weniger nachvollziehen können.

Menschen können nicht beliebig viel Last und Belastung aushalten. Irgendwann kommt jeder an seine Grenzen. Es wird immer wieder gesagt, dass wir mehr aushalten, als uns selber bewusst sei. Das ist zwar richtig, aber wie wir arbeiten, denken und entscheiden, wird durch Belastungen massiv beeinträchtigt.

In Verhandlungen wird Druck gerne als Mittel verwendet, um die Entscheidung der Gegenseite zu beeinflussen. Menschen denken und entscheiden anders, wenn Belastungen, Druck und eventuell sogar Ängste eine Rolle spielen.

Wird die Belastung zu groß, brechen wir unter dem Druck zusammen. Es ist kein Zufall, dass diese Aussage nicht nur für Menschen gilt, sondern auch für Gegenstände und Materialien. Jeder Gegenstand bricht, sobald die Belastung zu groß wird. Bei Dauerbeanspruchung fällt jeder Gegenstand und jedes Gerät irgendwann einmal aus. (Vielleicht abgesehen von dem Computer mit Windows 3.1 aus Paris-Orly.) Jedes Gerät und Produkt hat eine bestimmte Lebensdauer, die von Entwicklungsingenieuren berechnet werden kann. Nach der geplanten Lebensdauer kann und darf das Produkt ausfallen. Gleiches gilt für Bauteile und Komponenten. Da spielt es keine Rolle, ob wir über Computer, Autos oder Flugzeuge sprechen. Überall gibt es Bauteile, die irgendwann einmal ausfallen können. Diese Zeitspanne der möglichen Betriebszeit zwischen den Ausfällen kann von den Ingenieuren berechnet werden. Sie wird als „Mean Time Between Failures“, MTBF, bezeichnet; mittlere Betriebsdauer zwischen Geräte- oder Komponentenausfällen.

Schon lange wurde vermutet, dass es Parallelen zum menschlichen Verhalten gibt. Menschen machen regelmäßig Fehler. Einige dieser Fehler sind vorhersehbar. Zumindest kann eine Eintrittswahrscheinlichkeit der menschlichen Fehler berechnet werden. Die ersten Untersuchungen dazu gab es in der Nuklearindustrie. Ein Bereich, der als High Reliable Organisation (HRO) bezeichnet wird, also Organisation mit höchster Zuverlässigkeit. Leider passieren auch in Atomkraftwerken Fehler. Immer wieder kam und kommt es zu Vorfällen. Viele dieser Vorfälle waren bei näherer Betrachtung auf menschliches Versagen oder, einfach ausgedrückt, auf menschliche Fehler zurückzuführen. Spezialisten aus der Nuklearindustrie haben dazu ein Modell entwickelt, um eben genau diese menschlichen Fehler besser vorhersagen zu können. Sie nannten es *„Technique for Human Error Rate Prediction“* oder kurz THERP. Eine Methode, um die Wahrscheinlichkeit von menschlichen Fehlerhäufigkeiten berechnen zu können.

Sehr schnell kristallisierte sich heraus, dass der Kontext, in dem sich die handelnde Person befindet, also die Umstände und Einflüsse, eine signifikante Rolle spielt. Zwei wesentliche Aspekte wurden identifiziert:

- **Zeitdruck**
- **Komplexität der Aufgabe**

FEHLERWAHRSCHEINLICHKEITEN

Handlung	HEP
Einfache, häufig durchgeführte Aufgaben bei minimalem Stress	0,1 %
Komplexere Aufgaben unter Zeitdruck, wobei Sorgfalt erforderlich ist	1 %
Komplexe, ungewohnte Aufgaben mit geringer Rückmeldung und Gefahrenpotenzial	10 %
Hochkomplexe Aufgaben unter Stress und Zeitdruck	30 %
Unter extremem Stress durchgeführte Aufgaben, die nur selten anfallen	100 %

Einfache Aufgaben, ohne Zeitdruck durchgeführt, werden in den meisten Fällen gut und sicher, damit fehlerfrei, erledigt. Werden die Aufgaben bereits etwas komplexer, dann erhöht sich die Fehlerwahrscheinlichkeit (Human Error Probability – HEP) bereits um den Faktor 10. Es passieren zehnmal häufiger Fehler als bei einfachen Aufgaben. Kommen aber noch zu allem Überfluss Stress und Zeitdruck hinzu, dann liegt die Wahrscheinlichkeit eines Fehlers bereits bei 30%. Sie kann schlimmstenfalls sogar auf 100 % steigen, wenn es Aufgaben sind, die selten und unter extremem Stress durchgeführt werden.

Die Katastrophe von Tschernobyl

In den Jahren zwischen 1970 und 1983 entstand das Atomkraftwerk von Tschernobyl in der nördlichen Ukraine. Es war der Stolz der Sowjetunion. Der Reaktor war nicht nur in der Lage, 4000 Megawatt Strom zu erzeugen, sondern wurde ebenfalls genutzt, um waffenfähiges Plutonium zu gewinnen. Drei Jahre nach Inbetriebnahme sollte am 25. April 1986 ein Test durchgeführt werden. Es sollte ein Stromausfall simuliert werden, um die Kühlung der Reaktoren mit Notstromaggregaten zu überprüfen. Für die Simulation wurde laut Plan die vorhandene Notkühlung abgeschaltet. Die Fehlerkette begann sich langsam zu entwickeln. Bevor die Simulation überhaupt richtig beginnen konnte, wurde aus Kiew hoher Strombedarf gemeldet. Vermutlich wurde von oben angeordnet, dass der Strombedarf höhere Priorität hatte und der Test verschoben werden musste. Zu dem Zeitpunkt war allerdings unklar, wie lange zusätzlicher Strom benötigt wurde. Man erwartete, dass die Simulation bald fortgesetzt werden könnte. Daher beließen die Techniker den Reaktor auf 50 % seiner Leistung und das Notkühlsystem blieb ausgeschaltet. Neun Stunden später, um 23:00 Uhr nach einem Schichtwechsel, wurde die Simulation wieder aufgenommen. Der Reaktor sollte auf eine

Leistung von etwa 20 % bis 30 % heruntergefahren werden. Unter 20 % durfte er nicht fallen, da er ansonsten nicht mehr kontrolliert werden konnte. Beim Herunterfahren unterlief einem Techniker vermutlich ein Bedienungsfehler. Weil ein falscher Wert eingegeben wurde, fiel der Reaktor auf nur noch 1 % und damit weit unter die zulässige Mindestleistung.

Wir sehen schon, wie sich die Fehlerkette fortsetzt, beeinflusst durch selten durchgeführte, hochkomplexe Aufgaben unter Stress und Zeitdruck. Ich vermute, dass auch die nächtliche Uhrzeit eine Rolle gespielt haben könnte.

KONTROLLRAUM EINES RUSSISCHEN KERNKRAFTWERKS

FOTO: ISTOCK BY GETTY IMAGES

Damit die Reaktorleistung schnell angehoben werden konnte, beschloss das Team, einen Großteil der Steuerstäbe zu entfernen. Steuerstäbe werden benötigt, um die atomare Kettenreaktion zu kontrollieren. Es handelt sich also nicht um die eigentlichen Brennstäbe. Aber auch bei den Steuerstäben gibt es eine gewisse Anzahl, die nicht unterschritten werden darf. Es wurden zu jedem Zeitpunkt mindestens 28 Steuerstäbe benötigt. Um den Reaktor schnell wieder auf über 20 % Leistung zu bringen, wurden aber deutlich mehr Steuerstäbe entfernt. Die Maßnahmen zeigten erste Wirkung und die Reaktorleistung stieg auf 7 %. Leider immer noch zu wenig, um wieder die volle Kontrolle zu bekommen. Der Reaktor befand sich weiterhin im sehr instabilen Zustand. Trotz der bereits eingetretenen Schwierigkeiten bestand der Chefingenieur darauf, die Simulation fortzusetzen. Die Techniker mussten sich schnell überlegen, wie sie den Reaktor wieder auf Leistung bringen könnten.

Sie beschlossen daraufhin, die Sicherheitsventile für die Generatoren abzuschalten und gleichzeitig die Schnellabschaltung des Reaktors zu deaktivieren. Um 01:23 Uhr nahmen sowohl Temperatur als auch Druck innerhalb von 36 Sekunden schlagartig zu. Panikartig versuchte der Schichtleiter eine Notabschaltung des Reaktors. Da aber weiterhin die notwendigen Steuerstäbe fehlten, kam es zur Kettenreaktion. Innerhalb von Sekunden stieg die Leistung im Reaktor um das Hundertfache. Es kam zur Kernschmelze. Die Temperatur betrug 2000° und ließ das Wasser sofort verdampfen. Durch die Druckwelle explodierte das Reaktordach. Radioaktives Material wurde freigesetzt und verteilte sich über weite Bereiche. Der für unmöglich gehaltene GAU (größter anzunehmender Unfall) war eingetreten.

Aus der Tschernobyl-Katastrophe lernen wir ein weiteres Mal, dass eine Fehlerkette zu einer Katastrophe führen kann. Es war absehbar, dass Menschen Fehler machen würden. Die Fehlerwahrscheinlichkeit liegt bei 100 % bei selten durchgeführten, hochkomplexen Aufgaben, unter extremem Zeitdruck und Stress. Der GAU hätte nur vermieden werden können, wenn bereits ganz am Anfang, beim **Fehler Eins**, die richtige Entscheidung getroffen worden wäre. Dadurch wäre die Fehlerkette durchtrennt worden und die Katastrophe verhindert worden.

Zielkonflikt

Erschwerend kam bei dem Unglück von Tschernobyl hinzu, dass die zuständigen Mitarbeiter vor einem Zielkonflikt standen. Zielkonflikt bedeutet, dass zeitgleich zwei unterschiedliche, konkurrierende Ziele erreicht werden müssen. Einerseits sollte das Reaktorteam den Strombedarf für Kiew abdecken und andererseits die Notübung durchführen. Möglicherweise hatte sogar der Schichtleiter oder der Chefingenieur die Anweisung, die Stromzufuhr nach Kiew sicherzustellen, um die ukrainische Führung nicht zu verärgern. Aber selbst führende Politiker in der Ukraine waren nicht völlig frei in ihren Entscheidungen. Im März 1986 verkündete der russische Generalsekretär Gorbatschow, dass es Zeit wäre für große gesellschaftliche Veränderungen. Es war der Beginn von „Glasnost“, was übersetzt so viel heißt wie Offenheit und Transparenz. Erstmals sollten auch kritische Berichterstattungen möglich sein. Gerade mal zwei Tage vor der Katastrophe, am 23. April 1986, hatte Gorbatschow im Zentralkomitee von Russland Glasnost als Grundpfeiler seiner Politik bestätigt und mehr Transparenz eingefordert. Es ist anzunehmen, dass diese Veränderungen auch auf die politische Führung in der Ukraine Einfluss hatten. Leider können wir heute nicht mehr nachvollziehen, wer die Anweisung gab, Strom nach Kiew zu leiten. Ebenso wenig werden wir herausfinden können, warum der Chefingenieur trotz aller Widrigkeiten darauf bestanden hatte, die Simulation fortzusetzen.

Wir können nur schlussfolgern, dass es einen Zielkonflikt gab: Die Notfallsimulation musste durchgeführt werden, aber die Stromzufuhr für Kiew durfte nicht unterbrochen werden.

Die kommunistischen Systeme der UdSSR verlangten Gehorsam. Widerspruch wurde nicht geduldet und bestraft. Es ging sogar so weit, dass Systemkritiker verhaftet und deportiert wurden. Menschen wurden zuvor immer zu Gehorsamkeit erzogen. Es wurden Fünf-Jahres-Pläne entwickelt, die unbedingt und kompromisslos eingehalten werden mussten. Eigenständiges Denken war unerwünscht und eigenständiges Handeln wurde weitestgehend unterbunden. Wenn es eine Anordnung durch den Vorgesetzten gab, war diese Anordnung wie ein Befehl zu verstehen und musste peinlichst genau befolgt werden.

So war auch der Auftrag oder Befehl zu verstehen. Die Notfallsimulation des Atomkraftwerks am 25. April 1986 musste durchgeführt werden. Dieser Test war umfangreich dokumentiert und jeder Arbeitsschritt beschrieben. Es gab also keinen Grund zur Sorge, denn offensichtlich hatten die Vorgesetzten und die verantwortlichen Ingenieure an alles gedacht. Aber hatten die Ingenieure wirklich alles berücksichtig? Welche Anweisungen standen in den Checklisten, wenn die Tests nicht erfolgreich liefen? Warum hatten die Ingenieure nicht Notfallverfahren entwickelt für den Fall eines Fehlers im Testlauf? Hatten sie selber Angst davor, die von oben vorgegebenen Systeme zu hinterfragen? Denn sollte man von einer Fehlfunktion ausgehen, einem Scheitern des Tests, dann würde es ja bedeuten, dass das System nicht perfekt sei. Das kam einem Hinterfragen der Obrigkeit gleich. Und das war verboten. Also entwickelten die Ingenieure Testverfahren, die zwar eine Überprüfung ermöglichten, aber nicht das Scheitern des Tests berücksichtigten.

Die russischen Behörden beauftragten den Wissenschaftler Valery Legasov mit der Untersuchung und Aufarbeitung des Tschernobyl-Unglücks. Er war stellvertretender Direktor für wissenschaftliche Arbeit des Kurchatov-Instituts für Atomenergie und Leiter der Abteilung Radiochemie und Technologische Chemie der Universität Moskau. Außerdem war er angesehenes Mitglied der sowjetischen Akademie der Wissenschaften.

Nach zwei Jahren Ermittlungen kam er zu dem Schluss: *„Der Unfall war die unvermeidliche Apotheose (Verherrlichung) der Wirtschaft, die sich in der UdSSR entwickelt hatte.“* Es war ein vernichtendes Urteil. Am zweiten Jahrestag der Tschernobyl-Katastrophe, dem 26. April 1988, erhängte sich Legasov in seinem Apartment. So steht es zumindest im offiziellen Polizeibericht. Es ist allerdings bekannt, dass er plante, einen Tag später seine vollständigen Untersuchungsergebnisse zu veröffentlichen. Unter anderem fand er heraus, dass durch politischen Druck verhindert wurde, Vorfälle in russischen Kernkraftwerken der internationalen Atomenergiebehörde mitzuteilen. Es gab nämlich schon vorher teils gravierende Vorfälle mit baugleichen Reaktoren.

Das Atomkraftwerk in Leningrad hatte bereits 1975 einen schweren Vorfall, der die Schwächen des Reaktordesigns offenbarte. Daraus wurden aber kaum Lehren gezogen und der Bauplan wurde nur unwesentlich angepasst. Mangelhafte Kommunikation und fehlender Austausch zwischen den Kraftwerksbetreibern führten dazu, dass die Mitarbeiter in Tschernobyl keine Ahnung von dem Leningrader Vorfall hatten. Die Erkenntnisse sind nie genutzt worden. Die internationale Atomenergiebehörde war der Meinung, dass der Vorfall von Leningrad ein Vorbote für den Unfall von Tschernobyl war.

Die Betreiber und zuständigen Mitarbeiter in den Atomanlagen wurden über Vorfälle im Unklaren gelassen. Probleme und Mängel an den Kernkraftwerken wurden systematisch verschwiegen. Glasnost, mit der geforderten Offenheit und Transparenz, war in der Aufarbeitung des Unfalls noch nicht angekommen.

Es sollte niemanden wundern, dass in dieser Kultur aus Angst und Verheimlichung keine Sicherheit entstehen kann. Im Gegenteil, es ist Gift, wenn es um die Verbesserung der Sicherheit geht. Aus Fehlern zu lernen wird dadurch verhindert.

Wie so oft wurden die offiziellen Ermittlungen für beendet erklärt, als ein Verantwortlicher gefunden wurde. Natürlich hat, so immer die offizielle Lesart, eine einzelne Person die Katastrophe ausgelöst und wird dafür verantwortlich gemacht. Die Sache wird für viele Vorgesetzte noch einfacher, wenn sich die Personen nicht einmal mehr rechtfertigen können, z.B. weil sie das Unglück nicht überlebt haben.

Die Mini-Serie „Chernobyl“ zeigt sehr anschaulich den Ablauf dieser Katastrophe.

Schauen wir uns ein anderes Unglück an, das vor einigen Jahren in Deutschland passierte.

Zugunglück Bad Aibling

Am 9. Februar 2016 kam es zu einem schweren Zugunglück in Bayern, in der Nähe von Bad Aibling, Landkreis Rosenheim. Zwei Regionalzüge fuhren auf eingleisiger Strecke aufeinander zu und kollidierten. 12 Menschen kamen dabei ums Leben, 89 Menschen wurden teils schwer verletzt.

Das Wetter an diesem Morgen war sehr ungemütlich. Es war ein windiger, und regnerischer Wintertag mit nächtlichen Temperaturen um die 2°. Zwei Stürme, einmal „Ruzica" am Rosenmontag (8. Februar) sowie der zweite Orkan „Susanna" am 9. Februar 2016 fegten über Deutschland hinweg. Böen und Windgeschwindigkeiten bis 100km/h beeinträchtigten das Leben und den Bahnverkehr. Bereits am Tag zuvor mussten diverse Karnevalsumzüge aufgrund von Orkanwarnungen abgesagt werden. Der 40-jährige Fahrdienstleiter hatte am Dienstagmorgen sehr früh Dienstbeginn. Als er seine Schicht um 04:45 Uhr begann, war es dunkel. Mit Sonnenaufgang war nicht vor halb acht zu rechnen. Viel zu tun gab es aber auch nicht. Am Stellwerk in Bad Aibling mussten durchschnittlich gerade einmal vier Züge pro Stunde kontrolliert werden. Etwa alle 20 bis 30 Minuten kamen Regionalbahnen vorbei und hielten an den kleinen Bahnhöfen in Bad Aibling sowie Kolbermoor.

Die Bahnstrecke wurde 1857 für die Bayrische Maximiliansbahn in Betrieb genommen. Sie verband damals die Städte München mit Rosenheim und führte weiter nach Salzburg. Der zweigleisige Ausbau der Strecke wurde abgesagt, als 1871 eine neue, überregionale Strecke zwischen München und Rosenheim eingeweiht wurde. Nach über 160 Jahren wird die Strecke zwischen Bad Aibling und Kolbermoor weiterhin eingleisig betrieben.

Man kann nicht behaupten, dass diese Strecke besonders üppig befahren wurde. Entsprechend eintönig und vermutlich langweilig waren die Arbeitszeiten der Fahrdienstleiter. Um sich die Zeit etwas abwechslungsreicher zu gestalten, sind Fahrdienstleiter durchaus gewohnt, das Radio nebenbei laufen zu lassen oder einmal in der Zeitung zu blättern. Auch ein Fernseher lief hin und wieder, obwohl das laut Dienstanweisung verboten war. Die Aufgabe an dieser eingleisigen Strecke ist recht einfach zu erklären. Die diensthabenden Fahrdienstleiter müssen u.a. sicherstellen, dass entgegenkommende Züge jeweils nur in den Bahnhöfen aneinander vorbeifahren.

Zwischen 06:16 Uhr und 06:38 Uhr war an dem Morgen kein Zugverkehr auf der Strecke zu erwarten. Um sich die Zeit zwischen den Zugfahrten zu vertreiben, holte der Fahrdienstleiter sein Smartphone heraus und spielte sein Lieblingsspiel „Dungeon Hunter 5". Dabei handelt es sich um ein mittelalterliches Fantasyspiel. Der Spieler soll Monster und andere Feinde mit Schwertern, Äxten und Morgenstern besiegen. Das Spiel bietet „Hack und Slash Action ohnegleichen, aufpolierte Animationen und Steuerung für tolle Kampfaktionen!", so die Werbung des Anbieters Gameloft. In den 30 Minuten vor den entscheidenden Fehlhandlungen spielte er insgesamt 20 Minuten „Dungeon Hunter 5".

Zwischen 06:38 Uhr und 06:46 Uhr musste er sich wieder um zwei Züge kümmern. Einer der Züge kam aus Westen mit dem Ziel Rosenheim. Er sollte über Bad Aibling und weiter nach Kolbermoor fahren. Der Zug hatte bereits vier Minuten Verspätung. Der zweite Zug, in entgegengesetzter Richtung, sollte am Bahnhof Kolbermoor halten, um den ersten Zug passieren zu lassen.

DER PLAN

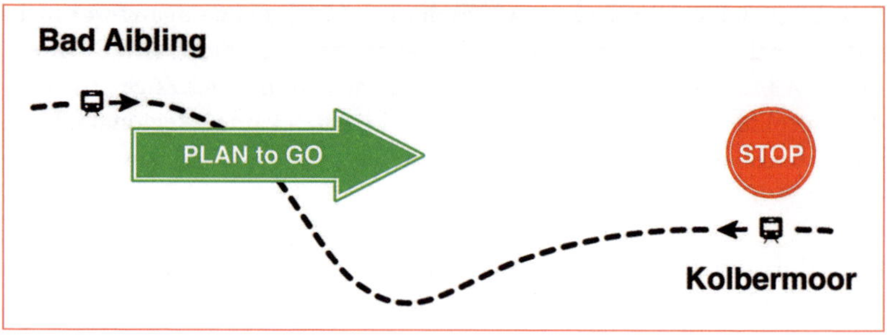

Der Fahrdienstleiter entschied stattdessen, dass die Züge im Bahnhof von Bad Aibling aneinander vorbeifahren sollten, anders als im Fahrplan vorgesehen. Dem Zug in Kolbermoor genehmigte er sehr frühzeitig die Einfahrt, Durchfahrt und Weiterfahrt. Das Signal erhielt der Triebwagenführer noch bevor er den Bahnhof Kolbermoor erreichte. Der Zug hatte somit grünes Licht. Die Situation war aus Sicht des Fahrdienstleiters gelöst. Sein mentales Modell war folgendes: Der Zug war bereits abgefahren und damit für ihn erledigt. Mental abgehakt, Aufgabe erledigt. Eine Routinearbeit, die er regelmäßig durchführte.

ÄNDERUNG DES PLANS

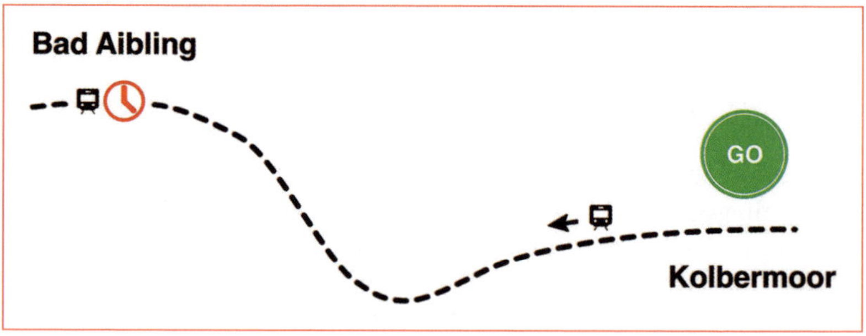

Er widmete sich wieder seinem Spiel. Langsam wurde es doch etwas hektischer. Um 06:41 Uhr machte er sein Handy aus. Seine Aufmerksamkeit lag jetzt beim verspäteten Zug für Bad Aibling. Der Fahrplan sollte nach Möglichkeit eingehalten werden. Also gab er dem Zug in Bad Aibling die Freigabe zur Weiterfahrt. Die Freigabe konnte aber nicht erteilt werden. Das System verhinderte es, da die Strecke durch den anderen Zug aus Kolbermoor noch belegt war. Den hatte aber der Fahrdienstleiter in der Zwischenzeit schon wieder vergessen. „Warum konnte der Zug in Bad Aibling bloß nicht weiterfahren?“, wird sich der Fahrdienstleiter womöglich gedacht haben. Er kam zu dem Schluss, dass es sich nur um ein Fehlsignal handeln könnte. Um diese vermeintliche Störung zu umgehen, gab er manuell mit einer Hilfstaste das Signal zur Weiterfahrt.

MENTALES MODELL

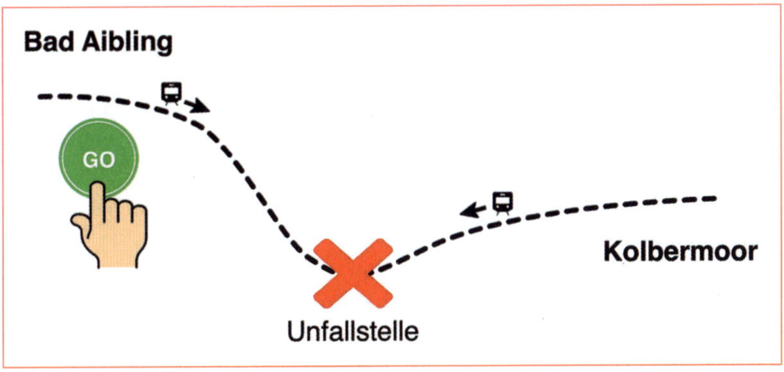

Der Zug aus dem Bahnhof Bad Aibling setzte sich in Bewegung und konnte auch an einer weiteren Stelle nur durch die manuelle Hilfstaste weiterfahren. Danach kehrte wieder etwas Ruhe ein. Seine Aufgaben waren erledigt, dachte er zumindest. Wenige Sekunden später bemerkte er seinen Fehler. Der andere Zug aus Kolbermoor war noch auf der Strecke!

Panikartig versuchte er, die Züge zu erreichen und zu stoppen. Für solchen Fälle ist ein Notfalltelefon vorgesehen. Er setzte den Notruf noch ab. Aber in der Hektik drückte er die falsche Taste und erreichte die Züge nicht mehr. Direkt in einer Kurve, uneinsehbar für die Triebwagenführer, stießen beide Züge zusammen. Es war das größte Zugunglück der letzten 40 Jahre in Bayern.

Ablenkung, Zielkonflikt und komplexe Notfallverfahren

Die Bundesstelle für Eisenbahnunfalluntersuchung nahm neben der Staatsanwaltschaft die Ermittlungen auf. Die Untersuchung dauerte rund 18 Monate. Das Ergebnis war ein ausführlicher und detaillierter Untersuchungsbericht mit insgesamt 338 Seiten, inklusive Anhängen. Die Untersuchungen konzentrierten sich relativ schnell auf die Handlungen des 40-jährigen Fahrdienstleiters, der für die Streckenfreigaben verantwortlich war.

Der Fahrdienstleiter wurde als Springer eingesetzt und regelte im ständigen Wechsel an drei unterschiedlichen Stellwerken den Bahnverkehr. Jedes Stellwerk hat aber seine Besonderheiten, Macken und sein eigenes Regelwerk, die der Fahrdienstleiter immer zu beachten hat. Ich glaube, es ist nicht zu viel gesagt, dass ein ständiger Wechsel zwischen den Arbeitsstellen die Eingewöhnung nicht einfacher macht und insbesondere die Berücksichtigung einzelner Sonderregeln in Ausnahmesituationen erschwert.

Interessanterweise hatte die Uhrzeit und der Schichtbeginn des Fahrdienstleiters für die Ermittler keine Rolle gespielt. Laut Untersuchungsbericht hatte der Fahrdienstleiter mit 14 Stunden ausreichend Ruhezeit, bevor er um 04:45 morgens seinen Dienst begann. Ebenso interessant ist die Tatsache, dass es der Tag unmittelbar nach Rosenmontag war. Ob der Fahrdienstleiter einen ruhigen Schlaf hatte, während nachts der Orkan wütete, ist nicht bekannt. Es wurde (leider) nicht untersucht.

Seit Jahren war bekannt, dass sowohl Fahrdienstleiter als auch Zugführer (richtig eigentlich Tf für Triebwagenführer) während der Dienstzeit Handys nutzten. Die Dienstanweisungen des Arbeitgebers sind dabei eindeutig. Die Benutzung von privaten Handys während der Arbeitszeit ist offiziell untersagt.

Dennoch musste die Bahn zerknirscht eingestehen, dass Langeweile schon immer ein Thema war. Dass sich Fahrdienstleiter und selbst Triebwagenführer nebenbei mit anderen Dingen wie ihrem Handy beschäftigten, war allgemein bekannt. Von den Vorgesetzten wurde dies offensichtlich akzeptiert bzw. nicht verfolgt.

Die Deutsche Bahn stand wegen ihrer Verspätungen in den Jahren zuvor massiv unter Druck, sowohl von der Öffentlichkeit als auch von der Politik. Die Beschwerden hatten massiv zugenommen.

> *„Wohl kaum ein anderes Bahnthema steht so im Fokus der Öffentlichkeit wie die Pünktlichkeit."*
>
> Zitat Deutsche Bahn, April 2012

Ein Zug galt bereits als verspätet, wenn er 5 Minuten und 59 Sekunden später ankam oder abfuhr. Der Vorstand war gezwungen, eine Initiative zur Verbesserung der Pünktlichkeit zu starten. Zentraler Hebel dafür war die Betriebssteuerung. Die Fahrdienstleiter hatten durch ihr Handeln und ihre Entscheidungen ebenfalls Einfluss auf den Schienenverkehr und die Pünktlichkeit der Züge. Es ist anzunehmen, dass ein Zielkonflikt vorlag und die Entscheidung des Fahrdienstleiters in Bad Aibling dadurch zumindest implizit beeinflusst wurde.

Der Fahrdienstleiter war der Meinung, dass ein Fehlsignal die Weiterfahrt des zweiten Zuges verhinderte. Daher überbrückte er das Signal manuell und ließ den zweiten Zug losfahren. Ein fataler und entscheidender Fehler. Aber ist ein Fehlsignal oder eine Störung wirklich so ungewöhnlich? Störungen treten bei Stellwerken dieser Bauart im deutschen Bahnnetz häufig auf. Alleine das Stellwerk in Bad Aibling hatte 39 Störungen im Vorjahr gemeldet. Statistisch gab es somit alle neun Tage eine Störung. Es sollte uns nicht überraschen, dass der besagte Fahrdienstleiter an dem Morgen von einer Fehlermeldung ausging.

Zusätzlich begünstigt wurde die Situation durch veraltete Signaltechnik. Sie wurde im Jahr 1977 in Betrieb genommen. Laut einer Vorschrift aus dem Jahr 1984 hätte sie schon längst erneuert werden müssen. Auch der Signaltisch des Fahrdienstleiters war laut Untersuchungsbericht schlecht ausgeleuchtet.

Um das besagte Notfalltelefon nutzen zu können, gibt es ein „Merkblatt zum Bedienen von Notrufen“ mit fünf Arbeitsschritten. Dabei gilt es zu beachten, dass die richtigen Tasten in der richtigen Reihenfolge gedrückt werden. Außerdem muss unterschieden werden zwischen

„ZF-NOT MWM-MRO“

„Not Str MWM-MRO“

Das sind die Anzeigen, wonach die Alarme entweder an die Triebwagenführer oder aber an benachbarte Fahrdienstleiter geschickt werden. Danach soll der „Nothaltauftrag nach Richtlinie 408.0581“ ausgesprochen werden, so die Anweisung im Merkblatt. Ein Nothaltauftrag wird nur selten durchgeführt und gehört, gerade unter Zeitdruck, zu komplexeren Aufgabenstellungen. Dummerweise drückte er statt „ZF-NOT MWM-MRO“ die Taste „Not Str MWM-MRO“ und erreichte nur andere Fahrdienstleiter, nicht aber die Triebwagenführer, welche die Züge hätten abbremsen können.

Sehen Sie die Parallelen zu dem Tschernobyl-Unglück? Unter Stress, Zeitdruck und vermutlich Müdigkeit müssen komplexe Aufgaben erledigt werden. Zu allem Überfluss werden diese Arbeiten nur selten gemacht und müssen auch noch auswendig durchgeführt werden. Es kann nur vermutet werden, dass in beiden Fällen ein Zielkonflikt die Entscheidungen beeinflusst hatte.

Systematischer Regelverstoß

Unbestritten ist zumindest die Tatsache, dass der Fahrdienstleiter durch Nutzung seines Handys abgelenkt war. Warum Vorgesetzte und Führungskräfte dieses Verhalten lange Zeit billigten, wird in dem Untersuchungsbericht leider nicht beantwortet. Diese Fehlhandlungen passierten über lange Zeit immer wieder. Die Fehlerart würden wir als einen systematischen Regelverstoß bezeichnen. Die Vorschriften waren bekannt, wurden regelmäßig missachtet und trotzdem haben die Vorgesetzten die Missachtung gebilligt. Denken Sie an das Käsescheiben-Modell von James Reason. Demnach handelt es sich um einen latenten Fehler. Das Loch in der Käsescheibe war die ganze Zeit schon vorhanden. Nicht nur das, die Lücke im Sicherheitsnetz war sogar bekannt, wurde aber nicht beseitigt bis es zum Unfall kam. Insofern stimmt wieder die Aussage von Reason: „Das System definiert die Sicherheit!"

Mittlerweile werden Sie erkannt haben, dass sich hinter den Unfällen, Unglücken und Katastrophen eine ganze Reihe von Umständen verbergen, die solche Fehlerketten erst ermöglichen. So haben viele Menschen größere oder kleinere private Belastungen, die das tägliche Handeln beeinflussen. Je schwerer die Last, die zu tragen und zu bewältigen ist, desto vorsichtiger sollten Entscheidungen getroffen werden. Private Belastungsfaktoren beeinflussen außerdem die Schlafqualität und führen zu Müdigkeit. Fehlhandlungen und Fehlentscheidungen sind das Ergebnis. Wird die Arbeitsbelastung durch Stress, Zeitdruck und Komplexität zu hoch, dann können Sie darauf wetten, dass es Fehler geben wird. Die Wette würden Sie gewinnen.

Mit den Beispielen in diesem Kapitel sollte deutlich geworden sein, dass nur in seltenen Fällen der **Fehler Eins** als Beginn der Fehlerkette identifiziert wurde. Bei vielen Fällen lag der Fokus am Ende der Fehlerkette auf einer einzelnen Person. Das verstellt allerdings den Blick auf die wesentlichen und wichtigen Fragen und ist wenig hilfreich, um sicherer zu werden.

Zusammenfassung:

- Private Belastungen können zu irrationalen Entscheidungen führen.
- Wird die Arbeitsbelastung zu hoch, passieren Fehler. Stress, Zeitdruck und komplexe, selten durchgeführte Aufgaben führen fast immer zu Fehlern.
- Zielkonflikte können ein Element der Fehlerkette sein, denn sie beeinflussen teilweise indirekt die Entscheidungen.
- Private Belastungsfaktoren führen zu Müdigkeit. Ein wesentlicher Faktor, der bei Fehlerbetrachtungen oftmals übersehen wird.

Kapitel 7
Regeln einhalten

> *„Ausnahmen sind nicht immer Bestätigungen der alten Regel; sie können auch die Vorboten einer neuen Regel sein."*
>
> Marie von Ebner-Eschenbach

In diesem Kapitel erfahren Sie, warum wir uns mit der Einhaltung von Regeln schwertun.

Sie werden das ETTO-Prinzip kennenlernen und feststellen, dass es unser tägliches Handeln beeinflusst.

Sie werden erkennen, dass Unternehmen im Laufe der Zeit einem Practical Drift unterliegen.

Sie werden lernen, was Reaktanz ist und warum es dazu führt, dass einige Regeln Widerstand hervorrufen.

Einhalten von Regeln

Warum fällt es uns so schwer, Regeln einzuhalten? Das gilt in einigen Fällen sogar für Regeln, die wir uns selber auferlegen und dann absichtlich nicht einhalten oder bewusst brechen.

An jeder Ecke lauern Verlockungen. Und fast allen geht es so, dass wir nicht genug Willenskraft aufbringen, um diesen Verlockungen zu widerstehen. Wir wollten weniger im Internet surfen, unsere Social Media Apps seltener nutzen, aber denken gleichzeitig: „Oh, Moment, jetzt findet doch gerade die Berichterstattung über die Präsidentschaftswahl statt. Das ist was Besonderes! Nur diese Nachrichten schaue ich mir an, dann lasse ich es wieder bleiben." Mit dem Rauchen aufhören. „Am 1. Januar höre ich mit dem Rauchen auf. Ganz bestimmt!" Abnehmen? „Ja, mir gefällt mein Übergewicht überhaupt nicht. Ich werde mich ab sofort nur noch gesund ernähren." Und dann, am nächsten Wochenende sind wir zu einer Geburtstagsfeier eingeladen, der

Gastgeber hat fantastisches Essen vorbereitet. „Naja, ein Gläschen Wein zu diesem köstlichen Essen kann ich mir doch erlauben, oder?"

Am häufigsten werden gute Vorsätze fürs neue Jahr gebrochen. Jetzt mögen Sie einwenden, dass gute Vorsätze ja keine Vorschriften sind. Das ist richtig. Aber es ist umso bemerkenswerter, dass wir unsere Absicht, ja sogar den festen Willen haben, unser Verhalten im kommenden Jahr zu ändern. Keiner zwingt uns. Wir selber setzen uns ein paar Regeln. Sportstudios kennen dieses Phänomen und bieten jedes Jahr, speziell zum Jahresanfang, Sonderangebote an. In den ersten Wochen geht es noch gut und man hält sich an die eigenen Absichten und Vorhaben. Nach ein, zwei Wochen bröckelt aber schon die Selbstdisziplin und die selbst auferlegten Regeln werden immer seltener eingehalten. Spätestens Mitte Februar fangen viele an, noch nachlässiger zu werden. Wenn dann Ostern die Grillsaison beginnt, sind die guten Vorsätze schon längst Makulatur. „Naja, im nächsten Jahr probiere ich es wieder. Dann aber ganz bestimmt", reden wir uns ein und versuchen, unser schlechtes Gewissen zu beruhigen.

Mit der Selbstdisziplin ist es also nicht weit her und vermeintlich hat die Werbung mal wieder Schuld. Es wird einfach behauptet, dass die Werbung manipuliert und man deshalb gar nicht anders könne. Ist es keine freie Willensentscheidung, wenn zwei jungen Frauen über Jahre hinweg täglich Hamburger und Cola konsumieren? Wenn dieses Argument stimmt, dann müssten unsere Vorfahren, die ohne Werbung und ohne McDonald's auskommen mussten, wesentlich standhafter gewesen sein. Es muss viel einfacher gewesen sein, sich an Regeln zu halten, als es noch keine Werbung gab.

Die ersten bekannten Regeln wurden im alten Babylonien aufgestellt vor über 3800 Jahren. Der Codex Hammurabi existiert heute noch und ist im Louvre in Paris zu besichtigen. Es handelt sich um eine schwarze Stele mit einer Höhe von 2,25 Meter. Auf dieser Stele wurden in 8000 Worten diverse Regeln, Vorschriften und Gesetze gemeißelt. Sie enthält 282 Regeln über Viehzucht, Sklavenhaltung, Mietrecht, Schulden bis hin zu Regeln über die Ehe. Verschiedene Prozessurkunden belegen, dass schon damals viele dieser Regeln gebrochen wurden. Die Menschheit hat sich diesbezüglich offensichtlich in den letzten 3800 Jahren nicht wesentlich weiterentwickelt.

Auch in der Antike gab es Regeln und Gesetze. Erst im alten Griechenland, dann im römischen Reich. In Rom wurden auf dem Forum Romanum zwölf Tafeln mit Gesetzen aufgestellt: Zivilrecht, Strafrecht, Gesetze über Schulden, Ehe, Schadenersatz und Verbrechen. Aber selbst die Römer hielten sich nicht immer an ihre Regeln. Nach diesen Gesetzen war es ein Verbrechen, wenn jemand einen Sklaven bestiehlt, verletzt oder falschen Besitzanspruch stellt. Alleine dafür ein Gesetz zu erlassen bedeutet, dass sich Römer wohl hin und wieder gegenseitig die Sklaven geklaut haben. Regeln, Vorschriften und Verbote werden seit Menschengedenken erlassen, um falsches Verhalten zu sanktionieren und verwerfliches Verhalten zu unterbinden.

Im Alten Testament schließlich stehen die zehn Gebote, die den meisten bekannt sein dürften. Laut Bibel erhielt Moses die zehn Gebote auf dem Berg Sinai direkt von Gott. Unter anderem heißt es:

- 5. Du sollst nicht töten.
- 6. Du sollst nicht ehebrechen.
- 7. Du sollst nicht stehlen.
- 8. Du sollst nicht falsch Zeugnis reden wider deinen Nächsten.

Und dennoch haben sich die Menschen nicht immer an diese göttlichen Regeln gehalten. Denn anhand der Gebote können wir erkennen, dass sich Menschen auch vor 2000 Jahren nicht immer regelkonform oder moralisch einwandfrei verhalten haben. Wir können aber zumindest feststellen, dass sich die Regeln im Laufe der Jahrtausende weiterentwickelt haben. Sie bilden immer den jeweils geltenden gesellschaftlichen Umgang und die moralischen Vorstellungen ab.

Egal wie weit wir in die Vergangenheit blicken, die Menschheit hat sich noch nie besonders damit hervorgetan, Regeln einzuhalten. Das hat sich seit Babylon in den letzten 3800 Jahren bis zum heutigen Tag nicht geändert. Ich würde auch nicht behaupten, dass sich das in den nächsten paar Tausend Jahren ändern dürfte.

Was hat sich seither getan? Wie gehen heute Unternehmen und Behörden damit um? Laut Wikipedia gab es 2009 in Deutschland 1924 Gesetze und 3440 Verordnungen mit insgesamt über 76.000 Artikeln und Paragrafen – alleine auf Bundesebene. Hinzu kommen noch Tausende Gesetze und Verordnungen auf Landesebene. Zusätzlich haben Unternehmen ihre eigenen Vorschriften, die Mitarbeiter berücksichtigen und einhalten müssen. Stark reglementierte Unternehmen wie beispielsweise Energieversorger, Krankenhäuser oder Fluggesellschaften kommen so auf einen Wust an unternehmensinternen Regeln und Vorschriften, die kaum noch zu überschauen sind. Teilweise müssen die Mitarbeiter mehrere Tausend Seiten mit Verfahrensvorschriften wälzen. Alle Verfahren sollen gekannt und berücksichtigt werden.

Können wir davon ausgehen, dass das immer funktioniert? Schauen wir uns dazu noch einmal das Beispiel von Bad Aibling an.

Dienst nach Vorschrift

Wie wir anhand des Zugunglücks von Bad Aibling gesehen haben, war die Ablenkung des Fahrdienstleiters durch sein Handy eine der wichtigsten Ursachen für den Unfall. Auch war die Benutzung laut unternehmensinternen Vorschriften nicht gestattet. Wie kann es dann sein, dass sich der Fahrdienstleiter so mir nichts dir nichts über diese Vorschrift hinweggesetzt hat? Interessanterweise, und das hat der Untersuchungsbericht klar zum Ausdruck gebracht, war der Fahrdienstleiter nicht der Einzige im gesamten Unternehmen mit 330.000 Mitarbeitern, dem die Vorschrift bekannt war, die aber geflissentlich und regelmäßig ignoriert wurde. Im Unternehmen war allgemein bekannt, dass diese Vorschrift sehr locker gesehen wurde. Dadurch entwickelte sich die Einstellung, dass diese Regel eher als Hinweis zu verstehen wäre. Dass sie wirklich notwendig war, wurde vermutlich nicht von allen so gesehen. Warum sind dann aber Vorgesetzte nicht eingeschritten und haben rechtzeitig dem Verhalten ein Ende gesetzt? Sie waren sich dessen sehr wohl bewusst. Möglicherweise haben sie sich aber auch nicht immer regelkonform verhalten. In den Führungsetagen sitzen auch nur Menschen mit Schwächen und Fehlern.

Jahrelang ist es auch gut gegangen. Handynutzung während der Arbeitszeit hatte keine katastrophalen Auswirkungen. Sie zählte zu den vielen und häufigen Arbeitsfehlern. Damit befinden wir uns auf der untersten Ebene der Unfallpyramide. Beobachtbare Arbeitsfehler. Sie passieren so häufig, dass sie als normal erachtet werden und kein Risiko gesehen wird, wenn sie missachtet werden. So sehen das im Übrigen auch immer wieder Vorgesetzte. „Es ist ja nix passiert“, denken sie sich dabei. Erst wenn dieser Fehler folgenschwere Konsequenzen hat, wenn aufgrund dieses scheinbar harmlosen Fehlers Weichen falsch gestellt werden und Züge kollidieren, ist das Entsetzen riesengroß. „Wie konnte er nur?“, fragt sich der Chef anschließend. „Er muss doch gewusst haben, dass das nicht erlaubt ist!“ Schnell wird noch hinterhergeschoben, dass es sich ja um den Fehler eines einzelnen Mitarbeiters handeln würde. Das könne man absolut nicht akzeptieren.

Die Frage „Wie konnte er nur?“ ist absolut berechtigt. Sie sollte allerdings auch ernsthaft geprüft und hinterfragt werden. Wie kann jemand eine bekannte Vorschrift so missachten? Die Antwort darauf ist relativ schnell gefunden: Wenn alle es machen, dann ist die Regel kaum etwas wert. Dann wird die Missachtung der Regel zur Norm und das Einhalten der Regel ist die Ausnahme. Ganz besonders deutlich wird dieses Verhalten alltäglich im Straßenverkehr. (Mehr dazu weiter unten.)

Wie ist nach einem Vorfall oder Unfall häufig die Reaktion einer Geschäftsleitung?

Aus der Führungsetage heißt es, die Mitarbeiter sollten sich einfach nur an die Vorschriften halten, dann wäre das nicht passiert. Dabei wird geflissentlich vergessen oder darüber hinweggesehen, dass diese Vorschrift schon seit langer Zeit nicht eingehalten wurde. Bis zum Zeitpunkt des Unfalls hatte es vermutlich keine ausreichenden Maßnahmen gegeben, um die Einhaltung der Regel zu forcieren. Die Justiz spricht häufig in solchen Fällen von Organisationsverschulden.

Organisationsverschulden

Der Begriff Organisationsverschulden kommt aus dem deutschen Haftungsrecht. Demnach ist eine Organisation (oder ein Unternehmen) für einen Schaden haftbar, wenn das Verschulden der Organisation und nicht einer Einzelperson zugeordnet werden kann.

Beispiele:

- Der Mitarbeiter erhält einen Arbeitsauftrag, für den er weder geeignet noch qualifiziert ist.
- Die Arbeitsanweisungen sind unvollständig oder fehlerhaft.
- Das Unternehmen überwacht die Arbeit und Abläufe nicht ausreichend.

Klingt vertraut, oder? In diesem Buch geht es aber glücklicherweise nicht um Schuldfragen, sondern wie wir aus Fehlern lernen können.

Übrigens: Politik und Behörden reagieren im Umgang mit Vorschriften ganz ähnlich. Nach größeren Ereignissen werden schnell neue Gesetze erlassen, denn man möchte ja die Sicherheit verbessern. Uns sollte es nicht verwundern, dass die deutschen und europäischen Gesetze immer umfangreicher werden. Der Vorschriftendschungel ist mittlerweile so komplex geworden, dass sich manche Gesetze und Vorschriften sogar widersprechen. Eine Behörde erlässt ein neues Gesetz, eine andere pocht auf die Einhaltung eines anderen Gesetzes. Der Verbraucher und die Unternehmen stehen dann oft vor dem Dilemma, dass es einen behördlich angeordneten Zielkonflikt gibt.

Das gleiche Dilemma blüht auch in Unternehmen. Je größer und komplexer Unternehmen werden, desto umfangreicher werden die Anforderungen und Qualitätsansprüche. Die ISO-Standards folgen beispielsweise einem rigiden Muster und müssen konsequent umgesetzt werden. Ob die Vorschriften dadurch leichter für Mitarbeiter zu lesen, geschweige denn zu verstehen sind, ist ohne Belang. So werden betriebsinterne Vorschriften immer umfangreicher. Das führt dazu, dass Vorschriften missverständlich sind und teilweise falsch interpretiert werden.

Besonders gut lässt sich dieses Phänomen erkennen, wenn ein Unternehmen übernommen wurde und die neue Geschäftsleitung plötzlich sämtliche Mitteilungen und Vorschriften in englischer Sprache haben möchte. Schön und gut, aber ist es legitim, davon auszugehen, dass alle Mitarbeiter des Unternehmens die englische Sprache in Wort und Schrift so gut verstehen, dass Missverständnisse ausgeschlossen werden können?

Nehmen wir zwei Beispiele. Wie würden Sie folgende Anweisungen übersetzen?

1. The employee shall not be late for work.

Heißt es:

a) Der Mitarbeiter soll nicht spät zur Arbeit erscheinen. Oder:
b) Der Mitarbeiter darf nicht spät zur Arbeit erscheinen.

Korrekt wird das Wort „shall" mit „muss" übersetzt oder in unserem Beispiel mit „darf nicht".

2. The injured should eventually seek medical treatment.

Heißt es:

a) Der Verletzte sollte eventuell medizinische Versorgung aufsuchen. Oder:
b) Der Verletzte sollte schlussendlich medizinische Versorgung aufsuchen.

Auch diese Anweisung kann schnell einmal falsch interpretiert werden. Denn „eventually" ist nicht gleichzusetzen mit dem deutschen Wort „eventuell", sondern bedeutet „schließlich, letztendlich, schlussendlich".

Der **Fehler Eins** bei diesen Vorschriften liegt nicht so sehr an den Formulierungen, sondern an der Annahme der Vorgesetzten, dass Vorschriften, auch wenn sie nicht in der Muttersprache formuliert sind, von allen Mitarbeitern korrekt verstanden werden.

Selbst wenn die unternehmensinternen Vorschriften in einer Sprache verfasst sind, die für alle Mitarbeiter verständlich ist, kann es zu Problemen kommen. Denn je umfangreicher die betriebsinternen Verfahrensanweisungen werden, desto häufiger schleichen sich Fehler ein. Oder, noch schlimmer, es gibt mehrere Vorschriften, die sich widersprechen. So kann es zum Beispiel passieren, dass eine Vorschrift besagt, dass die neue Software ab sofort verpflichtend verwendet werden soll. An ganz anderer Stelle wieder, vielleicht sogar in einem anderen Dokument, gibt es aber noch den Hinweis, dass die alte Software für Dateneingaben genutzt werden soll. In dem Fall wurde schlicht und ergreifend vergessen oder übersehen, die alten Anweisungen anzupassen. Ein menschlicher Fehler und vor allem nachvollziehbar. Nicht jeder Prozessverantwortliche erhält alle Informationen, um seine Verfahren anzupassen. Vielleicht war er auch der Meinung, dass diese Information für seinen Bereich nicht relevant sei. Egal wie, die Verfahren wurden nicht geändert und sind dadurch missverständlich, oder im schlimmsten Fall widersprüchlich.

Aber nicht nur Mitarbeiter an vorderster Front müssen sich diesen Herausforderungen stellen. Auch Vorgesetzte der mittleren Führungsebene oder selbst Ausbilder wissen manchmal nicht weiter. Wie einige der Regeln anzuwenden sind, ist auch ihnen nicht immer bekannt. Sie stehen vor dem gleichen Dilemma, die Vorschriften richtig zu interpretieren. „Was ist denn bloß damit gemeint?“, hat schon mal die eine oder andere Führungskraft gedacht. Man möchte sich ja keine Blöße geben, genauso wenig wie Vorstandsmitglieder. Stattdessen wird lieber die eigene Meinung erläutert und wie man es in der Vergangenheit immer gemacht hat. Was bei allen Beteiligten bleibt, ist Verunsicherung bzgl. der Vorschriften und Regeln.

Das eigentliche Problem, das sich daraus ergibt, liegt in der Glaubwürdigkeit der Verfahrensanweisungen und Regeln. Für einige Regeln mögen diese Fehler offensichtlich sein. Das muss aber nicht für alle gelten. Regeln, die nicht eindeutig oder fehlerfrei sind, verlieren ihre Glaubwürdigkeit. Ein paar falsche oder ungenaue Vorschriften reichen aus, um den Satz „Unsere Regeln sind immer und von allen anzuwenden“ ad absurdum zu führen.

Kommt es dann in der Folge zu einem Vorfall oder Unfall, wird sofort ein Schuldiger gesucht. Der Chef möchte deutlich machen, dass so etwas nicht wieder passieren dürfe: „Ab sofort müssen sich alle Mitarbeiter, ohne Ausnahme, an die Vorschriften halten!“ Das sind markige Worte. Leider ist die Wirkungsdauer dieser Aussage nur kurz. Sollen sich wirklich alle Mitarbeiter zu jeder Zeit an sämtliche Vorschriften halten? Oder ist es nur schnell dahingesagt? Wie wäre denn die Reaktion, wenn die Antwort darauf wäre: „Okay Chef, ab morgen machen wir nur noch Dienst nach Vorschrift!“ Der entsetzte Geschäftsführer blickt in ihre Gesichter und fragt sich: „Was wollen die denn jetzt schon wieder?“

Also zu jeder Zeit und konsequent alle Vorschriften einhalten, mit anderen Worten „Dienst nach Vorschrift“, ist nicht das, was sich die Geschäftsleitung ernsthaft wünscht. Und dafür gibt es einen Grund, das ETTO-Prinzip.

ETTO-Prinzip: Efficiency Thoroughness Trade-Off

Was ist das ETTO-Prinzip? ETTO steht für „Efficiency Thoroughness Trade-Off" und wurde 2009 von Dr. Erik Hollnagel, dänischer Professor für Resilience Engineering, entwickelt.

Unsere Ressourcen sind knapp, egal ob privat oder beruflich. Dazu gehören beispielsweise nicht ausreichende Informationen, um eine Anfrage zu beantworten, zu wenig Material, um den Umbau wie geplant abzuschließen, nicht die richtigen Geräte, um die Operation in gewünschter Qualität durchzuführen, oder zu knappe Zeitplanung, um alle Aspekte eines Auftrages gründlich zu durchleuchten. Immer fehlt es an der einen oder anderen Stelle. Daher müssen wir fast immer abwägen, ob die Aufgabe *schnell* oder ob sie *gründlich* gemacht werden soll. Beides gleichzeitig ist nicht möglich. Wir können keinen Brief in aller Eile schreiben, ohne dabei Fehler zu machen. Wir können unmöglich in kürzester Zeit einen Bericht abgeben, der auch noch lückenlos und fehlerfrei recherchiert wurde. Wie schnell kann etwas gebaut werden, ohne dass dabei gepfuscht wird? Wenn es schnell gehen soll, geht es zulasten von Sorgfalt und Gründlichkeit. Ein Haus lässt sich auch nicht über Nacht bauen. „Rom wurde nicht an einem Tag erbaut!", heißt es so schön in der Redewendung. Was nichts anderes bedeutet, als dass manche Dinge ihre Zeit brauchen, wenn man sie gründlich machen will. Auch das Sprichwort „Gut Ding will Weile haben!" liegt diesem Prinzip zugrunde. Sie erinnern sich? Je komplexer die Aufgaben und je weniger Zeit wir zur Verfügung haben, desto wahrscheinlicher passieren Fehler.

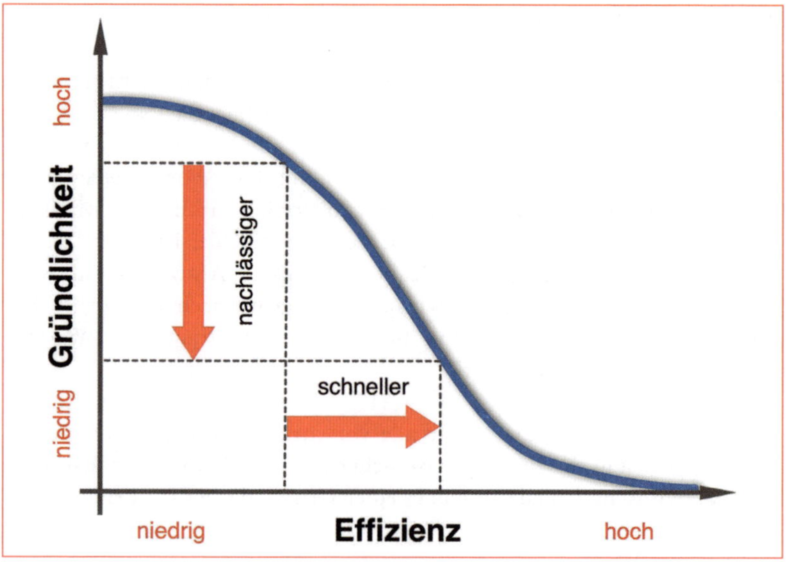

ETTO-PRINZIP

ETTO bedeutet, dass es einen Trade-Off gibt, eine Abwägung, einen Kompromiss. Wir müssen abwägen zwischen Schnelligkeit und Gründlichkeit, zwischen Efficiency und Thoroughness. Machen wir unsere Aufgabe sehr effizient, dann schaffen wir es, mit wenigen Ressourcen und in kürzester Zeit diese Aufgabe zu erledigen. Sie wird dann allerdings nicht zu 100 % gründlich sein und einige, vielleicht versteckte, Fehler enthalten. Wollen wir eine Aufgabe jedoch besonders gründlich und fehlerfrei machen, benötigen wir mehr Zeit, mehr Informationen, mehr Mitarbeiter usw. Wir müssen Kompromisse machen, denn beides lässt sich nicht gleichzeitig erreichen. 100 % Gründlichkeit und 100 % Effizienz schließen sich gegenseitig aus.

ETTO-Prinzip

Ein gutes Beispiel für ETTO haben wir bereits kennengelernt: die Entwicklung der Boeing 737 MAX. Sie erinnern sich, der Vorstand von Boeing wollte, dass das Flugzeug schnell entwickelt wird, damit der Markt für sparsame Mittelstreckenflugzeuge nicht zu lange dem verhassten Konkurrenten Airbus überlassen würde. Also musste die Entwicklung beschleunigt werden.

Der Druck war enorm, den die Vorgesetzten auf ihre Mitarbeiter ausübten. Statt der üblichen zehn Jahre für die Entwicklung eines Flugzeuges sollte die erste Maschine nach nur vier Jahren aus den Flugzeughallen in Seattle rollen. Das hat auch funktioniert. Aber wie gründlich kann unter diesen Umständen noch gearbeitet werden? Die New York Times berichtete von Ingenieuren, die ihre Pläne und Designs innerhalb der Hälfte der üblichen Zeit abgeben mussten. Es sollte daher nicht überraschen, dass bei der Entwicklung Fehler gemacht wurden. Dieser eine eklatante Fehler des Steuerungssystems hat viele Menschenleben gekostet. Dadurch, dass weltweit die gesamte Flotte der B737 MAX stillgelegt wurde, um eine gründliche Nachprüfung durchzuführen, ist der Zeitvorteil für die schnelle Entwicklung obsolet geworden. Das Gegenteil ist sogar eingetreten. Die finanziellen Folgen für das Unternehmen, ganz zu schweigen von der Reputation, sind schwerwiegender, als wenn sich Boeing mehr Zeit für die Entwicklung genommen und sorgfältiger gearbeitet hätte.

Warum spielt das für unsere Fehlerbetrachtung eine Rolle? Und warum ist das in Bezug auf das Einhalten von Regeln so relevant?

Ist das Verhalten des Boeing Vorstandes so ungewöhnlich oder ist der wirtschaftliche Druck in der heutigen Zeit nicht sogar täglich zu spüren? Es gibt kaum ein Unternehmen, welches über unbeschränkte Ressourcen wie Zeit, Geld und Arbeitskräfte verfügt. Daher müssen Vorgesetzte immer wieder abwägen, ob das Unternehmen oder die Abteilung nicht effizienter arbeiten könnte. Heerscharen von Unternehmensberatern werden genau für diese

Aufgabe angeheuert. Produktivität erhöhen, Entwicklungszyklen verkürzen, restrukturieren und reorganisieren, um die gleiche Arbeit mit weniger Mitarbeitern zu bewältigen. Das ist völlig legitim und Aufgabe eines guten Vorgesetzten. Wichtig ist allerdings, und das wird leider oftmals übersehen, dass die Sorgfalt und Gründlichkeit dadurch nicht so weit beeinträchtigt wird, bis es sicherheitsrelevante Auswirkungen gibt. Diese Auswirkungen werden häufig erst Jahre später spürbar. Wenn ein Unternehmen das Training der Mitarbeiter auf ein absolutes Minimum reduziert, werden erfahrene Kollegen deshalb nicht sofort gravierende Arbeitsfehler machen. Je länger aber die Zeit der reduzierten Trainings andauert, desto größer werden die Lücken in der Kompetenz der Mitarbeiter.

In Planung und Logistik ist dieses Phänomen häufig anzutreffen. Wir sehen das beispielsweise in der Einsatzplanung von Lieferfahrzeugen, Umlaufplanungen von Flugzeugen bei Fluggesellschaften oder Operationsplanungen im Krankenhaus. Überall wird versucht, überflüssige Leerzeiten zu kürzen und die Einsatzzeiten so zu verdichten, dass Kosten gesenkt und die Produktivität gesteigert wird.

Lowcost Airlines haben dies mit den Umlaufplanungen der Flugzeuge auf die Spitze getrieben. Die Bodenzeiten zwischen zwei Flügen wurden so weit verkürzt, dass Flugzeuge bereits nach 25 Minuten wieder mit neuen Gästen an Bord abfliegen konnten. Nach dem ETTO-Prinzip ist es nicht verwunderlich, dass die Kabine beispielsweise nicht mehr so sorgfältig gesäubert wird, wie es beispielsweise bei etablierten Linienfluggesellschaften der Fall wäre. Mehr Zeit bedeutet mehr Sorgfalt. Eine kleine Störung kann dann schon gravierende Auswirkungen auf den gesamten Tagesablauf haben. Die Mitarbeiter versuchen, eine Verspätung wieder aufzuholen, und arbeiten noch schneller. Was, glauben Sie, wird passieren? Unter Zeitdruck unterlaufen noch mehr Fehler. Die Auswirkungen des ETTO-Prinzips steigen überproportional. Um die Effizienz zu steigern, werden immer mehr Kompromisse in Bezug auf Sorgfalt gemacht. Die Regeln werden nur noch so weit eingehalten, wie es möglich ist. Das Ziel der Effizienz scheint den Mitarbeitern wichtiger zu sein.

Ein Mechaniker hat beispielsweise den Auftrag, einen LKW so schnell wie möglich zu reparieren. Der Wagen wird für den nächsten Transport benötigt und der Kunde wartet schon auf seine Lieferung. „Das haben Sie doch beim letzten Mal auch schneller hinbekommen!“, könnte der Chef seinem Mechaniker sagen. Er suggeriert damit seinem Mitarbeiter, dass die Pünktlichkeit heute oberste Priorität hat. Der Trade-Off beginnt, denn der Mechaniker fängt an, schneller zu arbeiten, die Arbeitslisten aus dem Kopf durchzuführen, „Ich habe das ja schon 100 Mal gemacht“, und Kompromisse einzugehen.

Wenn Sie darauf achten, werden Sie feststellen, dass jeden Tag fast überall diese Kompromisse gemacht werden.

Nehmen wir beispielsweise einen Küchenbauer. Die Handwerker haben den Auftrag, an einem Tag zwei Küchen auszuliefern und aufzubauen. Einfache Küchenzeilen, also nichts kompliziertes. Dann gibt es beim Aufbau der ersten Küche aber einige Schwierigkeiten. Die Löcher für die Hängeschränke können nicht wie geplant gebohrt werden. Die Handwerker müssen improvisieren und versuchen ihr Bestes, die Küche in der geplanten Zeit fertigzustellen. Trotzdem haben sie länger gebraucht und der nächste Kunde wartet auch schon sehnsüchtig auf seine Küche. Gehetzt kommen sie an und beginnen, die Küche schnell aufzubauen, um die Verspätung wieder einzuholen.

Jetzt kommt eine rhetorische Frage: Glauben Sie, dass beim Aufbau der Küchen genauso sorgfältig gearbeitet wird, als hätte es keine Verspätung gegeben?

Der Feierabend naht und die Handwerker haben auch die zweite Küche an dem Tag noch irgendwie hingezimmert. Es hat alles geklappt. Noch mal gut gegangen. Der Küchenbauer freut sich, dass er zwei Küchen an einem Tag ausgeliefert hat. Sehr effizient war das. In Zukunft wird er weiterhin damit rechnen, dass seine Mitarbeiter an einem Tag zwei Küchen aufbauen können. Eines Tages wird es dann einen schwerwiegenden Arbeitsfehler geben. Wie wird die Reaktion der Vorgesetzten sein? „Ah ja, klar. Wir haben auch wirklich so knapp geplant, dass es nun einmal zu Fehlern kommen könnte. Zukünftig planen wir etwas großzügiger." Diese Reaktion wäre höchst untypisch. Stattdessen wird der Mitarbeiter zur Rechenschaft gezogen. „Er kennt doch die Vorschriften! Wieso in aller Welt hält er sich nicht daran?"

Ja, warum nicht? Nun, der Mitarbeiter wie im Übrigen die Vorgesetzten und das Unternehmen, sind Opfer des ETTO-Prinzips geworden. Sie haben sich daran gewöhnt, dass es meistens schneller geht, als wenn Reserven und Pufferzeiten eingeplant werden. Dadurch, dass auch die Konkurrenz so denkt und arbeitet, planen alle Unternehmen entsprechend effizient und haben ihre Kostenkalkulation darauf abgestellt.

Also aus meiner 5-jährigen Erfahrung bei der Technik kann ich teilweise Erschreckendes berichten. Ich habe als Azubi im 3. Lehrjahr 3 A330-300 mit einem anderen Azubi abgearbeitet. 3 x Daily, 2 Reifen und eine Bremse haben wir gewechselt. Am Ende hat ein Prüfer seinen Stempel auf die von uns ausgefüllte Dokumentation gesetzt und die Dinger sind geflogen, ohne dass der Prüfer den Flieger je zu Gesicht bekommen hat.

Anders war das uns auferlegte Arbeitspensum in den Nachtschichten nicht zu schaffen und der Druck von oben wurde immer höher. Bis um 04:00 mussten die Unterlagen nach Berlin gefaxt werden, das war nicht darstellbar. Das führte dazu, dass die Unterlagen vorher fertig gemacht wurden, bevor die Arbeit begonnen wurde!

Das ist zwar ein Extrembeispiel, aber die festgelegten Vorgehensweisen sind teilweise gar nicht einzuhalten, wenn der Flieger pünktlich wieder vom Hof gehen soll. Da halten Prüfer ihren Allerwertesten hin und vertrauen den Kollegen einfach, dass sie die Arbeit ordentlich und gewissenhaft durchgeführt haben. Dass das in die Hose gehen kann, ist eigentlich kein Wunder.

Wenn jede Nacht Arbeitspakete geplant werden, bei denen die eigentlich erforderliche Zeit 20 % über der zur Verfügung stehenden Zeit liegt, ist der Fehler im System selbst zu suchen.

QUELLE: ANONYM

Ich mache niemandem einen Vorwurf. Das ETTO-Prinzip soll einfach nur verdeutlichen, dass wir täglich Kompromisse eingehen. Egal in welcher Funktion wir uns befinden, welche Aufgaben wir zu erledigen haben, wir alle unterliegen dem Dilemma, dass wir täglich zwischen Effizienz und Sorgfalt abwägen müssen. Wenn Kosten reduziert und Produktivität verbessert werden, sollte das Ursache-Wirkungs-Prinzip nicht vergessen werden. Für alles gibt es eine Ursache. Eine nachteilige Wirkung könnte nämlich ein reduzierter Sicherheitsstandard sein. Aber die Ursache bei Vorfällen liegt dann nicht mehr bei den Mitarbeitern. Das ist bei nachfolgenden Untersuchungen unbedingt zu beachten.

So kann es schlimmstenfalls zu folgender Konstellation kommen: Vorschriften, die sich widersprechen, Regeln, die missverständlich sind, Vorgesetzte und Ausbilder, die ebenfalls unsicher sind. Hinzu kommt das tägliche Arbeiten unter Zeitdruck und Stress. Außerdem mangelnde Ressourcen, die schlussendlich (engl. „eventually“) dazu führen, dass nach dem ETTO-Prinzip abgewogen werden muss, ob alle Vorschriften eingehalten werden oder ob es wichtiger ist, die Arbeit schnell zu erledigen. Unter diesen Umständen ist es nicht verwunderlich, dass Regeln nicht immer konsequent eingehalten werden (können). Die Ursache, nämlich der **Fehler Eins**, ist in vielen Fällen hier zu suchen.

Practical Drift

Dieser Prozess findet nicht von einem auf den nächsten Tag statt. Es ist ein schleichender Prozess, der langsam anfängt und, je länger es dauert, immer weiter Fahrt aufnimmt. Diese stetig zunehmende Abweichung wird Practical Drift genannt.

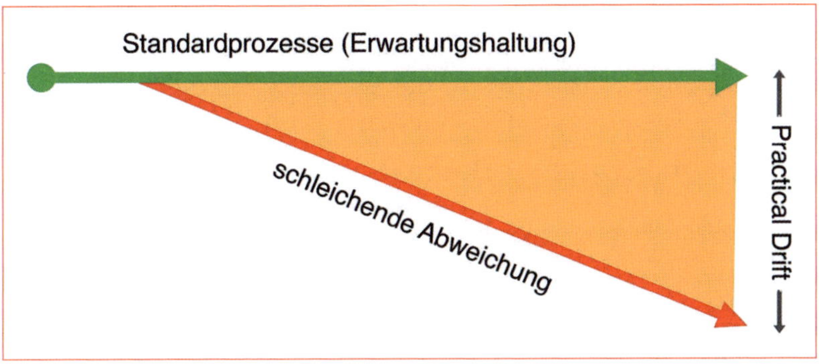

PRACTICAL DRIFT

Das Unternehmen, die Mitarbeiter und sogar die Kunden erleben, dass die Vorschriften durchaus auch mal etwas großzügiger ausgelegt werden können. Getreu dem Motto: „Klar, Vorschriften sind wichtig, aber können Sie heute nicht mal eine Ausnahme machen?“

Das bedeutet nichts anderes, als dass wir uns als Menschen daran gewöhnen, die Vorschriften zu dehnen.

Das Unternehmen, die Organisation und Einzelne weichen immer weiter von den Standards und somit von den Standardprozessen, den ursprünglich aufgestellten Regeln ab. Das ist ein schleichender Prozess und u.a. auf die Langzeitwirkung des ETTO-Prinzips zurückzuführen. Die Organisation hat sich im Laufe der Zeit daran gewöhnt, dass der Mechaniker den LKW auch schneller reparieren kann, dass die Küchenmonteure mindestens zwei Küchen pro Tag aufbauen können und dass 25 Minuten Bodenzeit für einen Flugzeugumlauf völlig ausreichend sind. Die Regeln werden flexibel, der Situation entsprechend angepasst. Solange nichts passiert, scheint ja alles gut zu sein. Und wenn man nicht erwischt wird, ist ja auch vermeintlich alles in Ordnung. Das wird so lange toleriert, bis es dann doch zu einem Vorfall oder Unfall kommt. Dass sich Fahrdienstleiter durch Fernsehen oder Handynutzung ablenken ließen, wurde jahrelang so hingenommen. Der Practical Drift im Unternehmen nahm immer weiter zu. Es könnte angenommen werden, dass immer mehr und immer häufiger private Handys im Dienst gezückt wurden. Wie wäre es sonst anders zu erklären, dass Triebwagenführer sogar während des Dienstes mal eben Twittermeldungen abgesetzt haben?

Es gibt selbstverständlich Möglichkeiten, um dieser Tendenz entgegenzuwirken. Mehr dazu lesen Sie im Kapitel 9 – Fehler bewerten.

Den Practical Drift finden wir aber nicht nur im Berufsleben, sondern auch im privaten Bereich. Wir lassen uns ebenfalls durch das ETTO-Prinzip beeinflussen und halten es mit einigen Regeln nicht ganz so genau. Am häufigsten ist das im Straßenverkehr zu beobachten.

Regeln im Straßenverkehr

Die meisten Autofahrer sind der Meinung, dass sie gut bis sehr gut fahren können.

Ein Busunternehmen aus Pennsylvania hatte dazu eine Umfrage unter seinen Fahrern durchgeführt. 76 % der Fahrer gaben an, dass sie überdurchschnittlich gut fahren könnten. Sie waren aber der Meinung, dass 90 % der übrigen Kollegen eher mittelmäßige bis schlechte Fahrer seien. Getreu dem Motto „Schlecht fahren können viele“.

Dazu möchte ich eine kurze Anekdote erzählen, die tatsächlich so passiert ist.

Meine Tochter hatte ihren Führerschein mit 17 1/2 gemacht. Sie hatte also ein halbes Jahr bis zu ihrem 18. Geburtstag, um dann allein fahren zu dürfen. Die sechs Monate heißen „Begleitetes Fahren“ und dienen dazu, etwas Fahrpraxis zu erlangen, um sicherer zu werden. Eine gute Idee, wie ich finde.

Jedenfalls wird dafür eine Begleitperson benötigt, die neben dem Fahranfänger sitzt. Ein routinierter Autofahrer mit gutem Leumund, ohne Punkte in Flensburg. Dieser Begleitfahrer war ich. Eines Morgens fuhren wir mit dem VW Polo im Berufsverkehr zur Schule. Der Weg führte durch Dörfer und über Landstraßen. Sie hatte in der Fahrschule gelernt, dass die runden Schilder am Straßenrand die MAXIMAL-Geschwindigkeit angaben.

FOTO: E. JANN

Man durfte langsamer, aber nicht schneller fahren. Und so fuhren wir auf der Landstraße, wo 70 km/h erlaubt waren, mit etwa 68 bis 69 km/h (soweit ich das vom Beifahrersitz aus sehen konnte). Auf der Strecke gab es mehrere Kreisel und nachfolgende Fahrzeuge konnten uns nicht überholen. Die Autokolonne wurde mit der Zeit immer länger. Als wir an den Kreisel heranfuhren, reagierte meine Tochter genauso, wie es ihr in der Fahrschule beigebracht wurde. An den Kreisel heranfahren, auskuppeln, einmal links und rechts gucken. Prüfen, ob kein Auto im Kreisel entgegenkommt. Dann den ersten Gang einlegen und vorsichtig die Kupplung kommen lassen, damit der Motor nicht abwürgt.

Sie hatte alles richtig gemacht! Aber können Sie sich vorstellen, wie sich die Autofahrer in der Kolonne hinter uns verhielten? Direkt hinter uns fuhr ein großer VW Touareg, der hektisch nach links und rechts ausscherte, um eine Möglichkeit zum Überholen zu finden. Kaum dass wir den Kreisverkehr verlassen hatten, überholte der Fahrer so schnell er konnte. Es hätte mich nicht gewundert, wenn er uns dabei noch den Vogel gezeigt hätte. Die anderen Fahrzeuge überholten ebenfalls, sobald sie die Möglichkeit dazu hatten. Vermutlich waren alle auf dem Weg zur Arbeit und bereits spät dran.

Sind Sie schon mal hinter einer Fahrschule hergefahren?

Wie hätten Sie sich dabei gefühlt? Würden Sie dabei denken: „Ah, super! Endlich mal jemand, der die Verkehrszeichen beachtet und die Regeln einhält!“? Stattdessen geht es mir und vermutlich vielen anderen ebenfalls so, dass ein

Fahrschulwagen erst einmal lästig wirkt. Wir können nicht so schnell weiterfahren, wie wir es vielleicht geplant hatten. Wir können nicht mal eben bei Gelb noch schnell über die Ampel huschen. Der Puls geht schneller, denn eigentlich wollte ich in acht Minuten bei meinem Termin sein. Erste Flüche werden ausgestoßen.

Was passiert hier gerade mit uns? Warum können wir nicht ganz gelassen bleiben und uns freuen, dass die Fahrschule sich vorbildlich an die Regeln hält? Wir sind in dem Moment selber Opfer des ETTO-Prinzips geworden: abwägen zwischen Zeitbedarf für die Strecke und sorgfältigem Einhalten der Regeln im Straßenverkehr. Hektisch wird es auf der Straße meistens dann, wenn wir einen Termin haben, den wir einhalten wollen. Wir kennen vielleicht sogar die Strecke in- und auswendig. Möglicherweise ist es unser Arbeitsweg. Wir planen diese Strecke so effizient, wie es uns möglich ist. Schließlich wollen wir ja nicht allzu viel Zeit vergeuden. Also fahren wir meist so los, dass wir mit einem kleinen Puffer oder wenigstens pünktlich ankommen. Eine kleine Störung, wie eine Baustelle, die Müllabfuhr morgens im Berufsverkehr auf einer Hauptverkehrsstraße oder eben die Fahrschule, kann unseren effizienten Plan zerstören. Wir schaffen es nicht mehr pünktlich und setzen uns selber damit unter Druck. Das ETTO-Prinzip sorgt dafür, dass wir mit einem bestimmten Zeitbedarf für die Fahrtstrecke planen, meist ohne wesentlichen Zeitpuffer. Fast immer geht es gut, aber die Strecke fahren wir so, wie wir es nun mal gewöhnt sind.

Bereits im 2. Kapitel haben wir über die Akzeptanz von Risiken gesprochen. Es ist ein großer Unterschied, ob wir selber die Kontrolle haben, oder ob wir nur als Beifahrer oder Fahrgast daneben sitzen. Wir schätzen unser eigenes Risiko anders ein, denn es ist ein selbstbestimmtes Risiko. Wir sind der Meinung, dass wir besser fahren können als viele andere Autofahrer. Das aber wiederum glauben die meisten Autofahrer von sich.

Reaktanz

Was fehlt, ist die allgemeine Akzeptanz der Geschwindigkeitsbeschränkung im Straßenverkehr. „Wenn ich zu langsam fahre, bin ich ja eine Gefahr für andere“, denken sich einige. Damit rechtfertigen sie ihre Fahrweise.

Es ist nicht einmal ungewöhnlich, wenn sich Menschen in ihrer freien Entscheidung eingeschränkt fühlen. Sie denken sich: „Heute kann ich die Wetterbedingungen und den Straßenverkehr gut einschätzen, schließlich bin ich ja ein erfahrener Autofahrer. Die Geschwindigkeitsbeschränkungen gelten für alle Situationen und Gelegenheiten. Heute stellt es aber kein Risiko dar, wenn ich etwas schneller fahre. Die 70 km/h auf der Landstraße sind ja auch eher als Richtgeschwindigkeit zu verstehen, oder?“ So verhalten sich zumindest viele Autofahrer. Ich will mich da selber gar nicht davon ausnehmen.

Was passiert in solchen Momenten mit unseren mentalen Prozessen?

Das selbstbestimmte Risiko beeinflusst unsere individuelle Risikowahrnehmung. „Die Regeln und Vorschriften kenne ich zwar, aber wenn ich sie etwas großzügiger auslege, passiert schon nichts." So mag sich mancher Fahrer denken bzw. das Unterbewusstsein übernimmt diesen Denkprozess. Der Autofahrer fühlt sich besser, wenn er selber einschätzen, beurteilen und entscheiden kann, wie schnell er durch die Kurve fährt. Die normalen Geschwindigkeitsbeschränkungen ergeben für ihn keinen Sinn. In der Psychologie nennt man dieses Phänomen Reaktanz.

Der Wunsch nach Selbstbestimmung ist sehr groß. Werden die Handlungsspielräume und Entscheidungsfreiheiten aber eingeschränkt, kommt es zum (latenten) Widerstand. „Ich weiß es besser! Diese Bürokraten wissen doch überhaupt nicht, wie gut mein Auto auf der Straße liegt und wie toll ich Auto fahren kann!" Auch diese Abwägung findet im Unterbewusstsein statt.

Ist die Reaktanz denn tatsächlich so abwegig? Ergeben wirklich alle Geschwindigkeitsbegrenzungen zu jeder Tages- und Nachtzeit Sinn? Ist der Sicherheitsgewinn exakt gleich, wenn die Geschwindigkeit in der Autobahnbaustelle auf 60 km/h beschränkt wird, egal ob tagsüber im Berufsverkehr oder nachts, wenn der Fahrer alleine auf der Straße unterwegs ist?

Wir als Menschen wollen die Regeln verstehen. Sie müssen nachvollziehbar und verständlich sein, damit wir nicht in die Falle der Reaktanz laufen. Daher werden dynamische Geschwindigkeitsbeschränkungen, die sich je nach Verkehrslage verändern, von den meisten Autofahrern viel eher akzeptiert. Es ist weitaus verständlicher, die Geschwindigkeit bei viel Verkehr zu reduzieren, als durch eine 30er-Zone vor einer Schule zu fahren, die schon vor Jahren geschlossen wurde. Regeln und Vorschriften, die sich kurzfristig ändern, ohne erklärt zu werden, rufen fast immer Gegenspruch und Widerstand hervor. Das gilt allerdings nicht, wenn die Regeln einfach wegfallen. Die gefühlte Freiheit wird nicht mehr eingeschränkt, daher gibt es hier kein Reaktanzverhalten.

Halten wir also fest: Generell fällt es uns offensichtlich schwer, einige Regeln im Straßenverkehr einzuhalten, bedingt durch Gruppenzwang, das ETTO-Prinzip und unsere unbewusste Reaktanz.

Dass wir als Menschen Regeln und Vorschriften regelmäßig überschreiten oder missachten, ist mittlerweile gesellschaftsfähig geworden. Nichts anderes bedeutet es nämlich, wenn im Radio aktuelle Positionen von Radarfallen gemeldet werden. Das Ganze passiert sogar mit richterlicher Zustimmung. Somit wird dem Autofahrer ermöglicht, seine Fahrweise entsprechend „anzupassen". Wo Radarfallen stehen, wird die Geschwindigkeitsbeschränkung eingehalten, wo keine mehr stehen, kann wieder so gefahren werden wie üblich. Findige Programmierer haben daraus sogar ein Geschäftsmodell entwickelt. Blitzer-Apps im Smartphone haben sehr akkurat dem Fahrer angezeigt, wo die nächste Radarfalle steht. Die Entwickler haben sich dafür bezahlen lassen, dem Autofahrer Regelüberschreitungen zu ermöglichen. Die Apps wurden viele Jahre geduldet, sind aber mittlerweile in den meisten europäischen Staaten verboten.

Den Ordnungsbehörden geht es gar nicht immer um erzieherische Maßnahmen der Autofahrer. Denn Städte und Kommunen verdienen mit unseren Regelverstößen Geld bzw. füllen ihre Kassen auf. Die Bußgelder sind sogar Bestandteil der jährlichen Budgetplanungen. Die Perversion ist, dass einige Ordnungsämter ihre Mitarbeiter rausschicken, sobald Gefahr besteht, das geplante Budget für Verwarnungsgelder nicht zu erreichen. In dem Moment geht es überhaupt nicht mehr um einen erzieherischen Effekt, sondern um Regelüberschreitungen als Einnahmequelle. Es müssen so lange Verkehrssünder gesucht werden, bis das Säckel aufgefüllt wurde. Regelüberschreitungen sind unter dem Aspekt der städtischen Finanzplanung vorgesehen und eingeplant.

Um es ganz klar und deutlich zu sagen. Ich propagiere weder, dass sinnlose Regeln immer und zu jeder Zeit vollständig befolgt werden, noch empfehle ich, dass Regeln dauernd ignoriert werden sollten. Es kann Situationen geben, in denen es durchaus Sinn macht, Regeln zu brechen und alte Konventionen hinter sich zu lassen. Anders wären Veränderungen und Innovationen auch kaum möglich. Die sollten aber, und das ist das Wichtige dabei, in geschütztem Rahmen stattfinden. In einem sicherheitskritischen Umfeld darf sowas nicht passieren. Sie möchten ja sicherlich auch kein Passagier eines Testfluges sein, bei dem diverse kritische Systeme erstmalig ausprobiert werden.

Die Beispiele in diesem Kapitel sollen helfen, dass wir ein Verständnis entwickeln, warum Menschen fehleranfällig sind und sich nicht immer an Regeln halten. Der Mensch ist nicht perfekt und wird es auch nie sein können. Es liegt an uns, diese menschlichen Fehler zu erkennen und zu verstehen. Warum ist es zu der Fehlhandlung gekommen? Warum haben sich die handelnden Personen nicht an die Vorschriften und Regeln gehalten? Liegt es eventuell daran, dass ihnen die Vorschriften nicht bekannt waren, dass sie falsch interpretiert wurden, dass es schneller gehen soll und die Sorgfalt darunter leidet? Welches waren die echten Gründe für das Unglück? Begann die Fehlerkette mit dem **Fehler Eins**?

Unwissenheit schützt vor Strafe nicht!

„Ignorantia legis non excusat", hieß es schon bei den alten Römern. Bereits vor 2000 Jahren wurden die Leute bestraft, selbst wenn sie gegen unbekannte Gesetze und Vorschriften verstoßen haben. Die Gesetze der 12 Tafeln auf dem Forum Romanum waren offensichtlich nicht jedem geläufig.

Der Grundsatz, dass Unwissenheit nicht vor Strafe schützt, gilt auch heute noch. Als Verkehrsteilnehmer sollen wir uns an die StVO halten, die Straßenverkehrsordnung. Wenn ich Ihnen nun aber sage, dass es verboten ist, im Gleichschritt eine Brücke zu überqueren, würden Sie mir glauben oder es als Spinnerei abtun? Eigentlich egal, denn Sie dürfen es trotzdem nicht. Das steht im §27 Abs. (6) der StVO: Auf Brücken darf nicht im Gleichschritt marschiert werden.

Allerdings kann ich Sie beruhigen, denn der Paragraf gilt für Verbände und nicht, wenn Sie mit Ihrem Partner händchenhaltend und im Gleichschritt spazieren. Ein Verband, also eine große Ansammlung von Menschen, die marschierend eine Brücke überqueren, können die Brücke in Schwingung bringen und die Stabilität beeinträchtigen. Daher ist es verboten. Allerdings möchte ich zu gern sehen, wie der Feldwebel seiner Truppe das Kommando gibt: „Im UNgleichschritt, Marsch!" Ich stelle mir bereits vor, wie eine Kompanie mit 100 Soldaten völlig unkoordiniert, in wilder Schrittfolge die Brücke überquert. Ich bin mir sicher, dass ein Video davon bei YouTube über eine Million Klicks bekommen würde.

Alle, die wissentlich oder unwissentlich gegen den §27 der StVO verstoßen, begehen eine Ordnungswidrigkeit und müssten mit einem Verfahren rechnen. Sie kennen jetzt die Vorschrift.

Diese Fragen schauen wir uns im nächsten Kapitel einmal näher an.

Zusammenfassung:

- Die am häufigsten gebrochene Regeln ist der gute Vorsatz fürs neue Jahr.
- Regeln und Vorschriften sind oft missverständlich oder widersprechen sich sogar.
- Keiner kann und wird jemals alle Vorschriften und Gesetze zu jedem Zeitpunkt in vollem Umfang ohne Ausnahme einhalten können.
- „Dienst nach Vorschrift" fordert die Geschäftsleitung nur nach einem großen Unglück.
- Jeden Tag wägen wir bei unseren Handlungen zwischen Effizienz und Sorgfalt ab, denn „gut Ding will Weile haben!" klappt nicht immer.
- Regeln und Vorschriften müssen nachvollziehbar und sinnvoll sein, ansonsten führen sie zu Reaktanz und werden nur widerwillig oder gar nicht eingehalten.
- Marschieren Sie nicht im Gleichschritt über eine Brücke!

3 Umgang mit Fehlern

Kapitel 8
Schuld und Buße

„Ein kluger Mann macht nicht alle Fehler selbst. Er gibt auch anderen eine Chance."

Winston Churchill

In diesem Kapitel erfahren Sie, warum die Schuldfrage nicht sinnvoll ist, wenn Sicherheit verbessert werden soll.

Sie werden erkennen, warum Unternehmen im Bereich Sicherheit kurzsichtig werden.

Sie werden erfahren, dass die Ursachen für Probleme gerne bei anderen gesehen werden.

Sie werden feststellen, dass Sie besser und sicherer werden, wenn Sie aus Betroffenen Beteiligte machen.

Fehler müssen bestraft werden!

Bei der Betrachtung von Fehlern konzentrieren sich viele Unternehmen auf den Verursacher. Ein Geschäftsführer sagte mir einmal während einer Diskussion: „Woanders werden Mitarbeiter entlassen, weil sie einen Stift geklaut haben, und wir sollen nichts dergleichen tun?" Das ist eine reflexartige Reaktion und auch verständlich, denn wir sind unser gesamtes Leben lang so konditioniert worden.

Schon von Kindesbeinen an sind wir gewohnt, dass Fehlverhalten sanktioniert wird. Viele Erziehungsmethoden nutzen eine Mischung aus Lob und Kritik, aus „Zuckerbrot und Peitsche". Wir haben im Laufe unseres Lebens gelernt, dass es nur so zu funktionieren scheint. Fehler werden bestraft. Vordergründig geht es um Verhaltensänderungen, die erzielt werden sollen.

Das Problem von Strafen ist, dass ihnen die Annahme zugrunde liegt, Fehler passierten bewusst, mit anderen Worten aufgrund von Nachlässigkeit oder sogar vorsätzlich.

Nur wenn wir mit Bestimmtheit sagen können, dass ein Verstoß vorlag, ist die Schuldfrage zu klären und eine Ermahnung oder schlimmstenfalls Bestrafung angebracht. Das gilt insbesondere, wenn es sich um einen Einzelfall handelt. Wenn stattdessen aber regelmäßig viele Mitarbeiter bewusst gegen Regeln verstoßen, hat das Unternehmen ein größeres, tieferliegendes Problem. Das kann in solchen Fällen nicht durch die Bestrafung eines einzelnen Mitarbeiters gelöst werden.

Es geht mir keineswegs darum, dass Strafen abgeschafft werden sollen. Juristische Ermittlungen und damit auch angemessene Bestrafungen können ein probates Mittel sein; denn keiner steht über dem Gesetz. Das greift bei absichtlichen, also vorsätzlichen „Fehlern". Dann werden sie aber als Verstöße (s. James Reason) bezeichnet. Jugendliche, die mit Absicht Graffiti sprühen, U-Bahn-Sitze zerstören, Fenster einschlagen, oder Betrüger, die Rentner mit dem Enkeltrick um ihre Ersparnisse bringen. Sie alle wissen, dass es verboten und illegal ist. Sie alle wissen, dass sie gegen Gesetze verstoßen. Keine dieser Handlungen sind versehentlich gemacht worden. Sie haben bewusst gehandelt und ihr Ziel erreicht. Und damit handelt es sich im klassischen Sinn gar nicht mehr um einen Handlungsfehler. Es war falsch und illegal und es war beabsichtigt.

Allerdings plädiere ich für einen zusätzlichen Weg. Einen Weg, der den menschlichen Fehler in den Mittelpunkt stellt und nicht die Strafe. Einen Weg, der die Umstände berücksichtigt. Einen Weg, der dabei hilft, den Ablauf besser zu verstehen, der zur unsicheren Handlung geführt hat. Ich appelliere, bei den Untersuchungen sehr genau zu schauen, ob dem Fehlverhalten eine Absicht zugrunde lag. Hat sich die Person tatsächlich wissentlich und willentlich so verhalten und war das eine Ausnahme oder passiert das regelmäßig?

Untersucher betrachten die Handlungen bei Vorfällen und Unfällen sehr nüchtern, abgeklärt und rational. Sie haben alle Zeit der Welt, können sich alle Aspekte in Ruhe anschauen und bewerten das Verhalten, als hätten die Handlungen aufgrund bewusster Überlegungen stattgefunden. Wir wissen mittlerweile, dass die Entscheidungen bei Weitem nicht so rational sind, wie man meinen könnte.

Nur wenn wir die Handlungen wirklich verstanden haben, werden wir verhindern können, dass die gleichen Fehler wieder passieren. Andernfalls werden sie immer wieder auftreten; denn der **Fehler Eins**, die eigentliche Ursache, ist nicht verschwunden.

Welche Fehler?

Nicht alle Fehler werden wissentlich, willentlich und bewusst gemacht. Daher sollten sie auch entsprechend unterschiedlich bewertet werden.

Wir erinnern uns an die Fehlerarten bzw. unsicheren Handlungen, die James Reason beschrieben hatte:

- Ausrutscher
- Versehen
- Fehlentscheidung
- Regelverstoß

Die klassischen Fehler passieren unbeabsichtigt: der Ausrutscher, das Versehen oder die Fehlentscheidung. Diese Fehler finden jeden Tag immer wieder statt. Gemeint sind die Fehler, die auf der untersten Ebene der Unfallpyramide stehen, die beobachtbaren Arbeitsfehler. Die Menschen gehen nicht zur Arbeit mit der Absicht, einen Patienten zu schädigen, einen Bahnunfall zu verursachen oder ein Atomkraftwerk in die Luft zu jagen. Üblicherweise versucht jeder, einen guten Job zu machen, von ganz wenigen Ausnahmen vielleicht einmal abgesehen. Dann ist es aber kein Fehler mehr, sondern pure Absicht und Vorsatz. Diese Person hat dann ihr Ziel erreicht und den Schaden willentlich herbeigeführt. Leider wird in den Unternehmen fast immer über vorsätzlich falsches Verhalten diskutiert.

Tatsächlich kenne ich keine internen Untersuchungen, bei denen die involvierten Mitarbeiter vorsätzlich gehandelt haben. Keiner, der jemals in einen Unfall verwickelt war, hatte es beabsichtigt. Er hatte das Ereignis nicht kommen sehen. Alle Beteiligten waren von den Auswirkungen überrascht bis überrumpelt. Den meisten Betroffenen sind die eigenen Arbeitsfehler so unangenehm, so peinlich, dass sie mit niemandem darüber reden möchten. „Gut, dass es keiner gesehen hat!“, denken sich viele anschließend. Man möchte es am liebsten schnell vergessen. Wenn es dennoch bekannt geworden ist, kommt reflexartig die Frage von der Geschäftsleitung:

Wer war das?

„Wer hat das gemacht? Den müssen wir zur Rechenschaft ziehen!“, hört man von den Vorgesetzten, „um ihn zu bestrafen und um ein Exempel zu statuieren.“ Die Vorgesetzten glauben, dass die Bestrafung eine abschreckende Wirkung auf andere hätte und deshalb der Fehler nicht wieder auftreten wird. Das erklärt auch eine übliche Reaktion nach kostspieligen Fehlern oder

Vorfällen: „Wir haben mit dem Mitarbeiter gesprochen und ihn nochmals auf die Einhaltung der korrekten Arbeitsweise hingewiesen!“, heißt es dann aus Unternehmen.

Wenn man Ihnen diese Antwort gibt, sollten Sie sofort hellhörig werden. Es zeigt, dass das Unternehmen nicht mal ansatzweise das Problem verstanden, geschweige denn behoben hat. Es macht deutlich, dass das Unternehmen der Meinung ist, das Problem läge ausschließlich auf der individuellen Ebene, bei der Einzelperson. Organisatorische oder systemische Faktoren spielten demnach keine Rolle.

Warum der Fehler überhaupt gemacht wurde, ist aller Wahrscheinlichkeit nach gar nicht untersucht worden. Sie erinnern sich an die latenten Fehler im System? Wenn eine Person den Fehler begangen hat, wird es vermutlich weiteren Personen ähnlich ergehen. Der Fehler wird wieder passieren. Wie aber will das Unternehmen verhindern, dass der Vorfall noch mal eintritt? Mit der Ermahnung eines Einzelnen ist es nicht getan. Der latente Fehler im System wird dadurch nicht behoben. Er wird nur kaschiert. Die Vorgesetzten nehmen an, dass sie damit das Problem gelöst hätten. Sie übersehen, dass der betroffene Mitarbeiter mit allergrößter Wahrscheinlichkeit den Fehler ohnehin kein zweites Mal mehr machen wird.

Das steht in den Büchern!

In Gesprächen mit Unternehmen höre ich oftmals: „Ja, aber es steht doch in unseren Büchern, dass er das nicht machen durfte!“ So begründen Unternehmen, dass es ein Verstoß gegen die Vorschriften gewesen sei und daher bestraft werden müsse. Wenn ich hinterfrage, wo der Passus in den Vorschriften steht und wie er formuliert ist, beginnt meist die Suche durch Berge von Vorschriften. Einmal habe ich erlebt, wie Vorgesetzte fast eine Stunde lang nach einem Paragrafen suchen mussten. Anschließend zeigten sie mir die Formulierung und meinten: „Sehen Sie, da steht es doch!“

Wenn selbst Führungskräfte lange nach einer Arbeitsanweisung suchen müssen, warum gehen wir dann davon aus, dass die Mitarbeiter genau diesen Passus im kritischen Moment kennen und auch noch richtig anwenden?

Im einem Fall ging es um einen Patienten, der am Wochenende das Krankenhaus verlassen wollte. Er hatte Schmerzmittel für zu Hause mitbekommen. Üblicherweise gab es ein reguläres Schmerzmittel, das allen Patienten verabreicht und mitgegeben wurde. In diesem einen Fall nahm der Patient allerdings Blutverdünner und durfte genau dieses übliche Medikament nicht nehmen. Es bestand Gefahr, dass die Magenschleimhaut aufbrechen könnte und der Patient innerlich verbluten würde. In solchen Sonderfällen mussten die Patienten spezielle Schmerzmittel erhalten. Dieser Sonderfall der Medikamentenverabreichung wurde in den Unterlagen der Klinik beschrieben. Allerdings war die Vorschrift nicht einfach zu finden. Es gab auch keine Einweisung der Mitarbeiter und die zuständige Pflegekraft war noch nicht lange dabei. Es überrascht mich nicht, dass sie von dieser Sonderregel noch nie gehört hatte.

Ein anderes Beispiel macht diese Problematik besonders deutlich. Was passieren kann, wenn eine wichtige Information übersehen wird, zeigt der nächste Vorfall.

Vorfall Air Canada in San Francisco

Am 7. Juli 2017 kam es auf einem Air Canada Flug zu einem dramatischen Ereignis in San Francisco. Es hätte eines der größten Tragödien in der Luftfahrt werden können.

Es war ein warmer Sommertag und über großen Teilen der USA wie auch Kanadas gab es schwere Gewitter, welche die Flugpläne der Airlines durcheinanderwirbelten. Die Crew hatte ursprünglich einen Bereitschaftstag und konnte zu Hause bleiben. Im Laufe des Vormittags meldete sich jedoch die Einsatzplanung und gab ihnen für den Abend einen Flugeinsatz, von Toronto nach San Francisco. Die geplante Flugzeit betrug etwa fünf Stunden.

Dienstbeginn für die Crew war abends um 19:40 Uhr Ortszeit. Sie hatten 75 Minuten. Zeit, um sich auf den Flug vorzubereiten. Sie überprüften den Flugplan und sämtliche Flugunterlagen. In den Unterlagen stand u.a., dass ab 23:00 Uhr die Landebahn 28L für Bauarbeiten gesperrt werden sollte. Geplant war, dass der Flug kurz vor 23:00 Uhr Ortszeit in San Francisco landen würde. Aufgrund der Wettersituation kam das Flugzeug bereits mit Verspätung in Toronto an. Der Abflug nach San Francisco verspätete sich deshalb um weitere 50 Minuten. Sie starteten um 21:58 Uhr. Noch immer standen etliche Gewitterzellen auf ihrer Flugroute nach Kalifornien, welche die Crew umfliegen musste. Nach gut vier Stunden Flugzeit, gegen 23:20 Uhr (Ortszeit in Kalifornien), begann die Crew mit dem Anflug. Für die Crew war es aufgrund der Zeitverschiebung von drei Stunden zwischen Toronto und San Francisco bereits weit nach Mitternacht, nämlich 02:20 Uhr. Die Crew wurde für den Anflug auf die Bahn 28R freigegeben, die rechte von zwei parallelen Landebahnen. Unmittelbar rechts daneben verläuft ein Rollweg für Flugzeuge, um zur Startbahn zu gelangen.

Der Rollweg war erleuchtet. Die Crew nahm aber nicht die vier dort wartenden Flugzeuge wahr. Sie planten die Landung auf der rechten Piste, ohne zu erkennen, dass sie in diesem Moment gerade den Rollweg ansteuerten. Sie fragten sogar noch den Lotsen, ob die Landebahn frei wäre, was er bestätigte. Also setzte die Crew den Anflug fort. Als sie die Schwelle der Rollbahn überflogen, erkannten sie ihren Fehler und starteten durch. Sie überflogen in einer Höhe von gerade mal 18 Metern die anderen Flugzeugen. Der Vorfall ereignete sich kurz vor Mitternacht. Für die Crew war es zu diesem Zeitpunkt bereits 03:00 Uhr nachts.

Ohne durchzustarten, wären sie mit drei vollbetankten Langstreckenflugzeugen und einem Mittelstreckenflugzeug zusammengestoßen. Man schätzt, dass in allen Flugzeugen zusammen rund 1000 Menschen saßen.

Dieser Vorfall macht das Dilemma vom Arbeitsgedächtnis, Müdigkeit, mentalem Modell und umfangreichen sowie komplizierten Dokumentationen besonders deutlich. Wie sich die Fehlerkette entwickelt, ist ebenfalls sehr gut zu erkennen.

Analyse

Fangen wir ganz vorne an, nämlich in der Nacht zuvor. Der Kapitän hatte am Tag vor dem Vorfall einen Flugeinsatz, der erst kurz vor Mitternacht endete. Bevor er zu Hause ankam und einschlafen konnte, war es fast 03:00 Uhr. Nach nur viereinhalb Stunden Schlaf wachte er auf. Als er um 19:40 Uhr zum Dienst antrat, war er bereits 12 Stunden auf den Beinen. Der Vorfall passierte sieben Stunden später, womit er auf insgesamt 19 Stunden kam, seit er aufgestanden war. Der Co-Pilot hatte sich nachmittags einmal kurz hingelegt, um den Nachtflug zu überstehen, wie er später sagte. Die Untersuchungskommission ist davon überzeugt, dass Müdigkeit ein wichtiger beitragender Faktor bei diesem Vorfall war. Die innere Uhr beider Piloten lag eigentlich in einer Phase, in der sie üblicherweise tief und fest schliefen.

Verspätung und eine schwierige Wettersituation während des Fluges hatten zur weiteren Belastung der Crew geführt. Beide Piloten berichteten, dass sie sich beim Anflug müde fühlten.

Die letzte Wetterinformation ATIS (Automatic Terminal Information Service) vom Flughafen San Francisco enthielt, etwas versteckt in der Mitte, den Hinweis auf die gesperrte Landebahn. Die Crew hatte diese Information übersehen.

Diese ATIS erstreckte sich insgesamt über 14 Zeilen.

07/08/2017 06:21:11
QU DDLXCXA
ATSACCXA 080621
DAI
AN C-FKCK
-/ATXACXA.TI2/KSFO ARR ATIS Q
0556Z SFO ATIS INFO Q 0556Z. 31012KT 105SM CLR 17/09 A2993 (TWO NINER NINER THREE) QUIET BRIGE VA IN USE. LNDG RWYS 28R. DEPG RWYS 1L NOTAMS…RWYS 28L, 10R CLSD RWYS 1R, 19L CLSD. TWY J CLSD, TWY S1 CLSD, TWY F CLSD BETWEEN TWY L, RWY 1L, TWY F1 CLSD BTWN TWY L, RWY 1L. RY 28L ALS OTS, RY 28L/10R CL LGTS OTS MULTIPLE CRANES UP TO 275 FEET, WEST ANS SOUTH OF SFO AIRPORT. ASSC IN USE AC TVT TRNSPNDR WITH MODE C ON ALL TYS AND RWYS. READBACK OF ALL RWY HOLDING INSTRUCTIONS IS REQUIRED. ALL ACFT ARE RQRED TO INCL ACFT CLSGN IN ALL RDBKS AND<ACKMTS. …ADVS YOU HAVE INFO Q.281B

Sie erinnern sich an Wahrnehmungsfehler, den Tagesschau-Effekt? Zu viele Informationen müssen in kurzer Zeit verarbeitet werden. Die Untersuchungskommission beschreibt dieses Phänomen als „seriellen Positionseffekt“. Menschen tendieren dazu, sich Anfang und Ende eines Textes besser als den mittleren Teil merken zu können. Das ist vergleichbar mit dem bereits bekannten Primacy- und Recency-Effekt.

Ein wichtiger Aspekt darf auch nicht vergessen werden. Die Crew hatte nie geplant, auf der Bahn 28L zu landen. Die Sperrung hatte für sie daher keine Bewandtnis. Insofern war die Information aus Sicht der Piloten eher „nice to know“ aber für ihre Planung nicht relevant.

MENTALES MODELL:

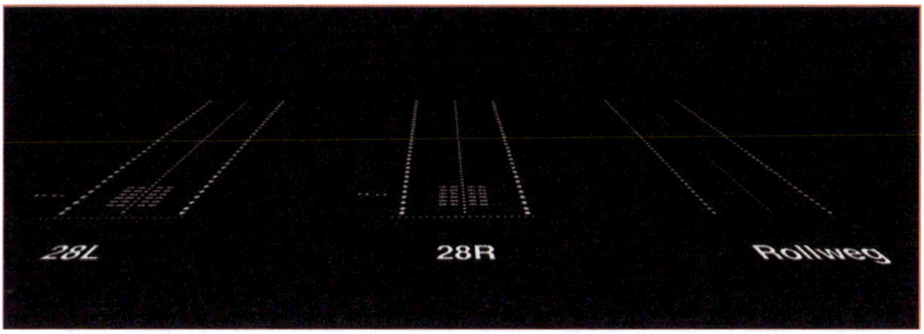

Die wesentliche Ursache für diesen Vorfall war, die Rollbahn mit der Landebahn zu verwechseln. Die schlechten Sichtverhältnisse während der Dunkelheit spielten ebenso eine Rolle, wie die Erwartung der Crew, zwei Landebahnen zu sehen. Zumindest war das ihr mentales Modell. Dass die Lichter der gesperrten Bahn aus waren, hatten sie nicht erwartet. Zu sehen waren nur die rechte Bahn und der Rollweg.

WIRKLICHKEIT:

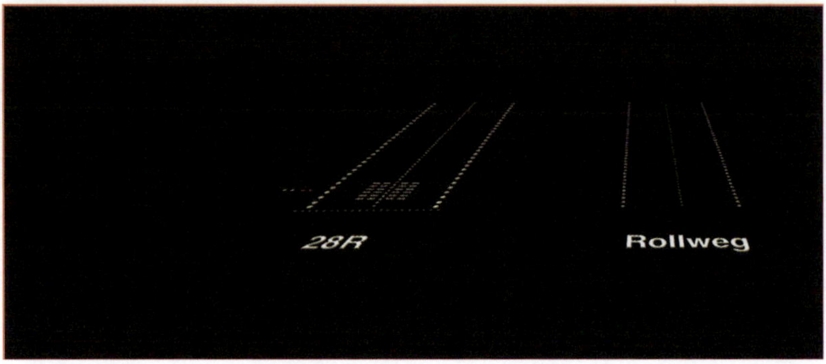

Es war keine bewusste Entscheidung, den Rollweg anzufliegen, sondern ein Wahrnehmungsfehler. Wie wir ja bereits wissen, werden unsere Wahrnehmung und unser Denken durch unsere Erwartungshaltung gefiltert. „Ich sehe, was ich erwarte zu sehen."

Eigentlich hätte die Crew aber wissen müssen, dass die linke Bahn gesperrt sein würde. Wie ist das möglich, wenn sogar die Unterlagen zur Flugvorbereitung eindeutig belegen, dass die Bahn geschlossen wird?

Damit kommen wir zum Kern dieses Vorfalls, zum Beginn der Fehlerkette, zum **Fehler Eins**.

Die Flugunterlagen zur Vorbereitung eines Fluges enthalten immer Flugplan, Wettervorhersagen, Wetterkarten, Beladeberechnung und wichtige navigatorische Hinweise bzw. Änderungen. Diese Hinweise nennen sich Notice to Airmen, abgekürzt NOTAMs. Sie enthalten alle Informationen über Besonderheiten am Abflughafen, Ausweichflughäfen, den Zielflughafen und Sonderinformationen für unterwegs. Für einen Langstreckenflug können diese NOTAMs schon mal atemberaubende 120 Seiten umfassen. Auf jeder Seite stehen durchschnittlich 10 bis 15 Informationen. Piloten haben die Pflicht, so steht es in den Luftfahrtgesetzen und unternehmensinternen Vorschriften, die NOTAMS zu lesen, zu berücksichtigen und sich zu merken. 120 Seiten entsprechen einem Kurzroman. Eine Crew hat während ihrer Flugvorbereitung im Schnitt 15 Minuten Zeit, alles zu lesen.

Die besagte Air Canada Besatzung hatte vor ihrem Flug etwas weniger, nämlich „nur" 20 Seiten NOTAMs zu lesen. Bei 15 Informationen pro Seite kamen sie auf rund 300 Informationen, die sie prüfen und gegebenenfalls in Betracht ziehen mussten. Eine dieser 300 Informationen enthielt folgende Nachricht:

SFO 08.Jul.2017 0600z-08.Jul.2017 1500z DA7026/17 SFO 07/026 SFO RWY 10R/28L CLSD 1707080600-1707081500

Eine Ansammlung von Kürzeln, Abkürzungen und Zusammenfassungen, die dafür sorgen sollen, dass komplexe Informationen verkürzt und komprimiert dargestellt werden. Eigentlich wäre diese Information für die Crew noch nicht einmal relevant gewesen, da geplant war, vor Schließung der Landebahn in San Francisco zu landen. Ich vermute, dass sie deshalb diese Angaben überlesen oder als nicht wichtig erachtet hatten. Ähnlich dem Fahrdienstleiter aus Bad Aibling hatten sie möglicherweise diese Information damit abgehakt und als erledigt betrachtet.

Glücklicherweise hat die Untersuchungskommission die Crew nicht einfach der Pflichtverletzung beschuldigt und ihnen vorgeworfen, dass sie Informationen nicht berücksichtigt hätten. Sie suchten weiter nach den Ursachen.

Zu welchem Ergebnis kamen sie? Im Untersuchungsbericht kamen sie zu dem Schluss, dass die Information zur Landebahnsperrung nicht effektiv genug dargestellt wurde, um ihrer Bedeutung gerecht zu werden. Ein Untersucher meinte dazu: „Die Crew muss sich buchstäblich durch Dutzende irrelevante Einträge wühlen, um die kritischen oder wichtigen zu finden. Wenn ein Eintrag übersehen wird und ein Vorfall auftritt, wird der Pilot beschuldigt, die Nadel im Heuhaufen nicht gefunden zu haben!"

Weltweit gibt es insgesamt über 35.000 solcher teils veralteten NOTAMs. Alle Piloten müssen die relevanten Informationen für ihre Flüge lesen, auswerten und berücksichtigen. Der Vorsitzende der amerikanischen Untersuchungsbehörde NTSB Robert Sumwald regte sich furchtbar über die Menge und Darstellung der NOTAMS auf. Er sagte: „Sie sind ein Haufen Müll, auf den niemand achtet!" „Ein technisches Kauderwelsch, das nur noch ein Programmierer verstehen kann", fügte er hinzu.

Die internationale Luftfahrtbehörde ICAO hat das Problem mittlerweile erkannt. Es wurde eine Arbeitsgruppe ins Leben gerufen, um diesen latenten Fehler im System zu beheben. Leider benötigt es noch Zeit, bis es umgesetzt und als Fehlerquelle reduziert werden kann.

Die Crew hatte einen Fehler gemacht. Dieser lag aber am Ende der Fehlerkette. Die Fehlerkette begann mit der hohen Anzahl und schlechten Darstellung der Informationen. Sie sehen, wie wichtig und klug es ist, die Untersuchung der Fehlerkette vollständig durchzuführen. So konnte der **Fehler Eins** gefunden und sinnvolle Maßnahmen konnten beschlossen werden.

Zum Thema Schuld und Buße übrigens: Air Canada hat beide Piloten sofort nach dem Vorfall suspendiert. Vielleicht hätte es gereicht, wenn man ihnen gesagt hätte, sie sollten beim nächsten Mal besser hinschauen, oder?

Das nächste Mal besser hinschauen!

Wenn Mitarbeiter zum Beispiel eine von 300 Informationen übersehen oder eine Krankenschwester das falsche Medikament verabreicht, lautet der Verbesserungsvorschlag häufig: „Sie sollten das nächste Mal besser hinschauen!" Jedes Mal, wenn ich diesen Satz höre, muss ich schmunzeln. Denn es würde ja im Umkehrschluss bedeuten, dass der Mitarbeiter nicht hingeschaut hätte. Es impliziert, dass sich beispielsweise eine Krankenschwester die Augen zuhält und einfach aus der Schublade irgendein Medikament greift. „Besser hinschauen" würde bedeuten, dass vorher schlecht oder gar nicht hingeschaut wurde. Ist diese Schlussfolgerung überhaupt zulässig? Funktioniert unser Gehirn so?

Anhand der Beispiele von Wahrnehmungsfehlern (s. Kapitel 3) sollte mittlerweile deutlich geworden sein, dass wir nicht bewusst und absichtlich falsch hören oder falsch sehen, etwas übersehen oder sofort wieder vergessen. Wenn ich aber unwissentlich etwas falsch wahrnehme, wenn ich nicht sehe, dass ich das falsche Medikament gegriffen habe, wie soll es dann funktionieren, „beim nächsten Mal besser hinzuschauen"?

Nehmen wir ein anderes Beispiel dafür. Es gibt einige Bücher, das sind regelrechte „Page-turner". Romane, die sich so leicht lesen lassen, dass wir die Buchseiten fast automatisch weiterblättern. Sie sind einfach zu lesen und machen Spaß. Warum gilt das aber nicht für alle Bücher? Kennen Sie Bücher, bei denen es wesentlich schwerer fällt, den Text zu lesen? Sie lesen ein paar Zeilen und müssen noch mal weiter oben anfangen, weil der Text irgendwie nicht so richtig in den Kopf wollte. Ja, woran hat es denn gelegen? Das sind doch nur ein paar Buchstaben, die aneinandergereiht ein Wort, einen Satz und einen Text ergeben. Demzufolge kann es ja nur an Ihnen als Leser liegen, dass Sie sich so schwertun. Schauen Sie das nächste Mal genauer hin und lesen Sie jeden Text mit der gleichen Aufmerksamkeit. Hm, irgendwie funktioniert das doch nicht so einfach. Es liegt also weniger am Leser als vielmehr an dem Buch, an der Art und Weise, wie es geschrieben wurde. Natürlich liegt es auch daran, ob es Ihr Interesse weckt. Harry Potter liest sich nun mal einfacher als zum Beispiel komplexe philosophische Abhandlungen.

Hier ein Auszug aus dem Buch „Kritik der reinen Vernunft“ von Immanuel Kant.

> *„Ist dieses nun nicht geschehen, und kann es auch, gegen der Untauglichkeit des gemeinen Menschenverstandes zu so subtiler Spekulation, niemals erwartet werden; hat vielmehr, was das erstere betrifft, die jedem Menschen bemerkliche Anlage seiner Natur, durch das Zeitliche (als zu den Anlagen seiner ganzen Bestimmung unzulänglich) nie zufrieden gestellt werden zu können, …“*

Der Satz ist hier noch nicht zu Ende, sondern erstreckt sich noch über weitere 15 Zeilen. Ich habe weder den Satz noch den Inhalt verstanden. Liegt es jetzt wirklich nur an mir? Vermutlich nicht. Wenn wir also wollen, dass Vorschriften verstanden werden und Mitarbeiter ihre Aufgaben sicher durchführen, dann sollten wir uns daran orientieren, wie Menschen Informationen verarbeiten. Wir können nicht erwarten, dass jeder Mitarbeiter komplexe, anspruchsvolle Anweisungen versteht, sich merken kann und anschließend auch noch richtig umsetzt.

In diesem Zusammenhang: Wie funktioniert unser Arbeitsgedächtnis und wie ist unsere kognitive Leistungsfähigkeit? Wie schnell vergessen wir etwas, wenn wir den Raum verlassen haben? Kennen Sie das Phänomen? Sie gehen in den Keller, weil Sie etwas holen wollten. Sie stehen auf den Treppenstufen, sind noch nicht einmal unten angekommen und fragen sich plötzlich: „Was wollte ich noch mal holen?“ Unser Arbeitsgedächtnis ist unglaublich kurzlebig. Schon nach wenigen Augenblicken können wir die Information nicht mehr aufrufen. Wir sind kurz abgelenkt worden und unsere Gedanken sind sofort woanders. Das Arbeitsgedächtnis ist nicht leer, es hat nur andere, neue Informationen die es in dem Moment verarbeitet.

Das bedeutet, dass die Medikamentenverwechslung nicht ein für alle Mal dadurch verhindert werden kann, wenn wir eine einzelne Pflegekraft ermahnen. Damit haben wir im Endeffekt überhaupt nichts erreicht. Die Wirkung wird nahezu null sein. Mit anderen Worten, der Verbesserungsvorschlag „Das nächste Mal besser hinschauen!“ bringt nichts. Sparen Sie sich den Satz und prüfen Sie, ob es einen Wahrnehmungsfehler gab oder durch Ablenkung das Arbeitsgedächtnis beeinträchtigt wurde. Erst wenn wir verstehen, wie die Umstände waren, die zur Verwechslung geführt haben, werden wir richtige und sinnvolle Verbesserungsmaßnahmen finden können.

Wie Sie schon im ersten Kapitel gelesen haben, hatte die Schwester im Krankenhaus zur richtigen Medikamentenverpackung gegriffen, die allerdings einen falsche Blister enthielt. Die Ermahnung, besser hinzuschauen, hätte für die Klinik fatale Wirkung gehabt. Woher weiß man, dass es nur eine einzige Verpackung war, die den falschen Blister enthielt? Vielleicht gab es noch mehr als 100 dieser Verpackungen, entweder weil sie in der Apotheke falsch sortiert wurden oder sogar vom Hersteller falsch abgepackt worden sind. Es kann also durchaus sein, dass das Risiko unverändert vorhanden ist. Das Problem wäre nicht behoben worden. Eine tiefergehende Analyse und Bewertung ist notwendig, um die Ursache der Fehlerkette, den Ablauf und – Sie erraten es bereits – den **Fehler Eins** zu finden.

Erschwerend kommt hinzu, dass Führungskräfte im Unternehmen häufig selbst die Anweisungen geschrieben haben. Sie sind oft davon überzeugt, dass der Fehler also nicht an den Vorschriften oder dem Training liegen kann, sondern ausschließlich die einzelne Person verantwortlich sein muss. Sie sehen nicht, dass die ach so tolle Vorschrift oder Regel vielleicht sogar mit dazu beigetragen hat, dass der Fehler überhaupt erst passierte und zu dem Vorfall geführt hat. Anstatt zu fragen „Was könnte das Unternehmen besser machen?“ oder „Was hätte ich besser machen können?“, wird häufig auf den Einzelnen verwiesen. „Der da war's!“

Der da war's!

Leider erleben wir täglich, dass auf die Frage nach dem Verantwortlichen gerne auf andere gezeigt wird. Dabei geht es ja nicht einmal um die Schuldfrage, sondern um die Bitte nach Unterstützung für die Aufklärung des Falles. Seit Kindesbeinen kennen wir dieses Phänomen, egal ob im Kindergarten oder in der Schule. Wenn zwei Kinder zusammen spielen und etwas kaputt gegangen ist, dann will es keiner gewesen sein. Jeder zeigt auf den anderen. In der Psychologie nennt man dieses Phänomen „externale Attribution“ (oder auch externe Attribution): Die anderen trifft die Schuld! Das passiert zwischen Kollegen und interessanterweise auch bei Vorgesetzten. Die anderen, in diesem Fall Mitarbeiter, hatten Schuld!

„Heute werden wir entscheiden, wer schuld ist!"

BILD: ISTOCK BY GETTY IMAGES

Das gilt auch für externe Umstände. Es war zu spät, zu dunkel, zu kalt, zu kompliziert. Bei der externalen Attribution wird die Ursache außerhalb gesucht. Bei der internen Attribution wiederum wird die Ursache für einen Fehler in der Person selber gesucht. „Er ist zu langsam, zu blöd, völlig desinteressiert und überhaupt ist er faul!" Am häufigsten sucht man das Problem nicht bei sich, sondern bei anderen.

Sie kennen bestimmt folgende Beispiele für externale Attribution:

- Der Schüler sieht das Problem seiner schlechten Noten beim Lehrer.
- Der Urlauber sieht die Ursache seiner Verständigungsprobleme bei den Einheimischen.
- Der Vorgesetzte sieht das Problem bei seinen Mitarbeitern: „Die denken nicht mit!"
- Die Mitarbeiter sehen das Problem bei ihrem Vorgesetzten: „Der weiß gar nicht, was wir hier tun!"

Die Verantwortung immer bei anderen zu suchen verhindert unglücklicherweise, dass man sich objektiv mit den eigentlichen Ursachen auseinandersetzt. Im Unternehmen sollte die Analyse immer systemisch durchgeführt werden. Welche Probleme und Schwachstellen gibt es im System? Wo befinden sich die Löcher in den Käsescheiben? Das ist der Blick nach innen, der Blick ins Unternehmen und in die Organisation. Wie kann das System sicherer gemacht werden? Denn wir können in der Regel davon ausgehen, dass ein Fehler auch ein zweites Mal passieren wird, solange die Ursache im System nicht behoben wird.

Sie erinnern sich an den Satz von James Reason aus dem ersten Kapitel:

> *„Das System definiert die Sicherheit!"*

Wir tun gut daran, die Fehlersuche internal zu attribuieren, also bei uns selber im Unternehmen zu suchen, anstatt es als einzelnen Fehler einer einzelnen Person zu betrachten. Erst wenn wir in der Organisation oder dem Unternehmen den systemischen Fehler behoben haben, werden Fehlerketten unterbrochen und Vorfälle verhindert.

DFB Nationalmannschaft bei der Weltmeisterschaft in Brasilien

Kurz nach der Weltmeisterschaft in Brasilien hatte ich das Vergnügen, den Sportpsychologen vom DFB, Herrn Dr. Hermann kennenzulernen. Er berichtete von der Herausforderung, aus der Nationalmannschaft eine echte Mannschaft, ein Team zu formen. Die meisten Fußballspieler sind bei unterschiedlichen Vereinen unter Vertrag und kämpfen während der Spielsaison gegeneinander. Erschwerend kommt hinzu, dass eine Weltmeisterschaft eine besondere Herausforderung für Spieler bedeutet. Hunderte Kameras verfolgen jedes Spiel, jeden Spieler und jeden Spielzug. Millionen Menschen weltweit schauen bei den Weltmeisterschaften zu. Es treffen die besten Spieler der Welt aufeinander und jeder Einzelne versucht, sich im allerbesten Licht zu präsentieren. Es geht um viel, vielleicht sogar um die Vertragsverlängerung im Verein oder einen neuen Vertragsabschluss mit besseren Konditionen. Der Druck, der auf den Spielern lastet, ist gewaltig. Fehler sind nicht nur persönlich ärgerlich und können die eigene Karriere ruinieren, sie können schlimmstenfalls das Ausscheiden des Teams von der Meisterschaft bedeuten.

Jeder einzelne Spielzug wird beobachtet und kommentiert. So natürlich auch jeder Fehlpass, Abwehrfehler oder sonstige Schwächen. In

Zeitlupe werden diese Fehler anschließend schamlos analysiert. Wäre es da nicht naheliegend und menschlich nachvollziehbar, dass Spieler, die sonst als Konkurrenten auf dem Platz stehen, schnell zur externen Attribution neigen? „Du Jogi, der Fehlpass, das war ich nicht, das war der Philipp." Glücklicherweise war das bei dem Team in Brasilien nicht der Fall. Es war eine phänomenale Leistung, welche die Sportpsychologen vor und während der Weltmeisterschaft in Brasilien geschafft haben. Das Team hat gemeinsam gekämpft und jeder hat sich für den anderen eingesetzt. Auch bei Fehlern gab es keine Schuldzuweisungen, keine externale Attribution. Zu keinem Zeitpunkt hatte man den Eindruck, dass es sich um eine Gruppe Einzelkämpfer handelte, sondern dass dort eine Mannschaft gemeinsam um die Meisterschaft kämpfte. Daher war der WM-Sieg aus meiner Sicht auch mehr als gerechtfertigt.

Leider hat dieser Teamzusammenhalt bei der nächsten WM in Russland nicht mehr gut funktioniert. Ich vermute, dass das mit ein Grund für das frühe Ausscheiden war.

Mit der richtigen Einstellung hatte es die Nationalmannschaft in Brasilien geschafft Weltmeister zu werden. Wie Sie es schaffen können, in Ihrer Organisation externale Attribution zu vermeiden und die richtige Einstellung zum Umgang mit Fehlern zu etablieren, erfahren Sie in Kapitel 10 – Fehlerkultur.

Wenn alle das machen

Wenn alle das machen, muss es ja richtig sein, glauben viele. Und der implizite Druck, schneller zu arbeiten, ohne zum Beispiel jedes Mal eine Checkliste zu verwenden, funktioniert ja (meist) auch ganz gut. Der Vorgesetzte erwartet, dass die Arbeit in kürzerer Zeit erledigt werden kann, und plant es für die Zukunft bereits mit ein. Schon sind wir bei dem bekannten ETTO-Prinzip. Sie erinnern sich: efficiency, thoroughness, trade-off. „Schnell schnell, beeil dich!" In den allermeisten Fällen geht es gut. Die Vorgesetzten sind ganz stolz, dass sie es mal wieder geschafft haben, die Produktivität zu steigern. Ab sofort wird mit dem neuen Zeitbedarf kalkuliert. Es wird vermutlich lange Zeit gut gehen. Dann aber, nach vielleicht 50, 100 Tagen oder nach 1 Jahr geht etwas schief. Der Fokus lag schon lange nicht mehr auf der Gründlichkeit (thoroughness), sondern auf der Effizienz. Sofort kommt dann der Vorwurf: „Ja, warum haben Sie sich denn nicht an die vorgeschriebenen Verfahren gehalten?" Die vermeintliche Ursache, so heißt es dann, war (mal wieder) die Missachtung von Vorschriften und Regeln. Der Mitarbeiter wird bestraft, denn er kannte möglicherweise sogar die Vorschriften. Vielleicht versucht der Mitarbeiter, sich noch zu wehren, und sagt: „Ja, aber das machen doch alle so!“ Dieser Einwand wird aber geflissentlich überhört und der Vorgesetzte denkt sich nur: „Das steht doch hier gar nicht zur Debatte. Der Mitarbeiter hat den Vorfall verursacht und ist daher dafür verantwortlich. Er muss sich seiner Verantwortung stellen und entsprechende Konsequenzen tragen.“

Was passiert hier gerade? Der Fokus liegt wieder einzig und allein auf dem Mitarbeiter, der am Ende der Fehlerkette vielleicht den Unfall verursacht hat. Aber ist es in jedem Fall gerechtfertigt, ihn dafür zu bestrafen?

Wir erinnern uns an das ETTO-Prinzip und dem Practical Drift. Der Fokus des Unternehmens liegt auf Effizienzsteigerung und Produktivitätsverbesserung. Schleichend geht die Sorgfalt verloren. Die Flüchtigkeitsfehler nehmen zu, aber sie befinden sich alle noch auf der untersten Ebene der Unfallpyramide. Diese kleinen Fehler führen lange Zeit zu keinen größeren Auswirkungen. Das Unternehmen und seine Mitarbeiter gewöhnen sich an diese Arbeitsweise als neuen Standard. Dann entwickelt sich eines Tages die Fehlerkette und es kommt doch zu einem Vorfall. Die Aufregung ist groß. Im Unternehmen fragt man sich: „Wie konnte das passieren? Wer war das? Warum hat er sich nicht an die Vorschriften gehalten?“ Eine Bestrafung des Mitarbeiters hätte dann fatale Konsequenzen.

Das wahre Problem, dass beispielsweise vorher Ressourcen reduziert und Zeit gekürzt wurde, steht gar nicht mehr zur Debatte. Es wird nur das Ende der Fehlerkette betrachtet. Der latente Fehler im System wird nicht identifiziert und schon gar nicht behoben. Damit bleibt das Risiko unverändert vorhanden, sodass ein ähnlicher Fall wieder passieren kann.

Des Weiteren führt eine Bestrafung dazu, dass Mitarbeiter noch mehr Angst haben, Probleme und Fehler offen anzusprechen. Einige verheimlichen die wahren Hintergründe oder sogar Beweggründe für ihre Handlungen. Aus Sorge vor Strafe, Anfeindungen oder anderen negativen Konsequenzen. Was aber wäre, wenn diese Auswirkungen ausblieben? Wenn wir sicherstellen könnten, dass der Befragte keine Konsequenzen befürchten muss? Dann wird die Befragung mehr zu einer Beichte und das Unternehmen erhält die allerwichtigsten Informationen, um Hintergründe zu verstehen und Fehlerketten richtig bewerten zu können. (S. Vertrauensperson im Kapitel 10 – Fehlerkultur.)

Das Unternehmen wird zusehends blind für sicherheitsrelevante Risiken. Man könnte es als „Safety Myopia“, Sicherheits-Kurzsichtigkeit, bezeichnen.

Das Unternehmen sieht die Probleme nicht mehr, die sich in der Organisation entwickeln.

Safety Myopia

Der Begriff ist abgeleitet von den Wirtschaftswissenschaften. Der deutsch-amerikanische Wirtschaftswissenschaftler Theodore Levitt hatte bereits 1960 im Harvard Business Review einen Aufsatz veröffentlicht mit dem Titel „Marketing Myopia". Er beobachtete, dass sich die Unternehmen stärker an kurzfristigem Wachstum und Produktivitätsgewinnen orientierten, statt die Kundenwünsche wirklich zu verstehen und sich anzupassen. Längerfristige Entwicklungen werden übersehen und die Unternehmen verlieren Marktanteile oder verschwinden vollständig.

Das Gleiche passiert im Bezug auf Sicherheit. Nach Vorfällen reagiert das Unternehmen mit kurzfristigen – und oftmals kurzsichtigen – Maßnahmen. Eine tief greifende Analyse und Bewertung der menschlichen Faktoren, die zu dem Fehler geführt haben, findet nicht statt. Damit ist der Boden für den nächsten Vorfall bereitet. Dummerweise, und das macht die Sache schwieriger, kann der gleiche Fehler gänzlich unterschiedliche Auswirkungen haben. Die Vorfälle mögen dem Anschein nach völlig anders gelagert sein. Erst bei einer tief greifenden Untersuchung und der Suche nach dem **Fehler Eins** können Parallelen und Ähnlichkeiten entdeckt werden.

Auch umgekehrt werden die falschen Schlüsse gezogen. Denn frei von Vorfällen bedeutet nicht fehlerfrei. Ein Unternehmen, das die Effizienz bis zum Limit gesteigert hat, wird wahrscheinlich relativ lange ohne nennenswerte Vorfälle auskommen. Wenn beispielsweise die Schulung der Mitarbeiter auf ein Minimum reduziert oder sogar komplett gestrichen wird, machen die Mitarbeiter am ersten Tag noch nicht mehr Fehler. Qualifikation und Fähigkeiten werden erst im Laufe der Zeit abnehmen. Die Auswirkungen bekommt das Unternehmen viel später zu spüren. Vielleicht geht es noch Monate oder bestenfalls Jahre gut. Dann aber ist das Training in Vergessenheit geraten. Keiner erinnert sich mehr daran. Möglicherweise hat dann bereits der Geschäftsführer gewechselt und der Nachfolger wird vermutlich nicht als erste Maßnahme die Kosten für das Training erhöhen und gleichzeitig die Effizienz reduzieren. Wahrscheinlich ist ihm nicht einmal bewusst, dass die früheren Sparmaßnahmen Ursache für die aktuellen Probleme des Unternehmens sind. Das Unternehmen ist kurzsichtig für Sicherheitsbelange geworden, sie unterliegen der Safety Myopia.

Verstehen Sie mich bitte nicht falsch. Ich empfehle weder, dass Unternehmen sämtliche produktivitätssteigernden Maßnahmen unterlassen, noch dass sie

Effizienzverbesserungen ignorieren. Allerdings darf dabei nicht vergessen werden, dass auch in diesem Fall das Prinzip Ursache und Wirkung greift. Leider wird in den häufigsten Fällen die wirkliche Ursache, nämlich der **Fehler Eins**, nicht erkannt.

Nach einem Vorfall wird der Status quo kaum noch infrage gestellt. Warum auch? Schließlich hat man ja einen Schuldigen gefunden. Das Problem scheint gelöst. Ist es aber nicht. Es wurde nur maskiert und ignoriert. Daher empfehle ich dringend, den betroffenen Mitarbeiter nicht zu bestrafen, sondern stattdessen, sofern möglich, sein Wissen, seine Erlebnisse und seine Erfahrungen zu nutzen, um überhaupt in der Lage zu sein, den Vorfall richtig zu verstehen. Machen Sie aus dem Betroffenen einen Beteiligten, einen Verbündeten. Das ist die beste Möglichkeit, um die Fehlerkette ausführlich zu analysieren und den Fehler richtig bewerten zu können. (S. nächstes Kapitel 9 – „Fehler bewerten".)

Können Strafen Fehler verhindern?

Können Fehler wirklich verhindert werden, indem hohe Strafen angedroht werden? Schafft es ein Fahranfänger, bei der Führerscheinprüfung fehlerfrei zu fahren, wenn vorher Strafen angedroht werden? Oder ein neuer Mitarbeiter im Unternehmen? Kann er am zweiten, dritten Tag bereits fehlerfrei alle Arbeiten durchführen? Wir müssen nur massiv drohen, dann klappt das schon, oder etwa nicht?

Sie merken, dass es so natürlich nicht funktionieren kann. Bei komplexen und insbesondere selten durchgeführten Aufgaben werden fast immer Fehler passieren. Daher hilft auch keine drakonische Strafandrohung, Fehler zu verhindern.

Die klassischen Fehler passieren ungewollt und unbeabsichtigt. Eine Bestrafung wird daran auch nichts ändern. Es geht in diesem Buch nicht um Schuldfragen oder Bestrafung. Es geht darum, wie wir als Menschen aus Fehlern lernen und Unternehmen besser werden können. Es geht darum, die richtigen Schlussfolgerungen zu ziehen und weitere Unfälle oder Katastrophen durch Fehlentwicklungen und Fehlentscheidungen zu verhindern.

Zusammenfassend können wir also festhalten, dass weder drakonische Strafen noch hohe Gehälter oder eine Belohnung davor schützen, dass Menschen Fehler machen. Das war schon vor 2000 Jahren bei den alten Römern so und wird sich auch in Zukunft nicht ändern. Was sollten wir daher tun, um für die Zukunft besser zu werden? Abschließend eine kurze Anekdote von Charles Lindbergh:

Charles Lindberghs Umgang mit Fehlern

In den Anfangsjahren der Fliegerei musste Flugbenzin gereinigt und gefiltert werden, bevor das Flugzeug damit betankt werden durfte. Verunreinigtes Flugbenzin konnte nämlich die Leitungen verstopfen und zum Ausfall des Motors führen. Es war die Aufgabe der Flugzeugmechaniker, das Benzin zu reinigen und das Flugzeug zu betanken.

Eines morgens wollte Charles Lindbergh einen Rundflug mit seinem Doppeldecker machen. Der zuständige Mechaniker vergaß aber unglücklicherweise die wichtige Benzinreinigung vor dem Tanken. Kurz nach dem Start kam es unweigerlich zum Ausfall des Motors und Lindbergh musste notlanden. Das Flugzeug war beschädigt, Lindberg konnte aber unverletzt aussteigen. Der Mechaniker war am Boden zerstört. Ihm war sofort klar, dass er für den Absturz verantwortlich war. Er konnte sich nicht erklären, warum ihm so ein schwerer Fehler unterlaufen war. Als Lindbergh am Flughafen eintraf, war der Mechaniker bereits im Begriff, seine Sachen zu packen. Er war fest davon überzeugt, dass man ihm jetzt kündigen würde.

Was aber tat Lindbergh? Genau das Gegenteil! Er sagte ihm: „Ich möchte, dass Sie in Zukunft alle meine Flugzeuge betanken! Außerdem möchte ich, dass Sie auch alle weiteren Mechaniker unterweisen, wie die Benzinreinigung und Betankung richtig vorzunehmen ist! Ich weiß, dass Ihnen dieser Fehler nie wieder passieren wird."

Zusammenfassung:

- Der Verbesserungsvorschlag „Das nächste Mal besser hinschauen!" hilft nicht.
- Sie haben festgestellt, dass externale Attribution alltäglich ist und ein Problem bei der gemeinsamen Bewältigung von Problemen darstellt.
- Einzelne Personen und Mitarbeiter zu bestrafen kaschiert das ursächliche Problem. Der **Fehler Eins** wird nicht erkannt und der latente Fehler im Unternehmen bleibt weiterhin bestehen.
- Sie haben gelernt, was Safety Myopia ist und dass Unternehmen dadurch im Bereich Sicherheit kurzsichtig werden.
- Machen Sie aus der betroffenen Person einen Beteiligten und helfen dadurch, Ihr Unternehmen, Ihre Organisation sicherer zu machen.

Kapitel 9
Fehler bewerten

„Irren ist menschlich, aber auf Irrtümern zu bestehen ist teuflisch."

Seneca – ca. 62 n. Chr

In diesem Kapitel geht es darum, den **Fehler Eins** zu bewerten.

Sie werden lernen, wie Sie mithilfe des Käsescheibenmodells die Fehlerkette analysieren können.

Sie werden feststellen, dass der „Practical Drift" eine wichtige Rolle bei der Bewertung spielt.

Sie werden erfahren, warum unsere Einstellungen gefährlich sein können und wie man dem begegnen kann.

Bewertung von Vorfällen

Am 26. Januar 2020 ereignete sich ein tragischer Unfall in Calabasas, Kalifornien, etwas nördlich von Los Angeles. Der 50 Jahre alte und erfahrene Helikopterpilot Ara Zobayan hatte am Sonntagmorgen besondere Passagiere an Bord: den berühmten Basketballspieler Kobe Bryant mit seiner 13-jährigen Tochter Gianna und ihren Freunden. Sie waren auf dem Weg zu Giannas Basketballturnier. Gianna wollte in die Fußstapfen ihres Vaters treten. Das Wetter an diesem Januarmorgen war durchwachsen. Vom Pazifik wehte warme feuchte Luft in die Täler rund um Los Angeles und führte zu starkem Seenebel. Die Sicht betrug etwa vier Kilometer, die Wolkenuntergrenze lag gerade mal bei 300 Meter. Es war zwar rechtlich legal, bei diesen Wetterbedingungen einen Helikopterflug durchzuführen, aber die Möglichkeiten, nach Sicht zu fliegen, waren erheblich eingeschränkt, wenn nicht gar unmöglich.

Um 09:06 Uhr hob der Helikopter mit seinen Gästen vom John Wayne Airport ab. Ziel war der Flughafen von Camarillo, 126 km weiter nördlich. Kobe Bryant kannte den Piloten schon länger. Er vertraute ihm, denn er galt als erfahren und gewissenhaft. Sie waren vorher schon häufig zusammen geflogen. Bryant und Zobayan verstanden sich gut.

Kurz nach dem Start steuerte Zobayan den Helikopter Richtung Norden. Er beschleunigte auf 150 Knoten, ca. 280 km/h und überflog die Innenstadt von Los Angeles. Viel konnten die Passagiere durch den Nebel aber nicht sehen. Der Pilot nahm Kurs Richtung Glendale und Burbank. Die geplante Flugroute führte durch die Kontrollzonen der Flughäfen von Hollywood-Burbank und Van Nuys. An beiden Flughäfen gab es an dem Morgen einigen Flugverkehr. Die Fluglotsen waren an beiden Flughäfen damit beschäftigt, die An- und Abflüge zu kontrollieren. Auf der Höhe des Griffith Park, wo das berühmte Hollywood-Zeichen steht, musste der Helikopter zwölf Minuten lang warten und Kreise drehen. Der Pilot benötigte eine Freigabe, um den Flug Richtung Norden fortsetzen zu können. Die Flughöhe betrug zu diesem Zeitpunkt etwa 150 Meter über dem Boden. Der Fluglotse fragte Zobayan noch, ob er in der niedrigen Höhe bis zu seinem Zielort Camarillo weiterfliegen wolle. Er bestätigte, dass er das beabsichtigte. Sie hatten durch die Warteschleifen wertvolle Zeit verloren und Zobayan beschleunigte seinen Helikopter wieder auf 280 km/h. In Richtung Norden steigen die Berge deutlich an, von anfangs 130 Meter Höhe auf über 400 Meter. Aufgrund der niedrigen Wolken war Zobayan gezwungen, sehr niedrig zu fliegen, um die Sicht zum Boden nicht zu verlieren. Um 09:44 Uhr flogen sie mit hoher Geschwindigkeit zwischen den Tälern hindurch. Das umliegende Gebirge trägt den fatalen Namen „Hidden Hills", übersetzt „verstecktes Gebirge". Kurz nach dem Einflug schien Zobayan die Orientierung verloren zu haben. Verzweifelt meldete er dem Fluglotsen, dass er nun steigen müsse „um … über die Wolken zu kommen". Der Helikopter stieg kurz danach steil in die Höhe. Er machte noch eine letzte Linkskurve, ehe er mit 5500 Fuß pro Minute Sinkrate, quasi wie ein Stein, aus dem Himmel fiel. Um 09:45 Uhr zerschellte der Sikorsky S-76 in den Bergen von Calabasas, nur 36 Kilometer vor seinem Ziel. Alle neun Personen an Bord waren sofort tot.

Die Nachricht vom Helikopterabsturz und Tod von Kobe Bryant ging wie ein Lauffeuer um die Welt. Überall trauerten Basketballfans um ihr Idol. Die amerikanische Flugunfalluntersuchungsbehörde NTSB begann sofort mit ihren Ermittlungen. Die Untersuchungen dauerten ein knappes Jahr und liefern uns heute eine Grundlage, um zu verstehen, wie der Unfall passieren konnte. Es bietet uns vor allem aber die Möglichkeit, nachzuvollziehen, wie professionelle Ermittler vorgehen, wenn sie Fehler und ihre Ursachen bewerten.

Aspekte einer Untersuchung

Es gibt drei Aspekte, die bei einem Vorfall betrachtet werden:

1. **Beschreibung des Vorfalls**

   Die erste Stufe der Untersuchung beleuchtet die Abläufe des Vorfalls oder Unfalls. Dazu gehören der allgemeine Hergang, die involvierten Personen und die zeitliche Reihenfolge, z.B.: „Ein Helikopterflug mit Ziel Camarillo stürzte in Calabasas ab."

2. **Hintergründe und Umstände**

   Hier wird untersucht, wie die Umstände waren, als es zum Unfall kam. Beispielsweise: Gebirge, schlechte Sicht, Abfluggewicht, Sprit an Bord.

3. **Welches waren die Ursachen?**

   Dies ist die wichtigste Stufe. Hier wird nach Ursachen und Faktoren gesucht, die Teil einer Fehlerkette waren. Mehr dazu weiter unten.

Kausalketten

Grundsätzlich wird bei einer Analyse der Ursachen nach Zusammenhängen und Kausalketten gesucht. Dabei unterscheidet man zwischen

- **linearen Kausalketten** und
- **kumulative (Multifaktoren) Kausalketten**

Eine lineare Kausalkette bedeutet, dass es ein einfaches Ursache-Wirkungs-Prinzip gibt.

Ereignis A führt zu B führt zu C.

Es gibt eine Hauptursache als Auslöser für eine Fehlerkette, die ultimativ zum Unfall führt. Wenn die Hauptursache und damit der **Fehler Eins** behoben wurde, kann der Unfall verhindert werden.

Sollte es jedoch eine kumulative Kausalkette geben, wobei darunter mehrere unterschiedliche Faktoren und ggf. auch unterschiedliche Kausalketten zu verstehen sind, dann wird es sehr komplex. Es bedeutet im Endeffekt, dass mehrere Faktoren den Unfall herbeigeführt haben und nicht ein einzelner.

Ereignis A führt zu B. Ereignis C führt zu D. Ereignis B und D führen zu E.

Um sicherzustellen, dass der Unfall kein zweites Mal auftritt, müssten demzufolge alle unterschiedlichen Faktoren identifiziert und eliminiert werden. Ein Unterfangen, das zugegebenermaßen extrem aufwendig sein kann.

Die Prinzipien beider Kausalketten, linear oder kumulativ, sind aber gleich. Es wird immer nach Ursachen und Auslösern gesucht, welche die jeweiligen Fehlerketten in Gang gesetzt haben. Denn unterschiedliche Fehlerketten beginnen auch aus einem Grund. Nur sind die Gründe dafür verschieden.

Es gibt eine Vielzahl von Modellen, um solche Fehlerketten analysieren zu können. Dazu gehören u.a.:

- **Barrier Analysis**
- **Bow Tie Modell**
- **Events and Causal Factors Charting and Analysis**
- **Fault Tree Analysis**
- **Fishbone Modell**
- **HFACS Modell**
- **London Protokoll**
- **Root Cause Analysis (RCA)**

Jedes Modell hat seine Berechtigung, setzt aber unterschiedliche Schwerpunkte. Die meisten sind in der akademischen Welt entwickelt worden. Sie sind entsprechend umfassend, damit jeder Aspekt einer Analyse vollständig erfasst werden kann. Die Komplexität hat wiederum den Nachteil, dass viele dieser Modelle nicht alltagstauglich sind. Einfach und pragmatisch bleibt der Ansatz, das Käsescheiben-Modell von James Reason auch für Analysen zu verwenden. Damit erzielen Sie sehr gute Ergebnisse, ohne studierter Unfallanalytiker sein zu müssen.

Wie das funktioniert, wird nachfolgend erläutert.

Analysieren mit Käsescheiben

Im Kapitel 1 – Verkettung von Fehlern, haben wir das Käsescheiben-Modell bereits kennengelernt. Jetzt schauen wir uns aus dem Blickwinkel eines Untersuchers die einzelnen Ebenen genauer an.

Nach James Reason ist der Unfall das Resultat einer Verkettung von Fehlern. Im ungünstigsten Moment reihen sich die Fehler aneinander wie ein Lichtstrahl, die letztlich zum Unfall führen. Schon rein intuitiv spüren wir bei dem Helikopterabsturz von Kobe Bryant, dass eine Reihe unterschiedlicher Faktoren eine Rolle gespielt haben müssen.

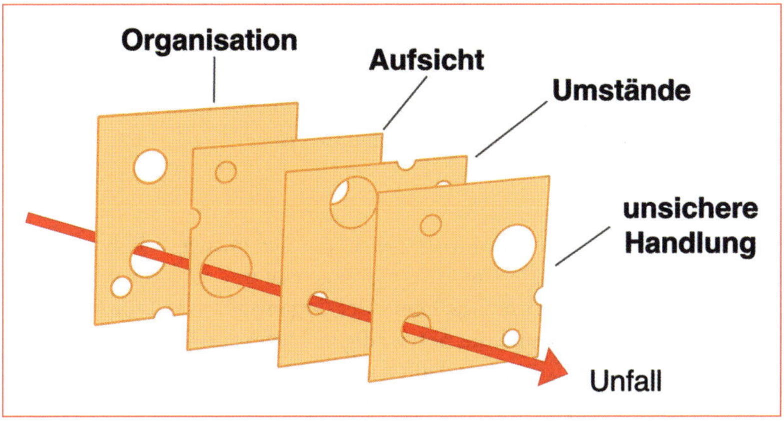

Unsichere Handlung

Die letzte Käsescheibe ist die Ebene des aktiven Fehlers, die Ebene, auf der die unsichere Handlung ausgeführt wird. Dabei handelt es sich häufig um Fehlentscheidung, Wahrnehmungsfehler oder Handhabungsfehler. Natürlich können auch absichtliche Regelverstöße vorkommen, bei denen wissentlich und willentlich Vorschriften missachtet werden.

Umstände

Die unsichere Handlung wird fast immer durch vorhandene Umstände beeinflusst. James Reason nennt diese Ebene die „Precursor for Unsafe Acts", übersetzt „Vorboten für unsichere Handlungen". Hier finden wir die ersten latenten Fehler. Wir fragen uns also: Was hat den Fehler beeinflusst, der zu der unsicheren Handlung geführt hat? Waren es:

- Äußere Einflüsse (Umwelt, Wetter, technische Ausrüstung etc.)
- Innere Einflüsse (Müdigkeit, Stress, Druck, gesundheitliche Beeinträchtigungen, Einstellungen etc.)
- Zwischenmenschliche Einflüsse (Kommunikation, Zusammenarbeit, Missverständnisse etc.)

Aufsicht

Diese Umstände können wiederum begünstigt worden sein durch Mitarbeiter der mittleren Führungsebene, durch einen direkten Vorgesetzten der handelnden Person, die Aufsichtsebene. Haben Vorgesetzte falsch geplant, z.B. zu wenig Zeit für eine Wartung eingeplant? Haben sie zu wenig Zeit für Training eingeplant? Haben sie wichtige Informationen nicht weitergegeben? Oder haben sie eventuell bekannte Probleme, bekannte latente Fehler, nicht behoben? Wenn beispielsweise Vorgesetzte mangelhafte Ausrüstung anschaffen und nicht genug Zeit einplanen, damit sich die Mitarbeiter damit vertraut machen können, führt es fast unweigerlich zu ungünstigen Umständen und in letzter Konsequenz irgendwann zu einer unsicheren Handlung. Es handelt sich dann um einen latenten Fehler, der vermutlich nicht sofort zu einem Vorfall führt, aber dauerhaft vorhanden ist.

Organisation

Womöglich haben aber selbst Vorgesetzte auf der mittleren Führungsebene im Unternehmen kaum eine Alternative gehabt und mussten so handeln. Dann lohnt sich der Blick auf die Ebene der Organisation. Hat die Organisation vielleicht nicht einmal die notwendigen Mittel zur Verfügung gestellt, um die richtige Ausrüstung anschaffen zu können? Wie sind die Arbeitsmoral und das Arbeitsklima in der Organisation? Sind überhaupt die richtigen Prozesse für einen sicheren Ablauf vorhanden? Auf dieser Ebene schafft man Bedingungen und Voraussetzungen, um auf den nachfolgenden Ebenen sicher zu handeln, im ungünstigen Fall schafft es Voraussetzungen für weitere Fehler. Es lohnt sich hier fast immer, auf organisatorischer Ebene nach dem **Fehler Eins** zu suchen. Jetzt ergibt die Aussage „Das System definiert die Sicherheit“ noch mehr Sinn.

NTSB Untersuchung Unfall Kobe Bryant

Im Folgenden können wir anhand des Abschlussberichts nachvollziehen, wie systematisch die Untersuchungsbehörde vorgegangen ist. Bei einer professionellen Untersuchung werden mehrere Ebenen analysiert.

Die erste Ebene lautet: Was ist passiert? Die Ermittlungen zeigten, dass der Helikopter technisch ohne Beanstandungen war und die Unfallursache auf menschliche Faktoren zurückzuführen sei. Die Radardaten ergaben, dass der Helikopter in den letzten Sekunden mit der extremen Linkskurve in eine instabile Lage kam und deswegen abstürzte. Die Untersucher gehen davon aus, dass der Pilot in den Wolken die Orientierung verlor. Im Jargon nennt sich das „Spatial Disorientation“, räumliche Desorientierung. Es ist ein bekanntes Phänomen bei Piloten, die üblicherweise nach Sicht fliegen, in den Wolken die Orientierung zu verlieren. Sie haben keinen natürlichen Horizont oder andere Anhaltspunkte, um zu erkennen, ob das Flugzeug noch waagerecht fliegt oder sich in einer Kurve befindet. Jedes Jahr passieren solche Unfälle, üblicherweise bei wenig praxiserprobten Privatpiloten.

Die Untersucher sind überzeugt, dass ein Wahrnehmungsfehler, diese „Spatial Disorientation", Ursache für das Unglück war. Das ist die unsichere Handlung, der Unsafe Act, oder der aktive Fehler des Piloten, der zum Unfall führte, somit die letzte Käsescheibe im James Reason Modell.

Um das Risiko einer räumlichen Desorientierung zu vermeiden, gibt es Regeln und Vorschriften in der Luftfahrt. Sie galten auch für diesen Flug. Der Flug war als Sichtflug geplant und freigegeben worden. Der Pilot war angehalten, nur nach Sicht zu fliegen und den Boden im Blick zu behalten. Der Einflug in Wolken, so wie es nachher passierte, war nicht zulässig.

Damit war offensichtlich, dass Zobayan gegen eine Vorschrift verstoßen hatte. Es war dem Piloten nicht gestattet, unter Sichtflugregeln in schlechtes Wetter einzufliegen. Die Untersuchungskommission stellte sich aber berechtigterweise die Frage, warum ein erfahrener und vermeintlich sicherer Pilot wie Zobayan so einen Fehler beging. Die Kommission hat sich zum Glück nicht mit der schnellen Antwort „Missachtung von Vorschriften" zufriedengegeben, sondern suchte weiter nach möglichen Beweggründen für diese Fehlentscheidung.

Damit befinden wir uns bereits auf der nächsten Ebene, die Ebene der Umstände, die zur unsicheren Handlung führten. Es ist ein klassisch latenter Fehler, dass diese Sichtflugregel nicht immer von allen Piloten konsequent eingehalten wird. Meistens geht es aber irgendwie noch gut und die Piloten können doch noch sicher den Flug beenden. Sie gewöhnen sich an den etwas lässigeren Umgang mit dieser Regel. Das bedeutet, dass dieser Fehler, diese Nachlässigkeit latent vorhanden sind.

Diesen Aspekt haben die Ermittler genauer beleuchtet. Sie interviewten Freunde, Kollegen, ehemalige Kunden und sogar seine Lebensgefährtin, um herauszufinden, ob Zobayan generell Vorschriften eher großzügig auslegte, oder sich an Regeln hielt. Alle bestätigten, dass Zobayan sehr gewissenhaft war. Er bereitete sich gründlich auf seine Flugeinsätze vor und war speziell bei schlechten Wetterbedingungen in der Vergangenheit immer kritisch. Die Ermittler erfuhren auch, dass er in ähnlichen Situationen bereits Flüge deswegen abgesagt hatte. So konnte die Untersuchungskommission zumindest ausschließen, dass ein generell laxer Umgang mit Vorschriften seine Entscheidung beeinflusst hatte.

Die Ermittler prüften alle möglichen Aspekte, die sein Verhalten hätten beeinflussen können. Sie befragten die Partnerin, ob er an dem Morgen ausgeschlafen war, und prüften sogar seine Handydaten auf mögliche Nutzung in der Nacht. Nichts deutete darauf hin, dass er unruhig geschlafen und sich eventuell übermüdet ins Cockpit gesetzt hätte. Sie prüften seinen

Lebenswandel, möglichen Alkohol- oder Drogenmissbrauch, sie prüften, ob er finanzielle Probleme hatte, die ihn belastet hätten. Alle Aspekte konnten verneint werden. Es gab keine privaten Faktoren, die Zobayan an dem tragischen Sonntagmorgen beeinflussten.

Es gab aber einen weiteren Punkt, der aus Sicht der Ermittler vermutlich eine Rolle gespielt hatte. Zobayan und Bryant kannten sich gut und vertrauten einander. Für Kobe Bryant war es äußerst wichtig, dass seine Tochter rechtzeitig zu ihrem wichtigen Basketballturnier kam. Das wird auch Zobayan gewusst haben. Die Ermittler vermuten, dass der Pilot sich selber verpflichtet sah, seinen berühmten Fluggast ans versprochene Ziel zu bringen. Der stellvertretende Ermittler des NTSB Bruce Landsberg meinte dazu: „Dieser Pilot wollte wirklich unbedingt dahin."

Damit wurde ein zweiter Faktor als Fehlerelement identifiziert, der die Entscheidung des Piloten beeinflusste und zur unsicheren Handlung führte. Selbstinduzierter Druck führte dazu, dass der Pilot die Vorschrift ignorierte, bei marginalem Wetter in Wolken einflog und die Orientierung verlor. Damit haben wir die beitragenden Faktoren der zweiten Käsescheibe, der Umstände identifiziert.

Als Nächstes nahmen sich die NTSB-Ermittler die Ebene der Aufsicht vor. Das Luftfahrtunternehmen, bei dem Ara Zobayan angestellt war, hieß Island Express Helikopters Inc. Es wurde untersucht, ob die Piloten regelmäßig geschult wurden, ob die Fluggesellschaft in der Vergangenheit Flüge aufgrund von Wetter abgesagt hatte oder ob Druck auf Piloten ausgeübt wurde, Einsätze durchzuführen.

Die Firma hatte im Jahr vor dem Unfall 150 Flüge aufgrund von Wetterbedingungen abgesagt. Alleine in den zwei Tagen vor dem Unglück wurden von Island Express 13 Flüge wegen des Wetters abgesagt. Die Piloten erhielten alle gesetzlich vorgeschriebenen Ausbildungen, Trainings und Schulungen. Das NTSB konnte zumindest auf der Ebene der Aufsicht, der direkten Vorgesetzten, keine wesentlichen latenten Fehler entdecken.

Als letzte Käsescheibe hinterfragte das NTSB die organisatorischen Rahmenbedingungen. Besonderes Augenmerk legten die Untersucher auf die Fehler- und Sicherheitskultur in dem Unternehmen. Dazu prüften sie das Sicherheitsmanagement und das dazugehörige Fehlermeldesystem. Es gibt keine Vorschrift für Fluggesellschaften dieser Größenordnung, die ein solches System verbindlich vorschreibt. Dennoch hatte Island Express freiwillig ein Sicherheitsmanagement eingeführt. Auch wenn die Untersucher diese Tatsache lobten, hatten sie dennoch einige Fehler entdeckt und Sicherheitsempfehlungen ausgesprochen. Insbesondere bemängelten sie die Risikobewertungen als wenig effektiv.

Mangelhafte Prozesse und Verfahren waren die letzten latenten Fehler auf der letzten Käsescheibe im Unternehmen. Sofern die Untersuchung auf das Unternehmen beschränkt bleibt, ist hier der **Fehler Eins** zu suchen.

Das NTSB hat aber den Auftrag, die Sicherheit für alle in der Luftfahrt zu verbessern. Daher suchten sie noch eine Ebene weiter oben, bei den regulatorischen Rahmenbedingungen. Auch dort wurden die Ermittler fündig. Die häufigsten Ursachen für Helikopterabstürze sind entweder zu wenig Sprit im Tank oder die Piloten fliegen unter schlechten Wetterbedingungen weiter! Der Präsident des Internationalen Helikopterverbandes empfahl bereits 2013 in einer sehr emotionalen Ansprache: „Lande den verdammten Helikopter!" Für das NTSB war an dieser Stelle der **Fehler Eins**. Sie stellten fest, dass die meisten Helikopterpiloten nicht ausreichend geschult waren, um unter schlechten Wetterbedingungen die richtige Entscheidung zu treffen und einen Flug abzubrechen. Entsprechendes Training war nicht vorgeschrieben. Auch Appelle hatten in der Vergangenheit nichts gebracht. Daher empfahlen die Ermittler zusätzliches Simulatortraining für Helikopterpiloten, damit sie lernen, unter schwierigen Bedingungen die richtige Entscheidung zu treffen.

Dieses Beispiel zeigt sehr anschaulich, wie wertvoll eine systematische Herangehensweise bei der Untersuchung von Vorfällen ist. Das Käsescheibenmodell dient dabei als Hilfestellung, um eine Fehlerkette genauer zu analysieren und den **Fehler Eins** besser zu erkennen.

Mir persönlich ist wichtig, dass wir uns von der Vorstellung lösen, eine einzelne Person sei verantwortlich, muss bestraft werden, dann sei das Problem gelöst. Suchen Sie stattdessen lieber in den weiteren Ebenen nach latenten Fehlern, die unsichere Handlungen beeinflusst haben könnten. Und wundern Sie sich anschließend nicht, wenn Sie fündig werden!

Entstehung vs. Auswirkung

Mittlerweile haben wir gelernt, wie wichtig es ist, den **Fehler Eins** zu erkennen und Maßnahmen zu treffen, um die Fehlerkette zu verhindern. Grundsätzlich stehen uns zwei Möglichkeiten dafür zur Verfügung:

1) Die Entstehung des **Fehler Eins** verhindern.
2) Die Auswirkungen des **Fehler Eins** minimieren.

Das sind zwei grundsätzlich unterschiedliche Ansätze und Möglichkeiten, wie mit dem **Fehler Eins** umzugehen ist. Um die richtigen Maßnahmen zu ergreifen, muss vorher eine sauber strukturierte Analyse und Bewertung durchgeführt werden.

Es ist notwendig, zwischen diesen beiden zu unterscheiden, damit die Bewertung sinnvolle Ergebnisse liefert. Fangen wir mit der zweiten Möglichkeit an, die Auswirkungen eines Ereignisses zu minimieren. Eine Naturkatastrophe, wie beispielsweise ein Hurrikan oder Erdbeben, lässt sich schwerlich verhindern. Daher konzentrieren sich Krisenmanager darauf, vorab rechtzeitig Maßnahmen zu treffen, um die Auswirkungen zu minimieren. Dazu gehören beispielsweise Bauvorschriften, um Gebäude sicherer zu machen. Außerdem werden Evakuierungswege vorbereitet und ausgewiesen sowie Einsatzkräfte ausgebildet, die nach einer Naturkatastrophe helfen sollen. Sie beseitigen Schäden und helfen Betroffenen, schnellstmöglich zur Normalität zurückzufinden. Auch Feuerwehrleute sind dafür da, Feuer zu löschen. Sie laufen aber nicht herum, um alle Möglichkeiten zu verhindern, wodurch Feuer entstehen könnte. Es geht also weniger um Prävention als um die richtige Reaktion.

Anders verhält es sich bei der Möglichkeit a), die Entstehung von Fehlern grundsätzlich zu verhindern. Dabei handelt es sich im Wesentlichen um menschliche Fehler. In den vorangegangenen Kapiteln haben Sie bereits zahlreiche Beispiele dafür kennengelernt.

Diese beiden Varianten für Sicherheitsempfehlungen können wir sehr gut bei der Untersuchung des NTSB erkennen. Zum einen wurde direkt dort angesetzt, wo der **Fehler Eins** in dem geschilderten Fall begonnen hatte: bei der Risikobewertung der Flugdurchführung. Diese Empfehlung soll dazu führen, dass der Flug gar nicht erst begonnen wird, weil das den Piloten unter Umständen in eine schwierige Situation bringt. Zum anderen hat das NTSB auch erkannt, dass die Auswirkungen minimiert werden müssen: indem Piloten geschult werden, falls sie doch in schlechte Wetterbedingungen geraten. Damit sollen in der Konsequenz die Auswirkungen der unsicheren Handlung nicht mehr dazu führen, dass Helikopterpiloten abstürzen.

Bewerten Sie den Fehler, nicht die Auswirkung!

Wenn wir Fehler untersuchen und analysieren, dann schauen wir meist nur auf die Auswirkung, das Ergebnis. Oder wie Goethe einst sagte, wir sehen nicht Ursache und Wirkung allein. Wir sehen nicht die Faktoren, sondern das Fazit.

Goethe zum Bedürfnis der Menschen nach Ursachensuche:

„Die Tat vereinigt eben Ursache und Wirkung.
Da wir nun überall Taten sehen, so sehen wir nicht Ursache und Wirkung allein oder besonders, sondern nur ihre Summe, nicht die Faktoren, sondern das Fazit.“

Johann Wolfgang von Goethe

Wenn wir den Auftrag bekommen einen Vorfall zu untersuchen, dann beginnen wir üblicherweise am Ende der Fehlerkette. Wir werden erst beauftragt, wenn das Malheur passiert ist, wenn der Unfall als Resultat feststeht. Dadurch fokussieren wir fast automatisch auf die Handlung desjenigen, der die Katastrophe, den Unfall oder das Disaster verursacht hat. Dort wird häufig der Fehler gesucht. In den allermeisten Fällen, die ich erlebt habe, war das leider der Fall. Das ist aber nur der Blick auf die letzte Käsescheibe. Im ersten Moment der Untersuchung ist das vielleicht nachvollziehbar, denn es handelt sich ja schließlich auch um den aktiven Fehler, der zur unsicheren Handlung führte. Der ist auffällig und offensichtlich. Wesentlich aufwendiger und schwieriger ist stattdessen die Suche nach weiteren Fehlern, den latenten Fehlern in den übrigen Käsescheiben. Es ist viel einfacher und schneller, die handelnde Person verantwortlich zu machen und zu bestrafen. Mittlerweile sollte aber klar geworden sein, dass das wenig effektiv ist und die wahre Ursache kaschiert. Den **Fehler Eins** werden Sie so nicht finden.

Diese Herangehensweise, der Fokus auf das Ende der Fehlerkette, trifft auf Unternehmen und Behörden genauso zu wie im privaten Bereich.

Nehmen wir das Beispiel eines Autofahrers, der jahrelang ohne besondere Vorkommnisse sein Auto fährt und regelmäßig betankt. Eines Tages verwechselt er aber die Zapfpistolen und tankt auf einmal Benzin statt wie üblich Diesel. (Ist mir ärgerlicherweise einmal genauso passiert.) Dieser Fehler kann den Autofahrer teuer zu stehen kommen, denn es kann den Motor beschädigen, wenn nicht sofort gehandelt wird. In vielen Fällen schaut man bei der anschließenden Untersuchung nur auf das Resultat, das Malheur: falsch betankt! Fast nie wird hinterfragt, wie dieser Handlungsfehler überhaupt entstanden ist. Das führt dann wieder zu solchen unsinnigen Verbesserungsvorschlägen: Er sollte doch beim nächsten Mal besser hinschauen! Die spontane Antwort des Autofahrers wäre vermutlich: „Das weiß ich doch!“ Mit Sicherheit wusste er vorher, dass sein Dieselmotor nur Dieselkraftstoff verträgt. Zu keinem Zeitpunkt hätte er bewusst und absichtlich die falsche Zapfpistole gegriffen. Daher bringt es auch nichts, wenn wir ihm raten, besser hinzuschauen. Ein unbewusster Fehler, ein Lapsus also, passiert ja eben nicht bewusst. Durch die Empfehlung „bewusst zu handeln“, können unbewusste Fehler nicht verhindert werden. Wie auch? Wenn er bewusst gehandelt hätte, wäre dieser Fehler gar nicht erst passiert.

Stattdessen wäre es sinnvoller, zu fragen, was der Autofahrer vorher gemacht hat, woran er währenddessen dachte. War er abgelenkt? Und wenn ja, was hat ihn abgelenkt? Hatte er einen langen Arbeitstag und war müde? War er in Gedanken noch mit einem Problem beschäftigt? Wie ist die Zapfsäule gebaut, ausgeschildert und beleuchtet? Gibt es bei der Bedienung Verwechslungsgefahr? Haben Sie schon mal im Ausland einen Wagen betankt? War Ihnen sofort eindeutig klar, wo Sie welchen Sprit tankten konnten? Sie sehen, ganz so einfach ist es nicht.

Wenn wir die latenten Fehler erkennen und damit den **Fehler Eins** identifizieren, können zukünftig noch ganz andere Arbeitsfehler verhindert werden. Denn es geht nicht mehr allein darum, falsches Tanken zu verhindern, sondern vielleicht vergessen Sie, den Tankdeckel zu schließen, wollen gerade losfahren und stellen im letzten Moment fest, dass Sie vergessen haben zu bezahlen.

Geistesabwesend

Ein junger Familienvater war sowohl beruflich als auch privat sehr eingespannt. Der Säugling hielt die frisch gebackenen Eltern nachts auf Trab. Hinzu kamen beruflich wechselnde Einsatzzeiten und ebenfalls kurze Nächte. Ein geregelter Schlafrhythmus war so nicht möglich.

Der Familienvater war mit seinem Säugling unterwegs, um die Mutter abzuholen. Auf dem Weg hielt er kurz an der Tankstelle, um aufzutanken. Der Säugling schrie und wollte in seinem Kindersitz nicht alleine im Auto bleiben. Als liebevoller und fürsorglicher Vater nahm er das Kind mit Sitz aus dem Auto und stelle es seitlich in Augenhöhe auf die Zapfsäule. Das Baby war glücklich. In Ruhe tankte er zu Ende, bezahlte, setzte sich anschließend wieder ins Auto und fuhr los. Er hatte schon fast die Tankstelle verlassen, als wild gestikulierend eine Frau hinter ihm herrannte, um ihn aufzuhalten. Mit Entsetzen fiel ihm ein, dass sein Kind noch im Kindersitz auf der Zapfsäule wartete.

Wie würden Sie den Fehler bewerten? Er war, wie man allgemein sagen würde, geistesabwesend. Wir erkennen aber relativ schnell, dass der Fehler (letzte Käsescheibe) nicht alleine bewertet werden kann, und die anderen Aspekte, wie beispielsweise Schlafmangel, privater wie auch beruflicher Stress, außer Acht zu lassen. Hier liegen einige latente Probleme vor, die seinen Fehler beeinflusst haben dürften.

Ob er seiner Frau anschließend von diesem Malheur beichtete, ist leider nicht bekannt.

Maßnahmen gegen Ablenkung

Vermutlich werden Sie sich jetzt fragen was Sie tun könnten, um Fehler durch Ablenkung zu vermeiden. Verbesserungen und Empfehlungen können immer nur ausgesprochen werden, wenn die Ursache feststeht, wenn der **Fehler Eins** identifiziert werden konnte. Und Empfehlungen können höchst unterschiedlich sein, denn sie hängen davon ab, ob der Fehler verhindert werden soll, ob die Auswirkungen minimiert werden können oder welcher Bereich, welche Branche, welcher Beruf oder welche Tätigkeit betroffen ist. Daher gibt es keine eindeutige Antwort darauf. Zumindest aber kann ich Ihnen sagen, wie Empfehlungen in der Luftfahrt dafür aussehen.

Die erste Frage die wir uns stellen sollten: Warum unterlaufen uns überhaupt solche Fehler wie oben beschrieben? Wie kann es sein, dass an Autobahnraststätten immer mal wieder Angehörige vergessen werden? Warum passiert es, dass ein Kellner Getränke vergisst oder wir beim Einkaufen viele Sachen einkaufen, aber die wichtigsten Lebensmittel einfach vergessen haben? Das hängt wieder von den bereits beschriebenen psychologischen Faktoren ab. In den Kapiteln „Denkfehler", „Entscheidungen" und „Fehler in Belastungssituationen" haben wir verschiedene Gründe kennengelernt. In besonderen Situationen geht unsere Fehlerhäufigkeit messbar und vorhersagbar hoch. Bei dem Beispiel an der Tankstelle kommen noch unsere Gewohnheiten hinzu. Unser Gehirn speichert Abläufe und Prozesse ab, sodass wir einige Tätigkeiten nahezu automatisch durchführen. Vergleichbar ist es mit selektiver Wahrnehmung und Denkabkürzungen wie beispielsweise Heuristik. Der Ablauf beim Tanken ist immer derselbe: tanken, bezahlen, ins Auto steigen, losfahren. Das können Sie sehr gut mit der morgendlichen Fahrt zur Arbeitsstätte vergleichen. Die Prozesse und Abläufe beim Autofahren sind auch immer die gleichen. Der Weg ist vermutlich ebenfalls immer gleich. Wir fahren die Strecke geradezu automatisch ab und können anschließend gar nicht mehr genau sagen, wie. Das ist die Macht der Gewohnheit. Diese Prozesse in unserem Gehirn funktionieren dann am besten, wenn sie nicht unterbrochen werden. Ein Verfahren, welches immer in der gleichen Reihenfolge durchgeführt wird, quasi nach „Schema F", ist nicht nur effizient, sondern reduziert Abweichungen bzw. Fehler. Kommt jetzt aber eine kleine, unvorhergesehene Ablenkung dazu, dann gerät dieser Prozess ins Stocken. Wir können nicht mehr schlüssig sagen, wo und an welcher Stelle wir mental gerade waren. Wenn der Kellner die Getränkebestellung aufgenommen hat und gerade zum Tresen gehen will, um sie einzutippen, kommt dieser Arbeitsschritt oder Prozess in Stocken, wenn er plötzlich abgelenkt wird. Wenn z.B. eine Kollegin die Teller fallen lässt, ein alter Bekannter im Restaurant erscheint oder ein Gast wütend wird und ihn anschreit, weil er auf sein Essen wartet. Was machen Kellner dagegen? Sie schreiben es sich auf. Das ist ihre Gedankenstütze, ihr Merkzettel oder ihre Checkliste, die sie noch zu erledigen haben.

In etwas komplexerer Form funktioniert es ebenso im Cockpit. Dort gibt es eine Vielzahl standardisierter Verfahren und Checklisten sowie Anweisungen, wie mit Unterbrechungen umzugehen ist.

Sie können als Pilot 20 Jahre lang mit ein und demselben Flugzeugtyp unterwegs sein, die Verfahren kennen Sie dann in und auswendig. Trotzdem werden nach allen wichtigen Arbeitsabschnitten die passenden Checklisten aufgerufen, um ganz sicher zu sein, dass kein wichtiger Schritt vergessen wurde. Es ist richtig und auch wichtig, die Checklisten zu verwenden. Manche Verfahren sind sehr lang und brauchen eine gewisse Zeit. Es ist nicht ungewöhnlich, dass Piloten ihre Aufgaben unterbrechen müssen. Eine Checkliste hilft dabei, sicherzustellen, dass nichts Wichtiges vergessen wird. Und sollten Crews sogar beim Lesen der Checkliste unterbrochen werden, dann beginnen sie mit dem Lesen noch mal von vorne. Die Luftfahrt geht sogar noch einen Schritt weiter. Für nahezu alle Fluggesellschaften weltweit gilt die Anweisung, dass in kritischen Flugphasen sämtliche Ablenkungen, wie beispielsweise private Konversation, untersagt ist. Die Piloten sollen sich ausschließlich auf die sichere Flugdurchführung konzentrieren. Das wird ebenfalls flankiert von standardisierten Verfahren und Checklisten.

Das ist einer der Gründe, warum Luftfahrt trotzt ihrer Komplexität im Laufe der Zeit immer sicherer wurde.

Schleichende Abweichungen

Mittlerweile haben wir festgestellt, dass in vielen Fällen nicht Fehler, sondern nur Ergebnisse, Resultate und Auswirkungen dieser Fehler bewertet werden. Denn solange nichts passiert, ist ja alles in Ordnung. Ein Fehler, der regelmäßig stattfindet, aber keine Auswirkungen hat, bleibt ohne Konsequenzen. Er wird gar nicht untersucht. Solange wir beispielsweise beim zu schnellen Fahren nicht erwischt werden, ist doch alles in Ordnung, oder? Konsequenzen müssen wir nur befürchten, wenn wir geblitzt werden oder es zum Unfall kommt.

Und damit kommen wir direkt zu dem bereits bekannten Phänomen des „Practical Drift". Lange passiert nichts. Das Problem ist nur, in vielen Fällen geht es gut, selbst wenn die Regeln etwas großzügiger ausgelegt werden. Daher gewöhnt man sich schnell an den neuen Standard, an die neuen Limits. So entsteht der Practical Drift. Wir gewöhnen uns an den allgemein üblichen Standard, selbst wenn wir wissen, dass die Regeln oder Vorschriften etwas anderes verlangen.

Kommen wir noch einmal zum Beispiel von Bad Aibling. Die Ursache für den Unfall war Ablenkung des Fahrdienstleiters, der Fehler war die unerlaubte Nutzung des Handys während der Dienstzeit. Wie also hat das Unternehmen anschließend reagiert? Wurden alle Mitarbeiter bestraft, abgemahnt und entlassen, die unerlaubt das private Handy während der Dienstzeit genutzt hatten? Alle, die vorher bereits den gleichen Fehler begangen hatten? Vermutlich nicht. Halten sich wenigstens heute alle, wirklich alle, Mitarbeiter an die neue Vorschrift und nutzen kein privates Handy während der Dienstzeit? Ganz sicher? Wie sieht es aus mit dem Schaffner während seiner Pause? Vielleicht haben Sie auch schon mal beobachtet, dass die Schaffner in einer Pause das Handy gezückt haben, um mal eben schnell eine kurze Nachricht abzuschicken. Wie sieht es mit den Vorgesetzten aus? Nutzen Abteilungsleiter im Büro ihre privaten Handys wirklich kein einziges Mal während der Dienstzeit? Oder gilt diese Vorschrift nicht für jeden? Ist Dienstzeit nicht gleich Dienstzeit? Wird hier im Unternehmen eventuell mit zweierlei Maß gemessen?

Verstehen Sie mich bitte nicht falsch. Ich bin nicht der Meinung, dass die Nutzung eines Smartphones im Büro oder eines Schaffners während der Pause die gleichen Risiken mit sich bringen würde wie bei einem Fahrdienstleiter oder Triebwagenführer. Ich bin aber sehr wohl der Meinung, dass Regeln und Vorschriften einheitlich und vor allem eindeutig sein müssen. Wenn erwartet wird, dass sich Mitarbeiter an Regeln halten, dann müssen Vorgesetzte auch Vorbilder sein.

Erschwerend kommt hinzu, dass Vorgesetzte über ein (Fehl-)Verhalten zu urteilen haben. Es ist gar nicht so selten oder ungewöhnlich, dass Vorgesetzte sich genau, so wie ihre Mitarbeiter über die eine oder andere Regel hinweggesetzt haben. Solange nichts passierte, haben alle ein Auge zugedrückt. Erst wenn es zu einem Vorfall kommt, wird das Fehlverhalten verurteilt. Warum aber nicht schon vorher? Beurteilt wird insofern nur die Auswirkung, nicht der Fehler als solches.

Die Folgen für das Unternehmen sind fatal. Es führt dazu, dass Vorschriften und Regeln so lange großzügig ausgelegt werden dürfen, solange man nicht erwischt wird oder nichts passiert. Dabei ist noch nicht einmal jede Vorschrift sinnvoll oder schlüssig. Mich wundert es daher nicht, dass die Einhaltung von Regeln nicht immer funktioniert.

Braucht es deswegen noch mehr Regeln und Vorschriften? Ganz klar: NEIN! Was erforderlich ist, ist eine neue Kultur im Umgang mit Fehlern, eine Fehlerkultur für die Organisation, das Unternehmen.

Nur selten macht man sich die Mühe, die Fehlerkette ausführlich und umfangreich zu analysieren. Wo hat tatsächlich die Fehlerkette begonnen? Gab es bereits bei der Einstellung der Mitarbeiter Schwachpunkte? Wie wurde das Training durchgeführt? Was mich immer wieder wundert, ist die Herangehensweise der Unternehmen. Es wird erwartet, dass der Mitarbeiter nach einem Training sämtliche Informationen und Schulungsinhalte verstanden hat und diese in Zukunft auch so berücksichtigt. Aber bereits seit unserer Schulzeit wissen wir, dass ohne Wiederholungen das Wissen vergänglich ist und im entscheidenden Moment, z.B. beim Abfragen durch den Lehrer oder in einer Klausur, plötzlich nicht mehr abgerufen werden kann.

Wieso nehmen wir also an, dass Mitarbeiter, die einmal am ersten Tag im neuen Unternehmen eine Unterweisung erhalten haben, diese Informationen auch Monate oder sogar Jahre später wieder perfekt abrufen können?

Wäre es nicht viel besser, wenn wir die wirklich wichtigen Punkte und Aspekte so „mundgerecht" vorbereiten, dass der Empfänger diese Informationen nicht nur sofort und einfach verarbeiten kann, sondern sich dann auch noch merkt?

Wichtige Fragen, die bei einer Untersuchung gestellt werden sollten, können z.B. sein: Wenn eine Vorschrift so wichtig war, warum wusste im Krankenhaus die Pflegekraft nicht davon? Was wurde im Vorfeld getan, damit die Mitarbeiter über wichtige oder gar lebensbedrohliche Verfahren informiert und aufgeklärt wurden? Wie funktioniert das Training im Unternehmen? Wie sind die Einstellungskriterien für neue Mitarbeiter? Was wird für die Qualifikation der Mitarbeiter getan, insbesondere wenn es um wichtige Verfahrensanweisungen geht?

Wenn die Messlatte bei der Einstellung niedrig ist, dann tut das Unternehmen gut daran, entsprechend mehr in das Training und die Qualifizierung der Mitarbeiter zu investieren. Von Krankenhäusern höre ich häufig, dass es extrem schwer ist, Pflegepersonal zu bekommen. Um diesem Problem entgegenzuwirken, stellen Krankenhäuser zusehends häufiger Pflegekräfte aus dem Ausland ein. Sie können sicherlich ihre Aufgaben gut machen. Wie weit ist es aber mit den Sprachkenntnissen, wenn es um klinikinterne Vorschriften geht? Ähnlich wie schon am Beispiel mit englischsprachigen Vorschriften ist es nicht einfach, wenn Verfahren in einer Fremdsprache verfasst werden. Das Unternehmen sollte sich nicht wundern, wenn die Kenntnisse dann ungenügend sind. Liegt es aber ausschließlich an den Mitarbeitern? Sollen sie dafür geradestehen? Wäre es nicht sinnvoller, die Auswirkungen vorher zu berücksichtigen und Mitarbeiter rechtzeitig und angemessen zu qualifizieren?

Um einen Fehler oder Vorfall richtig bewerten zu können, ist es außerdem notwendig, den Vorfall mit den Augen der Betroffenen zu betrachten. Was haben die Betroffenen wahrgenommen (s. „Wahrnehmungsfehler"), was haben sie gefühlt, (s. „Gefühle beeinflussen unser Denken"), was und wie haben sie gedacht? Warum haben sie so entschieden? Wie sind sie zu ihren Schlussfolgerungen gekommen? Etwa weil es alle schon immer so gemacht haben (practical drift)?

Den Betroffenen war zu dem Zeitpunkt ihrer Entscheidung in den meisten Fällen nicht einmal klar, dass ihre Handlung zu einem Vorfall, einem Unfall oder einer Katastrophe führen würde. Oft genug habe ich anschließend gehört „Ich hätte nie gedacht, dass ausgerechnet mir das passieren könnte!"

Gefährliche Einstellungen

Bei der Fehlerbetrachtung in diesem Kapitel sind wir bislang davon ausgegangen, dass Fehler unbeabsichtigt passieren. Es gibt aber auch Fehlhandlungen, die beabsichtigt stattfinden, zum Beispiel die klassischen Fehlentscheidungen. Erst im Nachhinein wird dem Handelnden bewusst, dass seine Entscheidung falsch war.

Und in einigen Fällen werden sogar bewusst Regeln missachtet. Die Risikobereitschaft/Risikoeinschätzung ist nur in den seltensten Fällen so hoch, dass Menschen Lebensgefahr wittern. Individuell ist die eigene Einschätzung eine andere. Das gilt vermutlich nicht für die Mehrheit, aber es gibt sie dennoch. Dazu zähle ich Geschwindigkeitsüberschreitungen.

Wie sollten wir dieses Verhalten bewerten? Das ist sicher nicht ganz einfach, auch wenn die Justiz das relativ singulär betrachtet. Ein Fehler muss bestraft werden! Punkt.

Lassen Sie uns aber etwas Zeit dafür aufwenden, um auch dieses Verhalten zu hinterfragen und zu verstehen. Warum machen wir etwas, obwohl wir wissen, dass es nicht richtig ist?

Was macht gutes, richtiges und sicheres Handeln eigentlich aus? Grundsätzlich gehören drei Elemente dazu:

- **Wissen**
- **Können**
- **Wollen**

Diese drei Faktoren finden Sie in jedem Pädagogikseminar, in jeder Trainerfortbildung und jedem Ausbildungskonzept. Auch wenn die Konzepte sich im Laufe der Jahre immer weiterentwickelt haben, so sind dies immer die gleichen drei Grundelemente, die richtiges Handeln und eine sichere Tätigkeit ausmachen.

Welches dieser drei Elemente ist aus Ihrer Sicht Auslöser von vielen verschiedenen kleinen und auch größeren Vorkommnissen und Vorfällen im Unternehmen? Egal mit welchen Firmen ich zusammenarbeite oder welche Branchen ich frage, die Antwort ist immer die gleiche: Wollen!

Bei vielen Vorkommnissen ist es immer wieder eine Frage der Einstellung. (Lesen Sie bitte den Absatz bis zu Ende durch, bevor sie ein vorschnelles Urteil fällen.)

Auch in der Luftfahrt ist dieses Phänomen bekannt. Nach nahezu jedem internationalen Unfall bemühen sich Politiker und Behörden, neue Vorschriften zu erlassen. Immer in der Hoffnung, dass neue Vorschriften auch neue bzw. mehr Sicherheit bringen. Leider berücksichtigen diese Vertreter nur in seltensten Fällen die Kreativität der Menschen, wenn es um den Umgang mit neuen Vorschriften und Regeln geht. Dieser Aspekt zieht sich hinein bis in Unternehmen. Neue Gesetze werden oft nur sehr widerwillig aufgenommen und umgesetzt. Wir spüren wieder die gleiche Reaktanz auf Vorschriften, die nicht ausreichend erläutert und begründet wurden. Verfahren sind bekannt, Mitarbeiter gut ausgebildet und sie erfüllen alle Voraussetzungen, um richtig zu handeln. Dennoch passiert das nicht. Manchmal ist man der Meinung, dass die Anweisung ja nun wirklich zu weit gehen würde. „Das hat früher doch auch immer gut geklappt. Warum sollen wir das auf einmal anders machen?" ist dann regelmäßig zu hören.

In der Luftfahrt wird dieses Phänomen als „Gefährliche Einstellungen – Hazardous Attitudes" bezeichnet.

Gefährliche Einstellungen – Hazardous Attitudes

Hier ein paar Beispiele für gefährliche Einstellungen:

Antiautorität: „Erzähl mir nix."

Diese Einstellung findet sich bei Menschen, die sich von niemandem etwas sagen oder vorschreiben lassen wollen. „Keiner soll mir sagen, was ich tun muss" ist der dahinterliegende Gedanke. Sie widersetzen sich Anweisungen und halten Regeln, Vorschriften und Verfahren für sinnlos und überflüssig. Anmerkung: Natürlich ist es sinnvoll, Regeln zu hinterfragen, die schlicht und ergreifend falsch sind.

Impulsivität: „Jetzt aber schnell!"

Menschen mit dieser Einstellung sind häufig gestresst, wenn es ihnen zu lange dauert. Alles muss schnell gehen und am besten sofort passieren. Sie haben das Gefühl, sie müssten unverzüglich aktiv werden, egal was es ist. Sie überlegen nicht lange und wählen oft die erste, aber nicht unbedingt die beste Alternative aus.

Unverletzlichkeit: „Mir kann nichts passieren."

Viele Menschen glauben, dass Unfälle immer nur anderen zustoßen, niemals ihnen selber. Sie wissen zwar, das Unfälle passieren und es theoretisch jeden treffen könnte, haben aber nie das Gefühl, jemals davon betroffen zu sein. Diese Menschen sind eher bereit, höhere Risiken zu akzeptieren.

Selbstüberschätzung: „Ich kann das."

Diese Menschen versuchen sich und anderen zu beweisen, dass sie besser sind, als alle glauben. „Ich kann das und ich werde es beweisen!" Menschen mit dieser Einstellung gehen unnötig hohe Risiken ein, um andere zu beeindrucken. Das gilt oft für Männer, aber auch Frauen können zur Selbstüberschätzung neigen.

Resignation: „Was bringt's schon?"

Menschen, die glauben, dass ihre Handlungen keinen Einfluss hätten. Wenn etwas gut funktioniert hat, glauben diese Menschen, dass sie einfach Glück hatten. Wenn es schlecht läuft, bilden sie sich ein, dass andere daran Schuld wären oder sie einfach nur Pech hatten. Diese Menschen überlassen ihr Schicksal anderen. „Ja-Sager" gehören in diese Kategorie, da sie Ablehnung fürchten.

Nachlässigkeit: „Wird schon passen."

Diese Menschen haben das Gefühl, dass es schon irgendwie gut gehen wird. Sie zeigen einen eher sorglosen Umgang mit Vorschriften, Verfahren oder auch Geräten und Material. Sie sind der Meinung, dass es reicht, wenn andere sich an die Regeln halten. Ihre eigene Risikoeinschätzung ist fast immer gering und daher haben sie keine Angst, größere Risiken einzugehen.

Vielleicht erkennen Sie sich in der einen oder anderen dieser Einstellungen, zumindest ansatzweise. Mir geht es jedenfalls so. Wenn diese Einstellungen immer wieder anzutreffen und so typisch menschlich sind, wie können wir sie dann ändern?

Maßnahmen gegen gefährliche Einstellungen

Unsere persönlichen Werte bestimmen unsere Gewohnheiten und Einstellungen, die wiederum unser Verhalten bestimmen. (s. Verhaltenspyramide – vereinfacht dargestellt)

VERHALTENSPYRAMIDE

Unsere Absicht ist, das Verhalten zu ändern, um letztendlich Fehler zu vermeiden.

Das ist meistens das erklärte Ziel. Also können wir nur von oben anfangen bei unseren Werten und weitergehen zu den Gewohnheiten, die im Laufe der Zeit unsere Einstellungen ändern. Aber Veränderungen brauchen Zeit.

Bis in die 70er-Jahre war es üblich, im Auto ohne Sicherheitsgurt zu fahren. Auch als Autohersteller Gurte einbauten, waren Autofahrer kaum davon zu überzeugen, diese als lästig empfundene Sicherheitsmaßnahme zu nutzen. Dann kamen Strafen hinzu, damit es ein Druckmittel gab, sich anzuschnallen. Und dennoch kann ich mich daran erinnern, dass über lange Zeit hinweg die Anschnallpflicht als lästig empfunden wurde. Einige Hersteller hatten sogar automatische Gurte entwickelt. Ein Gurt, der sich automatisch um den Fahrer legt, sobald er sitzt und die Tür geschlossen hat. Keine dieser Maßnahmen hatte dazu geführt, dass sich Menschen freiwillig gerne angeschnallt hätten. Erst als sich unsere Werte und damit auch unsere Gewohnheiten änderten, fingen Autofahrer an, ihre Einstellung zur Anschnallpflicht zu ändern. Heute finden wir es ungewöhnlich, nachlässig und gefährlich, wenn wir im Auto sitzen und der Fahrer sich weigert, sich anzuschnallen. So haben sich unsere Werte und Einstellungen im Laufe der Zeit geändert.

Dass es auch schneller geht, hat Alex Laskey bewiesen. Er hatte als junger Mann im Jahr 2007 die Firma OPower in Kalifornien gegründet, mit dem Ziel, den Energieverbrauch der Menschheit zu verringern. In einem Studentenwohnheim versuchte er, Studenten dazu zu bewegen, die Klimaanlagen häufiger mal abzuschalten und stattdessen Ventilatoren zu verwenden.

Um die Studenten davon zu überzeugen, ihr Verhalten zu ändern, hängte er drei verschiedene Schilder an ihre Türen:

- **Spare Geld!**
- **Rette den Planeten!**
- **Sei ein Vorbild!**

Anschließend beobachtete er, ob die Studenten ihr Verhalten wirklich änderten. Leider waren diese Schilder wenig erfolgreich. Die Klimaanlagen liefen genauso häufig wie vorher. Also probierte er ein weiteres Schild aus. Mit durchschlagendem Erfolg, wie sich herausstellte:

- **Deine Nachbarn sind besser!**

Plötzlich gab es einen Sozialvergleich auf dem Flur. Die Macht der Konformität schlug voll zu. Wir kennen es unter dem Begriff Herdentrieb. Plötzlich wollten alle mitmachen. Denn wenn alle es machen, dann wollte keiner zurückstehen und anders sein. Die Werte dieser Gruppe hatten sich schlagartig geändert und das hatte Auswirkung auf die eigenen Einstellungen und Gewohnheiten. Mit diesem kleinen Trick hat Laskey es geschafft, das Verhalten einer Gruppe von Menschen in kurzer Zeit zu verändern. Wie motiviert man Menschen, etwas zu tun? Am besten funktioniert es immer noch über intrinsische Motivation. „Wenn alle das machen, dann tue ich das auch. Schließlich will ich ja dazugehören."

Zusammenfassend können wir also festhalten, dass sich Einstellungen ändern lassen. Aber funktioniert das auch für ganze Unternehmen?

Das schauen wir uns im nächsten Kapitel an, wenn es um das Thema Fehlerkultur im Unternehmen geht.

Zusammenfassung:

- Käsescheiben helfen bei der Bewertung von Fehlern. So lässt sich der **Fehler Eins** schneller identifizieren.
- Suchen Sie den **Fehler Eins** in den latenten Fehlern der nächsthöheren Ebene.
- Bewerten Sie den Fehler, nicht die Auswirkung des Fehlers.
- Betrachten Sie den Vorfall mit den Augen des Betroffenen.
- Der „Practical Drift" kann in vielen Fällen eine Ursache für den **Fehler Eins** sein.
- Sie haben kennengelernt, was gefährliche Einstellungen sind und wie man ihnen begegnen kann.
- Würden Sie Ihre Klimaanlage auch ausmachen, wenn alle es tun?

Kapitel 10
Fehlerkultur

„Geirrt zu haben ist menschlich und einen Irrtum einzugestehen Kennzeichen eines Weisen."

Sophronius Eusebius Hieronymus (um 347–420)

In diesem Kapitel erfahren Sie, was eine gute Fehlerkultur ausmacht.

Sie werden feststellen, warum eine toxische Unternehmenskultur das Unternehmen gefährden kann.

Sie werden lernen, warum der menschliche Drang zur Konformität es schwierig macht, Fehler zuzugeben.

Sie werden die Rolle einer Vertrauensperson als Bestandteil der Fehlerkultur kennenlernen.

Stamm der Babemba

Einer modernen Legende zufolge gibt es einen Stamm afrikanischer Ureinwohner namens Babemba. Seit vielen Generationen hat sich in diesem Stamm ein besonderes Ritual im Umgang mit Fehlern entwickelt. Sobald ein Stammesmitglied einen Fehler begangen hat oder gescheitert ist, wird dieses Ritual durchgeführt.

Der Betroffene wird in die Mitte des Dorfplatzes geführt. Das ganze Dorf wird zusammengerufen und versammelt sich im Kreis um ihn herum. Aber anstatt seine Verfehlungen in den Vordergrund zu stellen, passiert genau das Gegenteil: Er wird gelobt und bejubelt. Alle guten Dinge, die er bislang in seinem Leben getan und geleistet hatte, werden in den Vordergrund gestellt. Von allen Seiten wird ihm zugerufen, dass er ein guter Mensch sei und geliebt wird. Das geschieht so lange, bis seine Scham über den Fehler abgeklungen ist.

Das ist insofern bemerkenswert, da es sich so gänzlich von unserem eigenen kulturellen Verständnis unterscheidet. Wir sind aufgewachsen und sind es auch gewohnt, dass Fehler sanktioniert und bestraft werden müssen. Dass es auch anders gehen kann, haben wir nie gelernt.

Vermutlich handelt es sich nur um eine moderne Legende. Es ist auch eher unwahrscheinlich, dass ein Stamm jedes Mal wegen eines Fehlers so ein Aufhebens macht. Denn Fehler passieren so häufig, dass sie aus den „Wiedergutmachungsritualen" überhaupt nicht mehr herauskämen. Aber das ist nur meine persönliche Meinung. Ich könnte auch falsch liegen …

Errare humanum est

„Irren ist menschlich, aber auf Irrtümern zu bestehen ist teuflisch!", soll der römische Philosoph Lucius Annaeus Seneca etwa 62 n. Chr. gesagt haben. Mittlerweile ist die Herkunft dieser Aussage etwas umstritten und wird teilweise dem Kirchengelehrten Sophronius Eusebius Hieronymus bzw. noch früher dem römischen Politiker Marcus Tullius Cicero zugeordnet. Unumstritten ist jedenfalls die Tatsache, dass ähnliche Aussagen bereits im alten Griechenland getroffen wurden:

> *„Es ist normal, dass Menschen Fehler machen, mein Kind."*
> Euripides Hippolytos (428 v. Chr.)

Seit nunmehr fast 2500 Jahren ist der Menschheit bewusst, dass sie Fehler macht. Wir Menschen sind fehleranfällig, haben Wahrnehmungsfehler, lassen uns von unseren Emotionen beeinflussen, haben Denkfehler und neigen in Stresssituationen zu irrationalem Verhalten. Was haben wir in den letzten 2000 Jahren daraus gelernt? Gehen wir heute anders mit unseren Fehlern um? Akzeptieren wir heute unsere Fehleranfälligkeit? Oder glauben wir ernsthaft, dass wir seit den alten Griechen und Römern besser geworden sind? Ich vermute, dass wir weiter Fehler machen werden, solange es die Menschheit geben wird. Da wird sich aus meiner Sicht auch in den nächsten 2500 Jahren nichts ändern. Es ist ein Irrtum, zu glauben, dass wir uns weniger irren würden.

Was uns fehlt, ist, die eigene Fehlerhaftigkeit zu akzeptieren, unsere eigenen Fehler und die Fehler der Menschen um uns herum. Um dies zu ändern, müssen wir unsere Werte, Gewohnheiten und Kultur im Umgang mit Fehlern ändern. Erst wenn wir es schaffen, eine echte, lebendige Fehlerkultur zu entwickeln, können wir für uns in Anspruch nehmen, dass wir uns im Umgang mit Fehlern seit den alten Griechen und Römern weiterentwickelt hätten.

Fehlerkultur

Was ist eine Fehlerkultur und was macht sie aus?

Ohne eine funktionierende Fehlerkultur bleiben viele Fehler im Unternehmen unentdeckt. Das sind meistens Fehler, die ohne größere Auswirkungen bleiben und vom Mitarbeiter selbstständig behoben werden können. Diese Fehler scheinen so geringfügig zu sein, dass sich keiner die Mühe macht, diese Fehler zu melden. Ich spreche von den Arbeitsfehlern auf der untersten Ebene der Unfallpyramide, den beobachtbaren Arbeitsfehlern. Treten die Fehler gehäuft auf, hat das Unternehmen ein größeres Problem, denn das Risiko steigt. Aber solange keiner etwas meldet, bleiben latente Fehler unentdeckt.

Fehlerkultur bedeutet im Wesentlichen, dass wir unsere Fehler akzeptieren und daraus lernen. Fehler sollen nicht bestraft und verteufelt werden. Es bringt nichts, „über verschüttete Milch zu weinen“, wie es in dem Sprichwort so schön lautet. Es geht nicht darum, zurück in die Vergangenheit zu blicken. Beim richtigen Umgang mit Fehlern ist der Blick nach vorne, in die Zukunft gerichtet. Immer getrieben von der Frage: Was müssen wir tun, um besser zu werden und ähnliche Fehler in Zukunft zu vermeiden?

No Blame Culture

Lange Zeit war es üblich, jede Art von Fehler zu bestrafen. Die Menschen sind groß geworden mit einer klassischen „Blame Culture“. Als Gegenpol dazu entwickelte sich in den 70er-Jahren die „No Blame Culture“. Erstmals sollten Fehler nicht sanktioniert, sondern akzeptiert werden. Gemeldete Fehler sollten immer straffrei bleiben. Eine der ersten Organisationen, die diese „No Blame Culture“ flächendeckend einführte, war die amerikanische Luftfahrtbehörde FAA. In Zusammenarbeit mit der NASA entwickelten sie bereits 1976 ein Fehlermeldesystem, genannt ASRS (Aviation Safety Reporting System). Grundsätzlich durfte jeder, der einen Vorfall oder eine gefährliche Situation in der Luftfahrt beobachtete, eine Meldung einreichen. Das galt für Piloten, Fluglotsen, Flugbegleiter, Techniker usw. Das System ist insofern bemerkenswert, da es den Meldenden Straffreiheit zusichert. Das erhöhte die Bereitschaft, Meldungen einzureichen, deutlich. Im Zeitraum von 1981 bis 2014 wurden insgesamt über 1,2 Millionen Vorkommnisse gemeldet, durchschnittlich rund 360 Meldungen pro Tag. Daraus konnten fast 6000 Sicherheitsempfehlungen abgeleitet werden. Das ist bestimmt auch mit ein Grund, warum Luftfahrt in den USA im Laufe der letzten 30 Jahre immer sicherer geworden ist.

Die Straffreiheit führte zwar zu vielen Meldungen, aber die „No Blame Culture" hatte einige Kritiker. Denn unsichere Handlungen können auch absichtlich und vorsätzlich stattfinden. Und die sollten keineswegs straffrei bleiben.

Mittlerweile werden Sie festgestellt haben, dass ich einen Unterschied mache zwischen Fehlern und unsicheren Handlungen. Wie bereits beschrieben, ist ein Fehler grundsätzlich eine unbeabsichtigte Handlung oder eine Fehlentscheidung, die zu einem unbeabsichtigten Ergebnis führt. In anderen Fällen, wenn Absicht und Vorsatz vorliegt, handelt es sich im klassischen Sinne nicht mehr um einen Fehler. Ein Autofahrer beispielsweise, der sein Fahrzeug absichtlich in die Gegenfahrbahn lenkt, handelt mit vollem Wissen und damit vorsätzlich. Er verfolgt ein konkretes Ziel und erreicht es schlussendlich. Aus seiner individuellen Perspektive hat er demzufolge keinen Fehler gemacht. Er hat ja seine Absicht wie geplant umgesetzt.

Damals waren sich alle einig, dass eine „No Blame Culture" einen wichtigen Aspekt außer Acht lässt. Nämlich die Tatsache, dass einige Menschen bewusst und willentlich immer wieder die gleichen falschen Handlungen begehen. Ich sage bewusst nicht Fehler, sondern falsche Handlungen. Diese Handlungen sollten nicht toleriert werden, sondern müssen für die betreffende Person angemessene Konsequenzen haben.

Daraufhin entwickelte sich die „Just Culture".

Just Culture

Diese neue Art der Fehlerkultur versucht, den Spagat hinzubekommen. Ehrliche Fehler, wie sie bei Just Culture genannt werden, sollen nicht bestraft werden. Dazu gehören die klassischen Ausrutscher, Versehen, Verhörer oder Fehler im Sinne von Fehlentscheidungen. Andere beabsichtigte Handlungen, die nachweislich falsch und unsicher sind, sollen hingegen bestraft werden.

Es wird auch keiner bestreiten, dass kriminelle Handlungen bestraft werden müssen. Schwierig hingegen wird es bei Fällen, die in den Bereichen Fahrlässigkeit oder sogar grobe Fahrlässigkeit liegen. Wie soll damit sinnvoll umgegangen werden?

James Reason sagte, dass es wichtig sei, eine klare Trennlinie zwischen „ehrlichen Fehlern" und strafbarem Verhalten zu ziehen. Allerdings gibt er zu, dass in diesem Bereich eine sehr große Grauzone liegt. Letztlich wird eine dritte, unbeteiligte Person darüber urteilen, ob eine Handlung ein einfacher Fehler war, oder ob die Handlung schon im Bereich der Fahrlässigkeit liegt.

Und genau diese Grauzone ist eine der großen Schwachstellen von Just Culture.

Wir stehen vor dem Dilemma, dass wir gerne viele Fehlermeldungen haben wollen. Und eigentlich sollen diese Fehlermeldungen ohne Konsequenzen für die Meldenden bleiben. Es sei denn, dass jemand anders der Meinung ist, dass es sich vielleicht doch um eine fahrlässige Pflichtverletzung handeln könnte.

> Ein kurzes Beispiel dazu: So gab es bei einer englischen Fluggesellschaft einen meldepflichtigen Vorfall. Die Crew berichtete dem Vorgesetzten, was passiert war. In der Annahme, dass „Just Culture" für sie gelten würde, gaben sie freimütig zu, dass sie die Verfahren nicht vollumfänglich durchgeführt hatten. Einen relevanten Punkt hatten sie bei ihrem Verfahren vergessen. Die Crew wurde daraufhin mehrfach zu Personalgesprächen eingeladen. Beim ersten Gespräch wurden sie bereits mit den Worten begrüßt: „Da haben Sie aber Glück gehabt, Ihre Kündigung ist gerade noch mal abgewendet worden." Für die Crew gab es dennoch erhebliche Disziplinarmaßnahmen. Bei diesem Vorfall ist niemand auf die Idee gekommen, im Sinne einer Analyse der Fehlerkette den **Fehler Eins** zu suchen. So wurde beispielsweise von dem Unternehmen nicht erkannt und auch nicht bemerkt, dass private Belastungen zu Schlafmangel und nach einem langen Tag zu dem Arbeitsfehler geführt hatten.

Ich bin der Meinung, dass freiwillige Fehlermeldungen straf- und sanktionsfrei bleiben sollten. In den meisten Rechtssystemen dieser Welt gibt es das Zeugnisverweigerungsrecht. Ein Grundsatz, dass sich niemand selber belasten muss. Das ist so fundamentaler Bestandteil unserer Werte, dass sogar die Europäische Menschenrechtskonvention dieses Zeugnisverweigerungsrecht schützt. Juristen nennen es das Nemo-Tenetur-Prinzip, abgeleitet aus dem lateinischen „nemo tenetur se ipsum accusare" – Niemand ist verpflichtet, sich selbst anzuklagen. Wenn es schon bei juristischen Ermittlungen gilt, dann sollte es im besonderen Maße auch für freiwillige Fehlermeldesysteme gelten.

Entscheidend für die erfolgreiche Umsetzung einer Fehlerkultur ist die oberste Führungsebene. Der Vorstand oder die Geschäftsleitung muss eine Fehlerkultur mittragen. Wenn sie verstehen, welche gewaltigen Vorteile eine Fehlerkultur für das Unternehmen hat, wenn sie erkennen, wie viel Potenzial für Verbesserung und Innovation darin liegt, erst dann wird das Unternehmen eine Fehlerkultur erfolgreich entwickeln und umsetzen können.

Oft genug habe ich erlebt, dass insbesondere auf der mittleren Führungsebene die Vorteile einer solchen Fehlerkultur nicht erkannt wurden. Immer wieder haben Führungskräfte das Problem, dass sie sich rechtfertigen sollen. Sie können und dürfen wichtige Entscheidungen treffen und müssen anschließend dafür geradestehen, wenn Projekte nicht rechtzeitig fertig werden oder sogar scheitern. Fehler, die gemacht worden sind, werden danach mehr nicht hinterfragt. Dem Vorgesetzten wird Versagen vorgeworfen oder er wird schlimmstenfalls sogar entlassen.

Wie schon im Kapitel „Schuld und Buße“ beschrieben, bringt es jedoch herzlich wenig, den Einzelnen zu bestrafen und dann zur Tagesordnung überzugehen, so zu tun, als wäre danach alles in Ordnung. Das gilt sowohl für den Vorgesetzten als auch für den Mitarbeiter. Die Ursachen, die zu dem Fehler geführt haben, sind nicht beseitigt worden. Sie werden mit ziemlicher Sicherheit in Zukunft wieder auftreten und neue Probleme verursachen.

Ein Beispiel, wie es nicht sein sollte:

Zwei Flugzeugmechaniker arbeiteten an einem Frachtflugzeug. Sie überprüften das sogenannte Air Data System, welches Daten wie beispielsweise die Geschwindigkeit ermittelt und an die Fluganzeigen der Piloten sendet. Die Arbeiten wurden beendet und abgeschrieben. Die Techniker hatten schriftlich bestätigt, dass das System getestet war. Das Flugzeug wurde für den Einsatz freigegeben. Beim ersten Flug kam es sofort zu einem Vorfall. Die Geschwindigkeitsanzeigen der Piloten zeigten gravierende Unterschiede. Die Piloten mussten Luftnotlage erklären und den Flug abbrechen.

Die Bundesstelle für Flugunfalluntersuchung nahm Ermittlungen dazu auf. Unglücklicherweise hatte der Wartungsbetrieb die beiden Mechaniker sofort entlassen. Das Unternehmen wartete nicht einmal die Untersuchung ab. Eine tief greifende Ursachenanalyse wurde dadurch für das Unternehmen unmöglich gemacht, denn die entlassenen Mitarbeiter standen nicht mehr für die Aufarbeitung zur Verfügung.

Das ist umso erstaunlicher, da dieses Unternehmen bereits früher schon mal ein Flugzeug nach einer umfangreichen Wartung fehlerhaft den Eigentümern übergeben hatte. Beim ersten Testflug war das Flugzeug kaum noch zu steuern und die Piloten konnten die nachfolgende Bruchlandung nur mit viel Glück überleben. Spätestens jetzt, nach dem zweiten Vorfall, wäre es an der Zeit gewesen, die Ursache für beide Wartungsfehler zu ergründen. Lag dem vielleicht sogar der gleiche **Fehler Eins** zugrunde? Beide Vorfälle sind wieder nur die Spitze des Eisbergs. Die Dunkelziffer der unbekannten, nicht gemeldeten Arbeitsfehler im Unternehmen ist vermutlich hoch.

Ich bin der Meinung, dass Just Culture wichtig ist und seine Berechtigung hat. Das gilt insbesondere für bekannte Vorfälle, für die es offizielle Meldungen gibt. Da befinden wir uns ohnehin im oberen Bereich auf der Unfallpyramide, an der Spitze des Eisbergs. Nicht abgedeckt sind aber die kleinen Arbeitsfehler am unteren Ende der Pyramide. Just Culture greift hier aus meiner Sicht zu kurz, wenn wir an diese kleinen Fehler herankommen wollen. Diese unbekannten Vorkommnisse sollten aus meiner Sicht unbedingt straffrei bleiben. Wenn nicht garantiert werden kann, dass der Fehler für den Meldenden ohne Konsequenzen bleibt, wird er schlicht und ergreifend nicht gemeldet. Das Unternehmen bekommt keine wichtigen Informationen, wird blind für latente Fehler und den daraus resultierenden Risiken. Die Safety-Myopia nimmt zu.

Toxische Unternehmenskultur

Das Gegenteil von Fehlerkultur ist die toxische Unternehmenskultur. Diese erkennen Sie an folgenden verschiedenen Faktoren:

Egoismus

Führungskräfte und Mitarbeiter denken in erster Linie an sich. Das Unternehmen hat es versäumt, ein gemeinsames Ziel zu entwickeln, dem sich alle verpflichtet fühlen. Es gibt kein Wir-Gefühl in der Belegschaft.

Befehlston

Die Anweisungen der Führungskräfte werden wie Befehle erteilt. Es gibt keine Erläuterungen, was Sinn und Zweck der Anweisungen sind. Die Mitarbeiter wagen nicht, die Anweisungen zu hinterfragen.

Starre Denkweisen

Über alle Ebenen hinweg wird an alten Verfahren und Prozessen festgehalten. „Das haben wir schon immer so gemacht!“ ist die vorherrschende Meinung. Wichtige Veränderungen und Innovationen werden dadurch verhindert.

Dysfunktionalitäten

Einzelne Unternehmensbereiche versuchen, sich gegen andere Bereiche abzugrenzen. „Die Probleme der anderen sind nicht unsere Probleme!“ Es gibt dadurch immer mehr den sprichwörtlichen Sand im Getriebe. Das Unternehmen verliert an Dynamik und Agilität.

Externale Attribution

Bei Problemen wird sofort auf andere gezeigt. Die Verantwortung wird auf Dritte geschoben. Immer häufiger werden Ausreden gesucht, wenn es Schwierigkeiten gibt.

Mangelndes Vertrauen

Mitarbeiter haben kein Vertrauen mehr in ihre Vorgesetzten. Weder Probleme noch neue kreative Ideen werden offen angesprochen. Das Unternehmen gerät immer stärker in eine gefährliche Abwärtsspirale.

Vielleicht werden Sie einen oder mehrere Punkte der toxischen Unternehmenskultur wiedererkannt haben. Das zeigt einmal mehr, dass viele Unternehmen noch weit von einer echten Fehlerkultur entfernt sind. In solchen Unternehmen herrscht Angst, die Kollegen misstrauen einander, der Chef setzt die Ziele immer höher, selbst wenn ihm alle sagen, dass sie schon im Vorjahr nicht erreicht werden konnten. In diesem toxischen Umfeld ist ein offener Umgang mit Fehlern nahezu unmöglich. Fehler werden verschleiert, es werden andere für Probleme verantwortlich gemacht und jeder kämpft gegen jeden. Im schlimmsten Fall besteht die Firma nur noch aus Ja-Sagern. Probleme, die nicht offen angesprochen werden, führen zur bereits bekannten Safety-Myopia. Darüber hinaus verliert das Unternehmen Agilität, Innovationsfähigkeit und schwächt sich selber. Was meinen Sie, wie lange so ein Unternehmen noch überleben kann? Die tiefgreifenden Probleme schlummern unerkannt in den Tiefen des Unternehmens. Latente Fehler werden nicht erkannt und nehmen zu. Die Löcher in den Käsescheiben werden irgendwann so groß, dass es fast unweigerlich zu einer Katastrophe kommen wird. Im wettbewerbsintensiven Umfeld kann es dann das Ende des Unternehmens bedeuten. Leider wollen das einige nicht wahrhaben und ersetzen Wahrheit mit Schönfärberei oder Lügen.

Dieses Zitat wird häufig Aristoteles zugeordnet, was aber unbewiesen ist und daher auch ein Irrtum sein könnte …

> *„Einen Fehler durch eine Lüge zu verdecken heißt, einen Flecken durch ein Loch zu ersetzen."*
>
> Aristoteles (?)

Einem Fehler mit einer Lüge zu begegnen, macht den Fehler nur noch schlimmer. Das ist ganz besonders häufig in Krisensituationen bei Politikern oder bekannten Persönlichkeiten zu beobachten. Anstatt das Problem anzuerkennen, den Fehler zu akzeptieren und damit, sinnbildlich gesprochen, den Stier bei den Hörnern zu packen, wird ausgewichen, verschleiert, getrickst und gelogen. Auch bei Unternehmen, die sich in selbst verursachten Krisen befinden, ist dieses Verhalten sehr gut zu erkennen.

Der Abgasskandal des VW-Konzerns im Jahr 2008 hat das Unternehmen in die tiefste Krise seiner Geschichte gestürzt. Der damalige Vorstandsvorsitzende Martin Winterkorn behauptete, dass der Fehler auf falsche Software zurückzuführen sei und einzelne Personen dafür verantwortlich wären. Später stellte sich heraus, dass es eine glatte Lüge war. Hier wurden VW-Motoren bewusst, wissentlich und willentlich manipuliert, um auf dem Prüfstand ein niedrigeres Abgasergebnis zu erzielen. Damit aber nicht genug. VW hatte in den USA damit geworben, dass der Dieselmotor ganz besonders sauber wäre: „Clean Diesel". Bei diesem Beispiel kann man selbstverständlich nicht mehr von den klassischen unbeabsichtigten Fehlern sprechen. Es war ohne Zweifel vorsätzliches Verhalten. Der eigentliche Fehler lag in der Unternehmenskultur, die dieses Verhalten erst möglich gemacht hatte. Daher hatte, sicherlich auch politisch motiviert, der damalige Betriebsratsvorsitzende von VW, Bernd Osterloh, einen Kulturwandel gefordert, der es den Mitarbeitern ermöglicht, Probleme offen anzusprechen und gemeinsam zu lösen.

Vertrauen

Vertrauen ist eine der wichtigsten Eigenschaften. Sie ist die Basis in allen Bereichen: Geschäftsleitung, Politik, Partner, Familie, Verhandlungen, Freunde. Es gibt keinen Bereich, der davon nicht betroffen wäre. Wenn Vertrauen vorhanden ist, funktioniert die Zusammenarbeit und das Ergebnis wird von Erfolg gekrönt sein. Gibt es jedoch kein Vertrauen, dann wird es kaum bzw. extrem schwierig sein, ein gemeinsames Ergebnis zu erzielen.

Fehlerkultur für Vorgesetzte

Warum ist das Thema „Umgang mit Fehlern" insbesondere für die Führungskräfte auf allen Führungsebenen so wichtig?

In allen Unternehmen und Organisationen gibt es viele Führungskräfte, denen die Vorteile einer Fehlerkultur bewusst sind. Sie propagieren immer wieder laut und deutlich, dass ihnen eine Fehlerkultur wichtig sei und man doch bitte Fehler melden möge.

Wenn es aber problematisch wird und die ersten wirklich kritischen Fehlermeldungen eintrudeln, ist die erste Reaktion ganz häufig: „Wer war das?" Eine große europäische Bank hatte sich ebenfalls auf die Fahnen geschrieben, eine Fehlerkultur zu entwickeln. Alle Vorstandsmitglieder machten Werbung dafür und ermutigten ihre Mitarbeiter, Fehler zu melden. Als dann aber ein großer, teurer Fehler per Zufall ans Licht kam, war die Aufregung groß. Ein Vorstandsmitglied in der Sitzung verlor die Fassung und schrie: „Wer war das? Diesen Scheißkerl schmeißen wir raus!"

Psychologisch verfallen wir als Menschen in solchen Stresssituationen häufig in unsere alten beigebrachten Verhaltensmuster. Wenn Kinder Fußball spielen und dabei ein Fenster zu Bruch geht, war immer die erste Reaktion der Eltern oder Nachbarn: „Wer war das?“ Es wird gar nicht mehr gefragt, warum es passiert ist, und auch nicht, ob möglicherweise viele Kinder beteiligt waren. Es geht nur noch um Bestrafung und wer für den Schaden aufkommen muss.

Ich möchte das gar nicht bewerten und auch nicht zum Ausdruck bringen, ob das richtig oder falsch ist. Das Beispiel soll nur verdeutlichen, dass wir mit diesem Verhalten groß geworden sind. Daher ist es nicht verwunderlich, wenn Führungskräfte in Unternehmen sich ähnlich verhalten. Je größer die Angst des Vorgesetzten, dass der Vorfall auch für ihn Konsequenzen haben könnte, desto heftiger meist seine Reaktion.

Ganz wichtig ist deshalb die mittlere Führungsebene. Sie sitzt immer zwischen den Stühlen, muss vermitteln, Verständnis für ihre Mitarbeiter zeigen und trotzdem die geforderte Leistung bringen. Sie ist elementar wichtig, wenn es um den Erfolg einer Fehlerkultur geht. Wenn Abteilungsleiter bei der Untersuchung von Vorfällen das Gefühl haben, sie hätten etwas falsch gemacht und müssten sich rechtfertigen, dann sitzen sie in der gleichen Denkfalle wie der betroffene Mitarbeiter. „Der hat wohl seinen Bereich nicht im Griff“, ist der implizite Vorwurf dahinter. Wie so oft, geht es aber nicht um Schuldfragen, sondern was das Unternehmen lernen kann, um besser zu werden. Es geht nicht um den vergangenen Vorfall, sondern darum, den nächsten zu verhindern. Auch für Führungskräfte sollte die Prämisse gelten: nicht bestrafen, sondern gemeinsam besser werden.

Fehler zugeben

Was braucht es, um eine Kultur zu entwickeln, in der wir offen über unsere Fehler reden können?

Einmal hörte ich, dass Mut und Vertrauen nötig wäre, um offen über seine Fehler reden zu können. Allerdings befürchte ich, dass das nur die halbe Wahrheit ist. Versuchen Sie doch mal, mit Ihrem Partner offen über Fehler zu sprechen. Sie werden feststellen, dass es uns Menschen sehr schwerfällt. Wäre es so einfach, dann bräuchten wir vermutlich kaum noch Paartherapeuten. Auch Schlichter oder Mediatoren, die zwischen unterschiedlichen Parteien vermitteln, würden immer seltener benötigt.

Tom Watson Sr. war Gründer und Vorstandsvorsitzender von IBM. Er hatte klare Visionen und Werte. In bemerkenswerte Weise zeigte sich das im Umgang mit Fehlern. Folgende Geschichte wird ihm zugeschrieben:

IBM machte während der Weltwirtschaftskrise eine schwere Zeit durch und brauchte jeden Auftrag, um Geld in die Kassen zu spülen. Einige Vorstandsmitglieder hatten sogar die Absicht, Watson als Vorsitzenden deswegen abzusetzen. Ein junger Verkaufsmanager hatte den Auftrag, einen großen Vertrag über 600.000 USD (heute ca. 10 Millionen USD) mit der US-Regierung abzuschließen. Leider scheiterte er und IBM verlor den Auftrag. Mit seinem Rücktrittsschreiben in den Händen ging er zu seinem Boss Tom Watson. Watson wusste sofort, was es mit dem Schreiben auf sich hatte. Stattdessen fragte er aber seinen Verkaufsmanager: „Was ist passiert?" Der erläuterte Watson jeden Schritt seiner Verkaufsbemühungen. Er gab offenmütig zu, wo er Fehler gemacht hatte und was er hätte besser machen können. Schließlich bedankte er sich bei Watson. „Ich weiß, wir brauchten diesen Abschluss. Danke, dass Sie mir die Gelegenheit gaben, die Umstände und meine Fehler zu erklären." Er stand auf und wollte gerade gehen. Tom Watson gab ihm aber sein Rücktrittsgesuch mit folgenden Worten wieder zurück: „Warum sollte ich Sie entlassen, wo ich doch gerade 600.000 Dollar in Ihre Ausbildung investiert habe?"

Ich glaube, dass Mut alleine nicht ausreicht. Denn keiner möchte sich gerne die Blöße geben, weder sprichwörtlich noch tatsächlich. Wir schämen uns für unsere Fehler. Auch der IBM-Verkaufsmanager schämte sich dafür, dass durch seine Fehler der Auftrag verloren ging. Und als er das Büro von seinem Boss betrat, war es alles andere als sicher, ob er seinen Job behalten würde.

Asch Konformitätstest

Keiner möchte gerne zugeben, dass er einen Fehler gemacht oder etwas nicht verstanden hat. Ein Grund ist in der Macht der Konformität zu suchen. Wir wollen dazugehören und nicht ausgeschlossen werden.

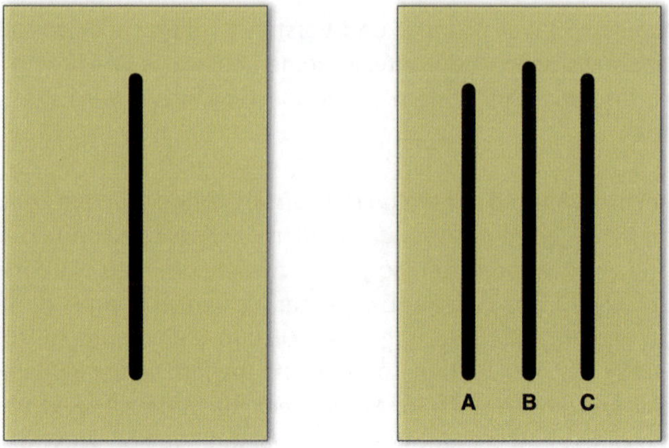

ASCH KONFORMITÄTSTEST

Solomon Asch, polnisch-amerikanischer Psychologe, untersuchte 1951 soziale Konformität. Asch wollte herausfinden, wie stark Menschen durch die Meinung anderer beeinflusst werden. Dazu lud er acht Studenten zu einem Experiment ein. Sieben Studenten waren eingeweiht und Teil des Experiments. Sie spielten ihre Rollen perfekt. Nur ein Teilnehmer wusste nicht, worum es wirklich ging, und dachte, dass er die Linien richtig zuordnen sollte.

Alle Teilnehmer gaben nacheinander an, welche der drei Vergleichslinien zur Linie auf der linken Seite passte. Insgesamt wurden 18 Mal neue Karten mit unterschiedlichen Linien aufgedeckt. Bei den ersten sechs Runden gaben die eingeweihten Teilnehmer die richtige Antwort, um den Probanden in falscher Sicherheit zu wiegen. Danach gaben sie gemeinsam immer falsche Antworten. Asch konnte bei mehreren dieser durchgeführten Experimente nachweisen, dass eine überwiegende Anzahl der nicht eingeweihten Probanden sich für die offensichtlich falsche Antwort entschieden. Sie schlossen sich der Mehrheit an. Der Druck zur Konformität ist demnach so groß, dass wir uns selbst in offensichtlichen Fällen häufig der Mehrheitsmeinung anschließen.

> *„Ein Mitglied eines Kannibalenstamms hält den Kannibalismus für vollkommen angemessen und richtig."*
>
> Solomon Asch

Aber auch ohne dieses Experiment erleben wir dieses Verhalten täglich oder haben es zumindest in der Schule erlebt. Wenn beispielsweise ein Schüler zum dritten Mal hintereinander sich meldet und sagt, dass er die Erklärung des Lehrers nicht verstanden hätte. Die anderen Schüler reagieren genervt und stöhnen laut auf. Anschließend traut sich kein Schüler mehr, sich zu melden und damit zuzugeben, dass er es nicht verstanden hat. (In Vorstandssitzungen melden die sich später auch nicht mehr.)

Sie sehen, dass es nicht ganz so einfach ist, den eigenen Fehler, das eigene Versagen gegenüber Kollegen (oder Mitschülern) offen zuzugeben.

Je höher die Position im Unternehmen, desto schwieriger und problematischer wird der offene Umgang mit Fehlern. Ich habe noch nie erlebt, dass einzelne Vorstandsmitglieder in Vorstandssitzungen offen über ihre Fehler gesprochen hätten. Oftmals geben Vorstände nicht einmal zu, dass sie möglicherweise die Sachzusammenhänge, die gerade besprochen wurden, nicht verstanden haben. Dabei geht es nicht einmal um Bestrafung, sondern um Ängste und Selbstzweifel. Keiner möchte sich gerne die Blöße geben. Keiner möchte gerne der Spielverderber sein. Das führt dazu, dass manche Entscheidungen in Vorstandssitzungen nicht nach objektiven Kriterien fallen, sondern es wird geschaut, wie die restlichen Teilnehmer abstimmen. „Wenn alle so entscheiden, muss es ja richtig sein!" Und schon sind wir wieder bei dem Konformitätsexperiment von Solomon Asch.

Warum wir uns lieber konform verhalten, hängt mit unseren Gefühlen wie Liebe, Zuneigung, Anerkennung, Vertrauen und Zugehörigkeit zusammen. „Wie denken die anderen über mich, wenn sie wissen, dass ich so einen dämlichen Fehler begangen habe? Haben sie auch in Zukunft noch Vertrauen in meine Fähigkeiten, mein Urteilsvermögen?" Hat beispielsweise eine Klinikleitung Vertrauen in den Chirurgen, der zugegeben hat, einen Patienten durch seinen Fehler geschädigt zu haben? Oder ist die Sorge größer. „Wenn der das einmal macht, wie häufig könnte ihm das noch passieren? Wir können doch solche Fehler nicht sanktionslos akzeptieren!"

Fehler machen ist nicht schlimm?

Fehler zu machen ist zutiefst menschlich und wird auch kaum zu verhindern sein. Denn Fehler zu machen ist nicht schlimm, solange alle mit dazu beitragen, dass die Fehlerkette sich nicht fortsetzt und ein Schaden verhindert wird. Aber es gibt zwei Dinge, die wir sehr wohl ändern können. Das sind zum einen die Umstände, die Fehler begünstigen, und zum anderen Maßnahmen, die wir treffen können, um die Auswirkungen unserer Fehler zu verhindern.

Dazu ist erforderlich, dass Menschen als Team zusammenarbeiten und sich gegenseitig unterstützen. Diesen Aspekt hat die amerikanische Harvard-Professorin Amy Edmondson erforscht. Laut ihren Untersuchungen machen Teams, die gut zusammenarbeiten, mehr Fehler als andere. Warum ist das so? Teams, die sich gut verstehen und einander vertrauen, sind eher geneigt, auch mal Fehler des anderen offen anzusprechen, ohne gleich befürchten zu müssen, dass es bei den Teamkollegen falsch ankommt oder zu Unstimmigkeiten führt. Tatsächlich konnte Edmondson nachweisen, dass diese Teams zwar mehr Fehler meldeten, aber bei objektivem Vergleich tatsächlich weniger Fehler machten. Sie arbeiteten effektiver zusammen und erzielten bessere Ergebnisse.

Wie es nicht funktioniert, habe ich einmal in einer Klinik in Süddeutschland erlebt:

Ein Chirurg war bekannt und berühmt für seine Fähigkeiten, besonders komplizierte Schulteroperationen durchzuführen. Die Klinikleitung war dankbar über die Einnahmen, die er für das Krankenhaus generierte. Daher wurde oft über seine unangenehme Art hinweggesehen. Bei den OP-Mitarbeitern war er aber gefürchtet. So kam er eines Tages in den Operationssaal, der Patient lag bereits in Narkose, als er aus dem Augenwinkel eine junge, etwas korpulente OP-Schwester sah. Da brüllte er durch seine OP-Maske „Was macht die Dicke hier? Wenn die bleibt, könnt Ihr den Patienten wieder aufwecken, dann wird der morgen operiert!" Das OP-Team beeilte sich, sofort eine neue OP-Schwester zu organisieren. Keiner traute sich etwas zu sagen.

In dieser Atmosphäre würde kein Mitglied des OP-Teams es wagen, den Chirurgen offen anzusprechen oder auf Fehler hinzuweisen. Es ist das Gegenteil von dem, was Amy Edmondson als psychologische Sicherheit in ihrem Buch „Die angstfreie Organisation" bezeichnet.

Sie beschreibt Teaming als eine dynamische Tätigkeit. Die Denkweise und praktische Zusammenarbeit in einem Team ist wichtiger als ihre Struktur oder Zusammensetzung. Teaming funktioniert auch dann gut, wenn Teams kurzfristig durcheinandergewürfelt werden. Ein OP-Team, genauso wie eine Flugbesatzung, kann im Laufe des Tages mehrfach neu aufgeteilt und zusammengesetzt werden. Als agile Zusammenarbeit würden wir es heute bezeichnen. Damit sich die Kollegen in immer neuen Konstellationen dennoch gegenseitig helfen und unterstützen, ist psychologische Sicherheit erforderlich. Die Kollegen fordern aktiv Feedback, machen auf Probleme und Fehler aufmerksam und helfen sich gegenseitig, um die Aufgaben sicher umsetzen zu können. Das geht dann am besten, wenn die Mitarbeiter sich sicher fühlen, sich gegenseitig respektieren und vertrauen. Das bezeichnet Edmondson als psychologische Sicherheit.

Leider gibt es dennoch immer wieder Momente, in denen Teams versagen. Sei es, dass das gegenseitige Feedback nicht funktioniert hat wie gehofft, sei es, dass das gegenseitige Vertrauen nicht ausreichend vorhanden war oder es trotz aller Vorsichtsmaßnahmen zu einem gravierenden Vorfall gekommen ist.

Ein weiterer Nachteil ist, dass nur das Team aus den Erkenntnissen seiner Fehler lernen kann. Eine strukturierte Aufarbeitung und Analyse im Anschluss findet meist nicht statt.

Unter diesen Aspekten ist eine dritte Person hilfreich. Sie kann unvoreingenommen die Fehler analysieren und zu besseren Schlussfolgerungen kommen, als es das direkt involvierte Team könnte. Daher empfehle ich das Hinzuziehen einer neutralen Person. Diese Vertrauensperson hat durch ihre Stellung und Funktion keinen Einfluss auf das Selbstverständnis, die Selbstachtung, das Selbstwertgefühl des Meldenden.

Vertrauensperson

Fehler und Probleme, die in den einzelnen Bereichen auftauchen, sollten idealerweise frühzeitig gemeldet werden. Dazu braucht es eine Vertrauensperson quasi als Beichtvater oder Beichtmutter. Es muss eine unabhängige Person sein, die diese Meldungen entgegennimmt. Dazu gehört, die meldende Person nicht zu verurteilen, sondern mit deren Erfahrungen eine Analyse und Bewertung durchzuführen. Die Vertrauensperson kann viel tiefer einsteigen und ist dadurch wesentlich besser in der Lage, den Beginn der Fehlerkette zu entdecken. So lässt sich der **Fehler Eins** wesentlich schneller finden.

Eine Vertrauensperson sollte neutral und unabhängig sein. Ein leitender Angestellter oder Vorgesetzter ist möglicherweise dadurch befangen, dass er durch seine früheren Entscheidungen Teil der Fehlerkette sein kann. Aus diesem Grund wurden weltweit bereits Mitte der 90er-Jahre die meisten Luftfahrtbehörden und Unfalluntersuchungsstellen für Flugunfälle voneinander getrennt. Die Luftfahrtbehörden sind zuständig für Zulassungen, Genehmigungen und Umsetzung von Vorschriften. Daher können sie ebenfalls Teil einer Fehlerkette sein. Eine Untersuchungsbehörde muss unabhängig und eigenständig sein, um die Hintergründe eines Unfalls untersuchen zu können. Die Trennung beider Behörden ist deshalb so wichtig. Gleiches gilt für betriebsinterne Untersuchungen. Eine involvierte Abteilung kann nicht objektiv und neutral den eigenen Vorfall bewerten.

Die Vertrauensperson sollte in der Lage sein, sachlich nachzuvollziehen, warum der Fehler passierte. Sie sollte profunde Kenntnis haben von den Sachzusammenhängen, die gemeldet werden. Als Pilot bin ich geeignet, um mit anderen Piloten über Fehler und Vorkommnisse zu reden. Noch wichtiger sind aber die sogenannten Soft Skills, wie beispielsweise Empathie, Mitgefühl und emotionale Intelligenz, um den Vorfall aus dem Blickwinkel des Meldenden zu betrachten. Damit die Umstände nachvollzogen werden können, hilft es ungemein, sich emotional in sein Gegenüber hineinzuversetzen. Nur so kann man verstehen, was in der handelnden Person zum Zeitpunkt des Vorfalls vor sich ging.

In manchen Fällen haben leider Vertrauenspersonen ihre Funktion missverstanden und missbraucht. Sie haben die vertraulichen Meldungen an ihre Vorgesetzten weitergegeben und damit die Kollegen ans Messer geliefert. Vermutlich taten sie es, um bei ihren Vorgesetzten zu punkten. Das Vertrauen der Vorgesetzten war ihnen sicher, aber nicht das Vertrauen der Mitarbeiter und Kollegen. Die Bereitschaft, zukünftig Fehler freiwillig zu melden, sank dadurch auf nahezu null.

Fehlerkompetenzen

Die wichtigsten Kompetenzen einer Vertrauensperson sind:

- **Empathie**
- **Integrität**
- **Sachlich strukturiertes Handeln**
- **Analytisches Denken**

Diese Soft Skills sind wichtige Kompetenzen, um die Fehlerkultur zu fördern und Fehlermeldungen zu untersuchen. Für eine Vertrauensperson ist daher das Können und Wollen wichtiger als das reine Sachwissen.

Offenheit und Unterstützung der meldenden Personen erhalten wir nur, wenn echtes Vertrauen vorhanden ist. Ansonsten sehen wir uns einer kompletten Abwehrhaltung oder schlimmstenfalls einer Mauer des Schweigens gegenüber.

Wie wertvoll eine Vertrauensperson sein kann, zeigt folgender Erfahrungsbericht:

Vor einigen Jahren wurde ein sehr interessanter Zwischenfall untersucht. Es ging um einen Flug zu einer Karibikinsel, der nicht so verlief, wie die Besatzung geplant hatte.

Die beiden Piloten kannten sich lange und sind vorher häufig miteinander geflogen. Sie freuten sich, mal wieder gemeinsam unterwegs zu sein. Der Kapitän führte den Flug durch und wurde von seinem Co-Piloten unterstützt. Der Flug verlief ereignislos. Die Insel präsentierte sich von ihrer schönsten Seite, mit guten Sichten, kaum Wolken und wenig Wind. Der Kapitän wollte einen Sichtanflug durchführen und programmierte den Bordcomputer entsprechend. Der Anflug geriet etwas knapp und die Crew musste durchstarten. Dann aber gingen die Probleme los. Der Co-Pilot, der den Flug überwachen sollte, erwartete, dass das normale Durchstartmanöver geflogen würde. Der Kapitän wollte allerdings einen kurzen Vollkreis fliegen, um schnell seinen Fehler wieder auszubügeln. Das Missverständnis zwischen beiden führte zu unnötiger Konfusion und sie mussten auch den zweiten Anflug abbrechen, um dann schlussendlich beim dritten Versuch zu landen.

Die Crew war reichlich mitgenommen. Sie rief sofort die Vertrauensperson an. Es gab einen immensen Redebedarf. Eine Woche später traf man sich, sehr vertraulich, und besprach die Vorgänge. Es wurde immer deutlicher, dass hinter diesem Vorfall noch eine andere Geschichte steckte. Eine Geschichte, die anfangs noch nicht konkret greifbar war. Erst später wurde die Vermutung bestätigt. Es stellte sich heraus, dass die technischen und sachlichen Umstände keine wesentlichen Faktoren waren. Auch zwischenmenschlich war die Stimmung zwischen beiden Piloten gut. In einem Vieraugengespräch mit dem Kapitän kam heraus, dass er zwei Tage zuvor einen anwaltlichen Termin hatte, auf den er monatelang hingefiebert hatte. Es ging um das Testament seiner Eltern. Seine Schwester wurde in dem Testament überdurchschnittlich gut bedacht, während er im Wesentlichen die bankrotte Firma mit allen Schulden erben sollte. Es hätte für ihn schlimmstenfalls den finanziellen Ruin bedeuten können. Der anwaltliche Termin sollte mit der Schwester stattfinden, um eine sinnvolle und gütliche Einigung zu erzielen. Er hatte gehofft, dass er seine Sorgen um das Testament beilegen könnte. Leider hatte seine Schwester anderes im Sinn und sagte den Termin kurz vorher ab. Er war am Boden zerstört. Danach hatte er nur wenig geschlafen, als er sich dann an dem Morgen ins Flugzeug setzte. Diese privaten Belastungen hatten ihm ziemlich zu schaffen gemacht und es ist nicht abwegig, wenn diese Sorgen ihn auch während der Arbeit beschäftigt haben. Äußerlich wirkte er normal, aber innerlich war er nicht in der optimalen Verfassung, um den Flug durchzuführen. Das führte in letzter Konsequenz dazu, dass er den Anflug falsch einschätzte und daher zweimal durchstarten musste.

Im Endeffekt ist der Flug sicher bis zum Ende durchgeführt worden. Das Beispiel zeigt aber ein weiteres Mal, dass es viele kleine und mittlere Vorkommnisse gibt, die nicht am oberen Ende der Unfallpyramide stehen. Es sind diese kleinen, scheinbar harmlosen Arbeitsfehler.

Deshalb ist es elementar wichtig, eine Vertrauensperson zu haben. Nur dadurch war das Unternehmen in der Lage, die richtigen Schlussfolgerungen zu ziehen und kluge Sicherheitsempfehlungen abzuleiten. Das ist die wichtigste Grundlage, um den echten, den wahren **Fehler Eins** zu finden und zukünftige Unfälle zu verhindern. Damit legen Sie das Fundament für ein erfolgreiches Fehlermanagement.

Zusammenfassung:

- Fehlerkultur bedeutet, nach vorne blicken, um den nächsten Vorfall zu verhindern, nicht zurückzublicken um zu bestrafen.
- Fehlerkultur fragt nicht „Wer war das?"
- Fehlerkultur heißt, Fehler zu akzeptieren und anschließend daraus zu lernen. Nur mit dem Verständnis in Bezug auf **Fehler Eins** kann ein ähnlicher Vorfall in Zukunft vermieden werden.
- Eine toxische Unternehmenskultur verschärft die Probleme des Unternehmens und kann schlussendlich in einer Katastrophe enden.
- Eine neutrale Vertrauensperson ist wichtig, denn sie ist in der Lage, ohne Vorbehalte die Fehlerkette zu analysieren. Dem Meldenden fällt es leichter, sich einer unbeteiligten Person zu öffnen und Fehler einzugestehen.
- Wenn man Sie fragt, welche Linie zu den drei anderen passt: Die richtige Antwort ist „C".

Kapitel 11
Erfolgreiches Fehlermanagement

„Wer Fehler gemacht hat,
hat meistens nur Erfahrung gesammelt."

Oscar Wilde

In diesem Kapitel erfahren Sie, was notwendig ist, um ein Fehlermanagement erfolgreich zu machen.

Sie werden erkennen, dass Fehler vorhersagbar sind.

Sie werden merken, dass die besten, kreativsten und agilsten Unternehmen aus Fehlern lernen.

Sie werden feststellen, dass Fehler die Grundlage für erfolgreiche Entscheidungen sind.

Fehlermanagement

Seit die Gebrüder Wright im Jahr 1903 in Kitty Hawk, an der Atlantikküste von North Carolina den ersten bemannten Motorflug durchführten, hat sich gezeigt, dass Fehler ausschlaggebend für die Entwicklung der Luftfahrt waren. Anfangs konnte jeder einzelne Flug tödlich enden. In den 20er-Jahren, als Charles Lindbergh mit seiner Spirit of St. Louis den Atlantik überquerte, lag die Unfallquote bei 10^{-3}. Jeder 1000. Flug endete tödlich. Das Vertrauen der Öffentlichkeit konnte so nicht gewonnen werden. In dieser Zeit wurden erstmals Unfälle untersucht und Verbesserungen empfohlen. Systeme, Technik und Verfahren haben von diesen Erfahrungen profitiert und wurden seitdem weiterentwickelt und immer besser. Die Unfallrate reduzierte sich auf 10^{-5}, was einem Unfall pro 100.000 Flügen entsprach. Die kommerzielle Luftfahrt konnte durchstarten. Seit Mitte der 90er-Jahre liegt die Unfallrate bei ca. 10^{-7}, was einem Unfall pro 10.000.000 Flügen entspricht. Hintergrund dafür ist nicht zuletzt die Einbeziehung und Berücksichtigung menschlicher Faktoren als Ursache von Unfällen. Rund 90% aller Unfälle sind auf menschliches Versagen zurückzuführen. Daher gilt der Mensch als Dreh- und Angelpunkt für alle Verbesserungen, auch die, die wir in Zukunft noch sehen werden.

Entscheidend ist, dass aus jedem Unfall, Vorfall, Vorkommnis, mit anderen Worten aus jedem Fehler gelernt wurde. Teilweise wurde ein enormer Aufwand getrieben, um die Sicherheit noch weiter zu verbessern, obwohl die Sicherheitsstandards bereits sehr hoch waren. Wie diese Standards mit einem guten Fehlermanagementsystem erreicht werden können, ist Bestandteil dieses letzten Kapitels.

Ein professionelles Fehlermanagement besteht aus vier Phasen:

1. **Fehlererkennung**
2. **Fehleranalyse und -bewertung**
3. **Feedback und Empfehlungen**
4. **Monitoring**

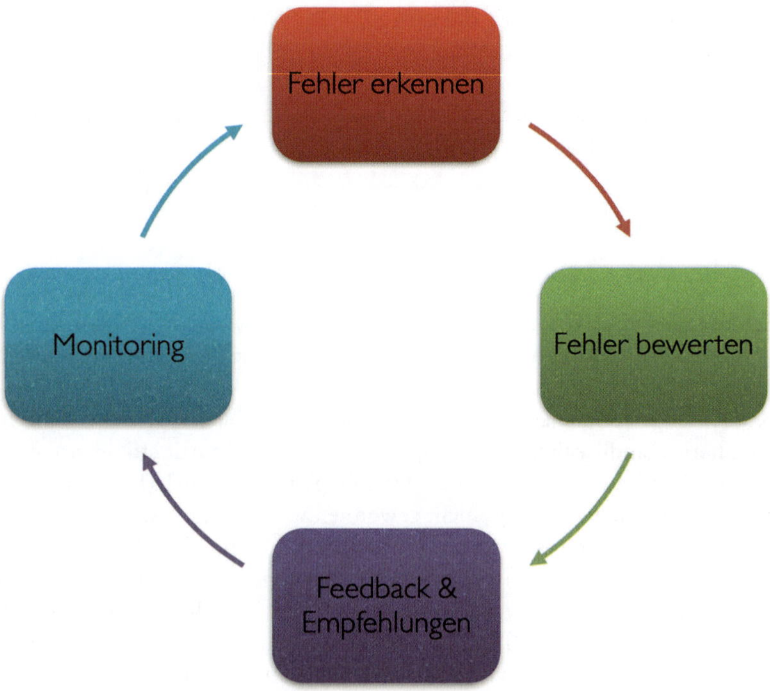

Im Grunde genommen möchte man mit dem Fehlermanagement das menschliche Handeln besser verstehen, damit Fehler gar nicht erst auftreten oder zumindest keine gravierenden Auswirkungen haben.

Wie wir bereits in dem vorangegangenen Kapitel gesehen haben, sind Vertrauenspersonen wichtig für ein erfolgreiches Fehlermanagement. Sie erhalten nicht nur viele Meldungen, sondern erfahren auch Hintergründe und Umstände.

Je mehr Fehlermeldungen Sie bekommen, desto besser. Denn Sie brauchen viele Meldungen, um latente Fehler erkennen zu können, den **Fehler Eins** zu identifizieren und rechtzeitig Maßnahmen zu treffen, um Unfälle, Krisen oder Katastrophen zu verhindern. Wie schaffen Sie es, Ihre Kollegen und Mitarbeiter zu motivieren, Fehlermeldungen einzureichen?

Im Sommer 1994 begann ich in der Sicherheitsabteilung einer Fluggesellschaft mit der Untersuchung von Vorkommnissen. Sehr schnell wurde klar, wie wertvoll vertrauliche Fehlermeldungen waren. Wir hatten Vorfälle untersucht, aber kaum Erkenntnisse über Kernursachen, wahre Gründe oder das, was ich jetzt als **Fehler Eins** bezeichne. Es brauchte Vertrauen! Um Vertrauen aufzubauen, braucht es Zeit. Die Mitarbeiter sollten spüren, dass sie sich der Vertrauensperson öffnen können. Die Geduld zahlte sich aus. Die Anzahl der Fehlermeldungen nahm über die Jahre stetig zu.

Im Sommer 2014 traf ich den Entschluss, meine Erfahrungen auch außerhalb der Luftfahrt anzubieten und einzubringen. In diesem Jahr legte der deutsche Gesetzgeber fest, dass Krankenhäuser ein Fehlermeldesystem einführen mussten. Einige Krankenhäuser hatten schon ähnliche Systeme. Leider fehlte manchen Kliniken das Fachwissen, um es erfolgreich umzusetzen. Man kaufte teure Software und wunderte sich, warum die Zahl der Meldungen weit hinter den Erwartungen zurückblieb. Ein großes Krankenhaus mit 2000 Mitarbeitern berichtete, dass es dankbar wäre, wenn 10 Fehlermeldungen im Jahr eingehen würden. Irgendwas lief da schief. Bei dieser geringen Anzahl an Fehlermeldungen ist jede Software und jedes Datenbanksystem überdimensioniert. Die Kliniken hatten bei der Einführung des Fehlermeldesystems versäumt, ihre Mitarbeiter mitzunehmen, soll heißen, sie zu motivieren. Freiwillig eigene Fehler zu melden passiert nicht einfach so auf Anweisung.

Im Laufe meiner über 20-jährigen Erfahrung mit Fehlermanagementsystemen habe ich mehr als genug eigene Fehler gemacht. Ungenügende Vorbereitung bei der Befragung von Kollegen, falsche Bewertungsmethoden, Fehler beim Feedback, bei den Sicherheitsempfehlungen, bis hin zu Rechtschreibfehlern in Untersuchungsberichten. Mit jedem meiner Fehler habe ich dazugelernt. Diese Erkenntnisse brachte ich in die Beratung von Unternehmenskunden ein.

Aus eigener Erfahrung wusste ich, wie wichtig es ist, alle Mitarbeiter zu überzeugen. Daher setzte ich den ersten Schwerpunkt beim obersten und mittleren Management. Danach wurden alle übrigen Mitarbeiter geschult. Ein Kommentar hat mich bei einem dieser Trainings besonders gefreut. Ein Teilnehmer kam auf mich zu und sagte begeistert: „Wissen Sie, das war eine der besten und interessantesten Schulungen, die ich in meinem Berufsleben erlebt habe!" Das Training war menschlich, persönlich und offensichtlich motivierend. Er wollte sofort seine erste Fehlermeldung schreiben. Natürlich hat mich sein Kompliment gefreut. Aber noch spannender war die Frage, ob wir auch die übrigen Mitarbeiter überzeugen konnten, Fehler zu berichten und Meldungen einzureichen.

Dass wir nicht lange warten mussten, wäre untertrieben. Der erste Schwung an Fehlermeldungen kam noch am Tag der Schulung. Die Mitarbeiter hatten so viel Themen auf dem Herzen und so viele Fehler zu berichten, dass wir in den ersten Tagen kaum hinterherkamen, alle Meldungen zu lesen. Die Resonanz war überwältigend. Nach wenigen Wochen konnten wir ein erstes Resümee ziehen. „Das Ergebnis hat unsere kühnsten Erwartungen übertroffen!", sagte der Ärztliche Direktor der Klinik dazu. Mit dieser hohen Anzahl an Meldungen hätte er nie gerechnet. Nach zwölf Monaten konnten wir einen ersten Vergleich ziehen.

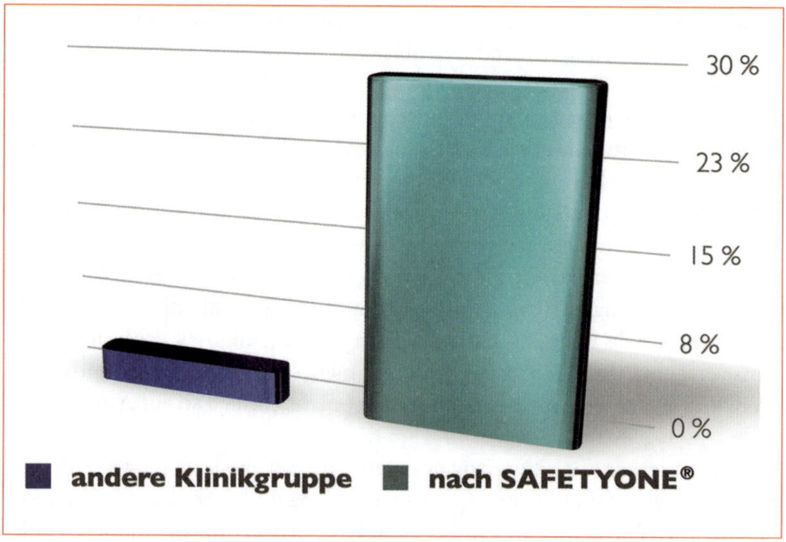

Wir nannten es das „SAFETYONE"-Prinzip. Ein Fehlermanagementsystem, welches nach dem ERROR ONE, dem **Fehler Eins** sucht. Bezogen auf die Anzahl der Mitarbeiter lag die Melderate bei rund 30 %, während andere Krankenhäuser schon stolz waren, eine Melderate von gerade mal 2 % zu erreichen. Zum Vergleich: Bei einem Krankenhaus mit 2000 Mitarbeitern entsprächen 10 Fehlermeldungen einer Melderate von nur 0,5 %.

Mit der hohen Anzahl an Fehlermeldungen konnte regelmäßig der **Fehler Eins** für verschiedene Vorkommnisse identifiziert werden. Die abgeleiteten Maßnahmen sorgten dafür, dass Vorfälle spürbar und auch messbar abnahmen. Dieser Erfolg konnte anschließend mehrfach repliziert werden. Das System funktioniert also wirklich und ist kein leeres Geschwätz. Wie können Sie nun davon profitieren und ein Fehlermanagementsystem in Ihrem Unternehmen erfolgreich einführen und umsetzen?

Fehlermeldesysteme

Fehler melden

Die erste Phase des Fehlermanagements ist die Fehlererkennung. Der Prozess beginnt immer mit der Fehlermeldung. Natürlich können Sie proaktiv nach Fehlern suchen und prüfen, ob Fehler, die in anderen Unternehmen zu Unfällen geführt haben, bei Ihnen ebenfalls latent vorhanden sind. Aber nehmen wir einfach mal an, dass Sie Fehlermeldungen Ihrer Kollegen bekommen wollen.

Immer mehr Unternehmen und Organisationen weltweit nutzen solche Systeme, um langfristig und dauerhaft besser zu werden. Sie haben unterschiedliche Namen: CIRS, CRS, ASRS und andere. Allen Fehlermeldesystemen liegt die Idee zugrunde, dass Mitarbeiter, egal aus welchem Bereich und welcher Hierarchiestufe des Unternehmens, die Möglichkeit haben, Vorkommnisse und Fehler zu berichten. Das geschieht freiwillig und angstfrei. Ohne Angst vor nachteiligen Auswirkungen zu haben, ohne Angst vor Repressalien, ohne Angst vor abfälligen Blicken.

Häufig glauben die Unternehmen und teilweise auch der Gesetzgeber, dass es ausreicht, wenn einfach nur anonym gemeldet werden kann. Dann wären die Mitarbeiter offen und bereit, Fehlermeldesysteme zu nutzen. Leider stimmt dies nur in der Theorie. Dazu muss man sich einfach überlegen, wie offen wir sind, über unsere eigenen Fehler zu reden und unsere eigenen Unzulänglichkeiten zuzugeben. Selbst wenn dies anonym gemacht werden kann, ist schon die Auseinandersetzung mit meinem eigenen Fehler, meinen Mängeln, meiner gefühlten Dummheit schmerzhaft. Dadurch, dass die Fehlermeldungen nahezu immer schriftlich eingereicht werden müssen, ist es noch aufwendiger. Wer nimmt sich schon gerne die Zeit, freiwillig nach Dienstschluss einen langen Text zu schreiben, der zum Inhalt die eigene Fehlerhaftigkeit hat? Leichter wäre es, über die Fehler der anderen zu sprechen (s. externale Attribution).

Das hat zur Folge, dass Fehlermeldungen, sofern sie denn überhaupt geschrieben werden, nur das Nötigste an Informationen enthalten. Beispiel:

„Dem Patienten wurde das falsche Medikament verabreicht." Viel mehr möchte man in seiner Freizeit über die eigenen Fehler gar nicht nachdenken, geschweige denn schreiben. Damit fehlen dem Untersuchungsteam fast sämtliche Angaben, um eine aussagekräftige Analyse und Bewertung vornehmen zu können. Die Umstände sind nicht klar, die Fehlerkette ist nicht erkennbar.

Unterm Strich möchte ein gutes Fehlermeldesystem erreichen, dass wir als Menschen angstfrei unsere Fehler und Irrtümer berichten. Es ähnelt in vielerlei Hinsicht einer klassischen Beichte. Und tatsächlich steckt da viel Wahres drin. Kollegen sind immer wieder dankbar, wenn ihnen jemand zuhört, ohne zu urteilen oder zu verurteilen.

Nach außergewöhnlichen Vorkommnissen zweifeln wir oft an unseren eigenen Fähigkeiten, wie das folgende Beispiel zeigt.

Ein Pilot führte einen Anflug nach Brüssel durch, der unstabil war. Die Kriterien für eine sichere Landung waren nach den vorgegebenen Standards nicht erfüllt. Aber statt durchzustarten, wie eigentlich vorgeschrieben, ist er gelandet. Die ganze Nacht hindurch machte er sich Vorwürfe. An Schlaf war nicht zu denken. Wie konnte ihm als erfahrener Kapitän so etwas passieren, fragte er sich immerzu. „Warum nur mache ich so einen dämlichen Fehler?", grübelte er.

Am nächsten Morgen rief er seinen Vertrauenspiloten im Büro an. Sie redeten weit über eine Stunde miteinander. Der Pilot legte alle Umstände und Hintergründe dar und gab dem Vertrauenspiloten somit alle Informationen, die für eine vollständige Untersuchung notwendig waren. Dazu gehörten ein langer Arbeitstag, schlechtes Wetter im Anflug auf Brüssel, Verspätung und schlussendlich auch ein Gewitter im Abflugsektor beim Durchstarten. Je länger die beiden miteinander sprachen, desto ruhiger und vor allem auch offener wurde der betroffene Pilot. Das Gespräch hatte für ihn einen reinigenden, befreienden Effekt. Ähnlich wie nach einer Beichte war er unendlich erleichtert nach dem Gespräch. Er konnte Ballast loswerden, ohne dafür verurteilt oder bestraft zu werden.

Für das Unternehmen hatte es den Riesenvorteil, dass es mit seiner Unterstützung ein viel besseres und vor allem vollständiges Bild von dem Vorkommnis erhielt. Das Untersuchungsteam konnte die Umstände nachvollziehen und verstehen. Es konnte die Fehlerkette erkennen und die Lücken in dem System, also die latenten Fehler, identifizieren. Das Unternehmen war so in der Lage, aus dem Vorfall, der eigentlich nur ein harmloser Fehler war, die richtigen Schlussfolgerungen zu ziehen.

Wie bereits mehrfach angesprochen, ist eine Vertrauensperson wichtiger Bestandteil eines Fehlermeldesystems. Damit können Sie wichtige Hintergrundinformationen über das Ereignis erhalten. Wenn Sie vertraulich mit einem Kollegen über den Vorfall reden, können Sie gezielt Fragen stellen, um die Umstände und Hintergründe zu erfahren. Sie nehmen sich sämtliche Möglichkeiten, wenn Sie nur bei der anonymen Meldung bleiben. Nach meiner Erfahrung ist es besser, wenn Sie statt eines *anonymen* ein *vertrauliches* Meldesystem haben. Das würde bedeuten, dass Sie mit den Kollegen reden können und die Meldung zwischen Ihnen vertraulich bleibt. Gegenüber Dritten bleibt die meldende Person anonym. Damit ist die Vertraulichkeit gewahrt, die Anonymität sichergestellt und Sie haben die Chance, den **Fehler Eins** zu finden.

Sie fungieren damit ähnlich einem Beichtvater. Es hilft sogar Ihrem Kollegen, denn es hört ihm jemand zu, der ihn nicht für seinen Fehler verurteilt.

Risikobewertung

Die zweite Phase eines Fehlermanagementsystems ist die Analyse und Bewertung der Meldung. Sie beginnt mit einer Risikobewertung, um Fehler einschätzen zu können und Vorfälle zu priorisieren. Kommen diese Vorfälle häufig vor oder war es ein Einzelfall? Je mehr Fehlermeldungen Sie mit ähnlichen oder sogar gleichen Fehlern erhalten, desto höher die Eintrittswahrscheinlichkeit. Damit steigt automatisch das Risiko. Als Nächstes betrachten Sie, wie gravierend der Vorfall war. Noch wichtiger ist allerdings die Frage: Wie könnten die potenziellen Auswirkungen sein? Also nicht fragen: Was ist passiert? Sondern: Was könnte passieren? Es geht dann nicht mehr alleine um diesen einen Vorfall, sondern um zukünftige Ereignisse. Sie erinnern sich an die Anekdote mit dem Fahranfänger und seinem nächtlichen Ausflug im Porsche Cayenne? Wenn nichts passiert ist, heißt es noch lange nicht, dass kein Risiko vorlag. Ergo muss an dieser Stelle betrachtet werden, welche Auswirkungen der Fehler haben könnte. Daraus ergibt sich die Risikobewertung.

Befragung der beteiligten Personen

Idealerweise haben Sie bereits bei der ersten Meldung mit der direkt betroffenen Person gesprochen. Ich kann Ihnen aber schon jetzt sagen, dass Sie auch nach dem ersten Gespräch sicher noch wiederholt mit dem Kollegen sprechen werden. Meist ergeben sich neue Fragen, wenn Sie den Vorfall genauer betrachten. Machen Sie Ihren Kollegen zum Verbündeten. Von den Erfahrungen können Sie und Ihr Unternehmen nur profitieren. Wer könnte besser erklären, wie sein Vorfall in Zukunft verhindert werden kann, wenn nicht die direkt beteiligte Person?

Überprüfung der Standards und Prozesse

In der Phase zwei überprüfen Sie idealerweise noch, welche Verfahren Ihr Unternehmen zugrunde gelegt hat. Werden diese Standards eingehalten und auch richtig umgesetzt? Sind die Verfahren vielleicht als solche mangelhaft, weil sie missverständlich sind oder anderen Vorschriften widersprechen? Sind sie überhaupt praktikabel oder wurden absurde und praxisfremde Standards vorausgesetzt? Damit begeben Sie sich unmittelbar auf die Suche nach latenten Fehlern im System.

Blick über den Tellerrand

Hilfreich ist noch, sprichwörtlich über den Tellerrand zu schauen. Welche Vorfälle, Probleme und Fehler werden in anderen Organisationen gemacht? Gibt es übergeordnete Institutionen, die vielleicht schon eigene Empfehlungen ausgesprochen haben? In der Medizin beispielsweise gibt es die „Joint Commission on Health Care Organisations“, die Empfehlungen für immer wiederkehrende Probleme in Krankenhäusern herausgibt. Die Kommission hat für regelmäßig auftretende Seitenverwechslungen umfangreiche Erkenntnisse gesammelt und Empfehlungen ausgesprochen. Diese Erkenntnisse können und sollten für jede Klinik genutzt werden. Sie können auf diese Art und Weise ganz elegant von den Fehlern der anderen lernen und profitieren.

Sicherheitsempfehlungen

Stufe drei des Fehlermanagementsystems sind Feedback und Empfehlungen. Wenn der **Fehler Eins** eindeutig identifiziert werden konnte, ist der Schritt zu einer guten Sicherheitsempfehlung recht einfach:

- Sind die Vorschriften missverständlich, dann sollten sie umformuliert werden.
- Sind die Verfahren eindeutig, werden aber nicht wie gewünscht umgesetzt, könnte es daran liegen dass die Mitarbeiter nie ausreichend geschult wurden. Dann lautet die Sicherheitsempfehlung, dass die entsprechenden Schulung verbessert werden muss.
- Sind die Verfahren eindeutig und allen bekannt, könnte die Ursache sein, dass die Mitarbeiter den Hintergrund nicht kennen, warum eine Vorschrift erlassen wurde. Das führt, wie wir bereits wissen, zu Reaktanz. Dann gilt es, die Mitarbeiter zu überzeugen und zu motivieren. Veränderungen durch Selbsterkenntnis. Das funktioniert am besten über Feedback.

Das sind nur einige Beispiele. Es gibt eine Vielzahl von möglichen Verbesserungsvorschlägen und Empfehlungen, denn nicht alle Vorfälle sind alleine auf fehlerhaftes Verhalten zurückzuführen. Wichtig ist lediglich, dass Sie sich bewusst sein müssen, welche Zielsetzung Sie verfolgen. Soll der Fehler zukünftig vermieden werden, was natürlich wünschenswert wäre, oder gilt es die Auswirkungen des Fehlers zu minimieren?

Feedback

Geben Sie den Kollegen Feedback über Ihre Ergebnisse. Das kann das individuelle Feedback sein oder noch besser das gesamthafte Feedback für alle Mitarbeiter. Dabei spielt es gar keine große Rolle, ob Sie ein kleines Bulletin schreiben oder ein umfangreiches Safety-Magazin mit 40, 60 oder mehr Seiten. Essentiell ist, dass die Ergebnisse plausibel und nachvollziehbar dargelegt werden. Unbeteiligte müssen erkennen können, warum Sie bei der Analyse und Bewertung zu diesen Schlüssen gekommen sind. Idealerweise beschreiben Sie den Vorfall aus dem Blickwinkel der betroffenen Person und schildern den Ablauf wie eine kleine Kurzgeschichte. Anschließend erläutern Sie Ihre eigenen Gedankengänge und Erkenntnisse. Wenn Sie sachlich und strukturiert vorgegangen sind, werden sich die Schlussfolgerungen für Ihre Leser fast unweigerlich aufdrängen.

Warum ist das Feedback so wichtig?

Sie erinnern sich an das Thema „Gefährliche Einstellungen"? „Wissen", „Können" und „Wollen" machen gutes und sicheres Handeln aus. Um das Wollen zu verbessern, mit anderen Worten die Mitarbeiter zu überzeugen, spielt das Feedback in Form eines Bulletins oder Magazins eine außerordentlich wichtige Rolle. Wir Menschen lieben Geschichten. Wir können uns Geschichten viel besser merken statt simpler Anweisungen. Nutzen Sie Ihr Talent im „Story Telling", um die Sicherheit in Ihrer Organisation oder Ihrem Unternehmen zu verbessern. Mit jeder Anekdote, jeder Kurzgeschichte erleben wir als Zuhörer oder Leser den Vorfall mit. Wir fühlen, spüren und erleben das Ereignis aus Sicht des Protagonisten, der handelnden Person. Wenn wir es miterleben, dann verstehen wir als Betrachter auch die Schlussfolgerungen besser. So können wir noch besser aus den Fehlern lernen. Dahinter steckt meine Grundüberzeugung, dass keiner von uns jemals fehlerfrei sein kann. Wir alle machen Fehler, immer wieder und leider zu häufig. Daher können wir aus jedem Fehler etwas für uns mitnehmen und besser werden. Wir lernen nicht nur durch eigene Fehler, sondern auch durch die Fehler der anderen. Das ist keine Schadenfreude, sondern führt oft genug zu dem Gedanken: „Das hätte mir auch passieren können!"

So lernen wir von den Fehlern anderer, von unseren Vorgängern und Lehrern. Am besten konnte ich von Lehrern lernen, die sich selber nicht für perfekt hielten und keinen Hehl daraus machten, dass sie selber nicht fehlerfrei waren. Wenn meine Lehrer oder Trainer ihre eigenen Fehler in eine

Geschichte verpackten, meist als eigene Erlebnisse, habe ich am allermeisten davon profitiert. Die Geschichte blieb wie eine Analogie, ein Gleichnis, eine kurze Story in Erinnerung. Die Lehre, die ich aus dem Bericht über den Fehler ziehen konnte, blieb ebenfalls im Gedächtnis.

Monitoring

Die vierte Phase des Fehlermanagementsystems ist das Monitoring, die Überwachung der Maßnahmen. Nach der Umsetzung Ihrer Empfehlungen prüfen und beobachten Sie, ob sie den gewünschten Erfolg hatten. Selbst wenn Sie vielleicht zutiefst davon überzeugt sind, dass Ihre Empfehlung genau das Richtige sei, um den untersuchten Fehler in Zukunft zu verhindern, kann es dennoch passieren, dass im Alltag die Mitarbeiter damit nicht zurechtkommen. Eventuell ist die Umsetzung auch gar nicht so einfach möglich, da sie unpraktikabel ist. Oder vielleicht haben Sie andere Konsequenzen und Auswirkungen Ihrer Empfehlung vorher nicht berücksichtigt. Ja, selbst bei Sicherheitsempfehlungen können Fehler unterlaufen.

Durch das Monitoring werden Sie feststellen, ob ihre Empfehlung den gewünschten Erfolg hatte, ob sie weniger erfolgreich war oder vielleicht sogar den gegenteiligen Effekt hatte. Bleiben Sie also am Ball, um mit der Zeit immer besser und sicherer zu werden.

Diese vier Phasen sind das Gerüst, das ein gutes Fehlermanagementsystem ausmacht. Es ist sowohl für Mitarbeiter als auch für Unternehmen ein extrem wertvolles Mittel, um sicherer zu werden. Wenn Sie es richtig umsetzen, können alle davon profitieren. Sie ebenfalls, denn Sie halten alle Fäden in Ihrer Hand für den Erfolg.

Aber können Sie es noch besser und erfolgreicher machen? Wie wäre es, wenn Sie Fehler vorhersagen könnten?

Error Prediction

Kommen wir ein weiteres Mal zurück zur Unfallpyramide. Schauen Sie sich die Zusammenhänge zwischen den einzelnen Ebenen an. Vielleicht haben Sie es schon die ganze Zeit geahnt, dass Ihnen die Pyramide eigenartig bekannt vorkam. Denn die Unfallpyramide finden Sie in jeder klassischen Risikomatrix wieder. Gravierende Vorfälle kommen seltener vor als die Arbeitsfehler. Es wird schnell deutlich, dass die Eintrittswahrscheinlichkeit abnimmt, je schwerwiegender der Vorfall ist. Spannend wird es, wenn Sie jetzt anfangen, diese Eintrittswahrscheinlichkeiten für sich zu nutzen. Sie können mit einer ausreichend großen Anzahl von Meldungen über Arbeitsfehler plausible Vorhersagen treffen.

Ein gut funktionierendes Fehlermanagementsystem zeigt latente Fehler und Risiken auf. Ein Unternehmen kann somit anhand von Fehlermeldungen und Fallzahlen das zukünftige Risiko abschätzen. Immer wieder gibt es Unternehmen, die trotz vieler Vorfälle bei der Problemlösung ausschließlich den jeweils letzten Fall betrachten. Sie tun sich schwer damit, in die Zukunft zu blicken und eine Prognose abzuleiten.

Können Sie prognostizieren, mit welcher Wahrscheinlichkeit ein Patient auf der falschen Seite operiert würde?

Wenn beispielsweise im Krankenhaus seit Jahren regelmäßig Seitenverwechslungen passieren, dann könnte man schon am Anfang des Jahres vorhersagen, wie häufig dieser Fehler auch im kommenden Jahr auftreten wird. Auf dieser Grundlage wäre das Risiko deutlich greifbarer und sinnvolle Maßnahmen könnten schnell umgesetzt werden. Damit könnten Sie eine Klinik in die Lage versetzen, die Anzahl der Seitenverwechslungen auf nahezu null zu reduzieren.

Fiktives Beispiel Seitenverwechslung

Bei 100 Operationen (pro Monat) gibt es 10 Fehlermeldungen und einen Fall, bei dem beinahe falsch operiert wurde. Noch ist nichts passiert, aber die Eintrittswahrscheinlichkeit wird offensichtlich. Das Verhältnis liegt bei 1 zu 10, je gravierender der Vorfall. Das würde in diesem fiktiven Beispiel bedeuten, dass hochgerechnet bei 1000 Operationen eine OP schieflaufen kann. Für eine Klinik mit dieser Anzahl an Operationen würde demzufolge alle 10 Monate einmal auf der falschen Seite operiert!

Versicherungskonzerne rechnen übrigens meistens umgekehrt. Sie beginnen an der Spitze der Pyramide. Vereinfacht dargestellt fragen sich Versicherer, wie viele Unfälle es in einem bestimmten Zeitraum gegeben hat, und berechnen anhand der Zahl der Versicherungsnehmer, wie hoch die Eintrittswahrscheinlichkeit eines Unfalls wäre. Natürlich ist die Berechnungsmethode weitaus komplexer und umfangreicher. Aber das Prinzip ist klar. Die Versicherer benutzen eigene oder öffentliche Schadensstatistiken, um Eintrittswahrscheinlichkeiten zu kalkulieren. Für andere Risikoberechnungen werden Experten für eine qualitative Abschätzung benötigt.

Sie können sich die Arbeit etwas einfacher machen. Bei einem funktionierenden Fehlermanagementsystem haben Sie die nötigen Datensätze über Arbeitsfehler und Vorfälle. Damit können Sie bereits eine Hochrechnung durchführen und sowohl Fehler als auch Vorkommnisse vorhersagen.

Kreative Fehler

Das Fehlermanagement und damit die Sicherheit in der Luftfahrt hat sich in den letzten 60 Jahren im Wesentlichen auf den Menschen als Verursacher der Fehler konzentriert. Dabei wurde viel zu oft übersehen, dass gerade Menschen tagtäglich dafür sorgen, dass Dinge eben nicht schiefgehen. Sie sorgen trotz widriger Umstände dafür, dass ihre Arbeit sicher ausgeführt wird und folgenlos bleibt.

Ende der 90er-Jahre hatte ich das Vergnügen, den renommierten Wissenschaftler Dr. Irving Statler kennenzulernen. Er war über lange Zeit Chefwissenschaftler beim „NASA Ames Research Center“ und zuständig für den Bereich „Aerospace Human Factors Research“. Er untersuchte, wie menschliche Faktoren den Flugablauf beeinflussen. Ihm war bewusst, dass rund 90 % aller Unfälle auf menschliches Versagen zurückzuführen sind. Aber mit der Aussage von Ingenieuren und Flugzeugherstellern, dass mehr Technik auch mehr Sicherheit bedeuten würde, war er nicht einverstanden. Denn seiner Meinung nach vergessen Ingenieure dabei, dass nur der Mensch in der Lage ist, auf unvorhergesehene Fehler zu reagieren. Ein Zitat aus seinem Vortrag war:

> *„Der Ingenieur fordert: Sag mir, was Du erwartest, und ich entwickele Dir ein passendes System dafür! Das funktioniert aber nur bei Dingen, die wir erwarten und vorhersehen können.“*
>
> Dr. Irving Statler

Ingenieure können nur das entwickeln und programmieren, was sie erwarten. Sie finden technische Lösungen für Probleme, die vorhersehbar sind. Für Fehler, die sie nicht voraussehen, kann es demzufolge auch keine technische Lösung geben. In diesen besonderen Ausnahmesituationen ist die Kreativität des Menschen gefordert, um auf unbekannte und unerwartete Fehler reagieren zu können.

Am 25. Mai 1961 gab John F. Kennedy in seiner berühmten Ansprache den Auftrag, „einen Menschen auf dem Mond landen zu lassen und ihn dann sicher wieder zur Erde zurückzubringen“. Acht Jahre lang arbeiteten in den ganzen USA 400.000 Menschen daran, dieses Ziel zu erreichen; darunter Tausende NASA-Wissenschaftler, Ingenieure und Forscher. Geld spielte keine Rolle. Bei so viel Vorbereitung sollte man meinen, dass bei der Apollo 11 Mission nichts mehr schiefgehen konnte. Alle Möglichkeiten und Eventualitäten waren geprüft, bewertet und durchgespielt. Dass dem nicht so war, wurde kurz vor der Landung, als die Anspannung aller Beteiligten ohnehin schon am höchsten war, offensichtlich.

Siebeneinhalb Minuten vor dem Aufsetzen auf dem Mond gab es im Landemodul aus heiterem Himmel eine Warnung. Der Computer meldete Fehlercode 1202. Eine Datenüberlastung des Bordcomputers, wie sich später herausstellte. Aber zu diesem Zeitpunkt wussten weder die beiden Astronauten Neil Armstrong und Buzz Aldrin noch die im Mission Control anwesenden Ingenieure von diesem Fehlercode. Die Astronauten waren für diesen Fehler nicht trainiert, es gab keine Risikoeinschätzung, noch nicht einmal ein Notfallverfahren war vorhanden, welches die Astronauten hätten anwenden können. Nach einem kurzen Moment erhielten sie von Mission Control die lapidare Anweisung „We're go on that Alarm!", was soviel hieß, wie „Fliegt mal weiter!". Sonst nichts. Die Astronauten waren auf sich alleine gestellt. Mit einer bemerkenswerten Gelassenheit übernahm Neill Armstrong die Steuerung und rettete der NASA nicht nur den Tag, sondern die gesamte Mission. Es ist den beiden Astronauten zu verdanken, dass die Apollo 11 erfolgreich landete und der Fehler nicht zu einem Abbruch führte oder, noch schlimmer, in einer Tragödie endete.

Es zeigt sich, in schwierigen Situationen ist die Kreativität des Menschen gefragt, um auf unvorhergesehene Ereignisse reagieren zu können. Ohne den Menschen geht es eben doch nicht. Wenn etwas schiefläuft, kann der Mensch mit seinem Wissen auf eine gänzlich andere und neue Lösung kommen. Er kann aktiv im Moment der Bedrohung oder des aufkeimenden Fehlers eine alternative Strategie entwickeln, einen kreativen Weg finden, den vorher die Ingenieure und Entwickler nicht vorhersehen konnten. Es wurde einfach nie damit gerechnet, dass ein so gearteter Fehler auftreten könnte.

Damit fängt der Mensch am Ende der Fehlerkette doch noch latente Fehler auf. Er stellt das Sicherheitsnetz der letzten Käsescheibe dar. Viele Probleme und latente Fehler werden so gemeistert. Der Mensch sorgt dafür, dass es jeden Tag viel mehr Dinge gibt, die gut laufen, als Dinge, die schlecht laufen. Leider bleiben sie dadurch aber auch oftmals unentdeckt. Denn gemeldet wird davon in der Regel nichts.

Wie wäre es, wenn die Prinzipien des Fehlermanagements in beide Richtungen genutzt würden? Systematisch beobachten und messen, was alles gut läuft, und parallel dazu erkennen, was alles nicht gut läuft und wo Fehler passieren.

In der Luftfahrt wird dieser Ansatz bereits teilweise genutzt. Genannt wird es SAFETY 2.0. Die Überlegung dahinter ist folgende: Für das Fehlermanagementsystem werden bereits umfangreich Daten gesammelt. Diese können nicht nur genutzt werden, um den **Fehler Eins** zu identifizieren, sondern auch, um zu erkennen, wenn Dinge gut laufen.

SAFETY 1.0 : Durch Fehlervermeidung Unfälle verhindern.

SAFETY 2.0 : Durch Empfehlungen sicherstellen, dass möglichst viele Dinge richtig gemacht werden.

Damit bietet sich dem Unternehmen die Möglichkeit, Risiken zu minimieren und gleichzeitig herauszufinden, wie es kontinuierlich noch besser werden kann. Genaugenommen verfolgt es eine ähnliche Zielrichtung wie das in Japan entwickelte KAIZEN.

Die lernende Organisation

Nach dem Zweiten Weltkrieg hatten es alle Industriezweige in Japan schwer. Ein Unternehmen hatte dafür eine kreative Lösung gefunden, um seine Probleme und die anstehenden Herausforderungen zu meistern. Dieses Unternehmen war Toyota. Als Automobilhersteller gab Toyota seinen Mitarbeiter eine lebenslange Beschäftigungsgarantie. Dafür musste Toyota sicherstellen, dass sich die Mitarbeiter und damit das Unternehmen einem langfristigen und dauerhaften Verbesserungsprozess unterwarfen. Sie nannten es KAIZEN, was übersetzt soviel heißt wie „kontinuierliche Verbesserung".

Fortan sahen sich die Toyota-Mitarbeiter als interne Dienstleister, die ebenfalls interne Kunden hatten. Sobald ein interner Kunde, egal ob in der Entwicklung, in der Verwaltung oder Produktion, einen Fehler bemerkte, informierte er seinen internen Dienstleister darüber. Dadurch konnte Toyota nicht nur teure Folgefehler vermeiden, sondern hatte gleichzeitig eine interne Qualitätssicherung und -verbesserung. Weltweit haben viele Unternehmen das KAIZEN-Prinzip der kontinuierlichen Verbesserung übernommen.

Im Jahr 1990 veröffentlichte der Wissenschaftler Peter Senge das Buch „Die fünfte Disziplin". Als Professor an der amerikanischen Universität MIT unterrichtete er im Bereich „Organizational Learning". Sein Buch fand weltweit Anklang. Senge beschreibt in seinem Buch fünf Disziplinen, wie er es nennt, die ein Unternehmen benötigt, um kontinuierlich zu lernen und besser zu werden. Eine Grundvoraussetzung, um im 21. Jahrhundert erfolgreich bestehen zu können, wie er meinte. Eine lernende Organisation ist ständig in Bewegung. Ereignisse, egal ob positiv oder negativ, werden genutzt, um sich weiterzuentwickeln. So können Probleme rechtzeitig erkannt und abgestellt werden. Genauso finden Unternehmen auch innovative Lösungen.

Heute werden Unternehmen und Organisationen mit diesen Eigenschaften als „Agile Unternehmen" bezeichnet. Sie zeichnen sich durch Flexibilität und Anpassungsfähigkeit aus und können dadurch sehr viel schneller als ihre

Konkurrenten auf Veränderungen reagieren. Die „Time to Market", also die Zeit für Produktentwicklung bis zur Marktreife, reduziert sich durch Agilität um 30 % bis 75 %, während gleichzeitig Fehler und Probleme zwischen 20 % bis 75 % abnehmen können. Ausschlaggebend für den Erfolg agiler Organisationen sind Offenheit, Feedbackkultur und Mut, Fehler zuzulassen. Das Lernprinzip Trial and Error, Versuch und Irrtum, ist typisches Merkmal agiler Unternehmen. Wie heißt es so schön: „Versuch macht klug!" Klug wird man allerdings erst, wenn aus Irrtümern und Fehlern die richtigen Schlüsse gezogen werden.

Innovation durch Fehler

Die Geschichte der technischen Entwicklungen ist gespickt von Fehlern, die zu bahnbrechenden Erfindungen wurden.

Im Sommer 1928 experimentierte der schottische Bakteriologe Alexander Fleming mit dem Krankheitserreger Staphylokokken. Er probierte verschiedene Medikamente und Heilmethoden aus. Eine Petrischale vergaß er aber zu entsorgen, bevor er nach Schottland in die Sommerferien verschwand. Als er einige Wochen später in sein Labor zurückkehrte, staunte er nicht schlecht. Die Bakterien waren verschwunden. Übrig war nur noch ein grünlicher Schimmelpilz. Die Substanz aus dem Pilz nannte er Penicillin. Durch seinen Fehler wurde das erste Antibiotikum erfunden. Oder sollte ich sagen, zufälligerweise entdeckt?

Auch ein weiteres, heute alltägliches Produkt wurde nur zufällig durch einen Fehler entdeckt. Der junge Wissenschaftler Dr. Roy Plunkett forschte 1938 im Auftrag seines Arbeitgebers DuPont nach neuen, besseren Kühlmitteln für Kühlschränke. Die Kühlmittel wurden üblicherweise in Versuchszylindern aufbewahrt. Als er eines Morgens in sein Labor kam, war ein Zylinder leer. An dessen Innenwänden hatte sich eine pulverige Substanz abgelagert. Dieses Pulver hatte hitzebeständige Eigenschaften und war außerdem noch sehr flexibel. Teflon war geboren bzw. erfunden worden oder doch vielleicht wieder nur aufgrund eines Fehlers zufälligerweise entdeckt worden.

Einer der bekanntesten Erfinder, der unaufhaltsam experimentierte und Fehler analysierte, war Thomas Alva Edison. Ihm wird nachgesagt, dass er über 1000 Fehlversuche brauchte, bis er eine funktionierende Glühbirne erfand. Seine Antwort dazu war, dass er nicht versagt hätte, sondern nur 1000 Wege gefunden hatte, die nicht funktionierten.

Eines der schönsten Zitate über den Zusammenhang zwischen Fehlern und Innovation kommt ebenfalls von Edison:

> *„Ich habe mehr Fehler gemacht als jeder andere, den ich kenne. Früher oder später habe ich die meisten davon patentieren lassen."*
>
> Thomas Alva Edison

Fehler machen oder lieber doch nicht?

Einerseits wollen Unternehmen fehlerfreie Produkte und Dienstleistungen liefern. Fehler sollen vermieden werden. Andererseits können sich Unternehmen nur weiterentwickeln und Innovationen ermöglichen, wenn sie den Mut haben, Fehler zuzulassen. Widersprechen sich deswegen die beiden Ansätze?

Tatsächlich handelt es sich nur um ein scheinbares Dilemma und lässt sich recht einfach lösen. Schauen Sie sich die Herangehensweise von Elon Musk bei seinem Unternehmen Space X an. Er hat von Anfang an damit gerechnet, dass es Fehlschläge geben würde, bis eine Rakete erfolgreich und sicher mit Astronauten an Bord starten könnte. Der Unterschied war allerdings, dass die Fehlschläge und die Ursachen für Fehler außerordentlich akribisch untersucht wurden. Jedes Mal analysierte das Team den Vorfall genauestens, um den Ursprung des Fehlers zu erkennen. Dabei ist Space X keinen Millimeter von dem Ziel abgewichen, dass eine bemannte Mission nur durchgeführt werden darf, wenn sie sicher ist.

Das bedeutet, dass diese Fehler nur im gesicherten Umfeld, während der Flugerprobungen, passieren durften. Damit wurde sichergestellt, dass die erste Space X Mission mit Astronauten an Bord des Raumschiffs Crew Dragon problemlos starten konnte.

Sie sehen, dass der richtige Umgang mit Fehlern Ihnen nicht nur bei der Unfallvermeidung hilft, sondern dazu führt, dass Ihr Unternehmen kreativer, agiler, innovativer und somit erfolgreicher wird. Was können wir zusätzlich für Führungskräfte daraus ableiten?

Aus Fehlern lernen

Die meisten Manager werden erst durch ihre Erfahrungen zu guten Führungskräften. Erfahrungen, wie etwas funktioniert, und insbesondere wenn etwas nicht funktioniert. Misserfolge sind wichtig, um später erfolgreich zu sein.

Was zeichnet einen guten Vorstandsvorsitzenden, Geschäftsführer, Direktor oder grundsätzlich alle Führungskräfte aus? Wem trauen wir am meisten zu? Dem alten Kapitän zur See, dem erfahrenen Flugkapitän, dem Chefarzt mit fast 30 Jahren Praxis, dem Geschäftsführer, der schon in drei Unternehmen bewiesen hat, dass er mit schwierigen Situationen umgehen kann? Warum ist das so? Wir gehen davon aus, dass Ältere mehr Erfahrung haben und bessere Entscheidungen treffen können oder wenigsten häufiger mal die richtigen. Entscheidungen, die zum Erfolg führen.

Offensichtlich ist das aber nicht ganz so einfach, wie es sich anhört, denn sonst gäbe es nicht unzählige Fortbildungen, Seminare, Workshops für Strategieentwicklung, Entscheidungsfindung und persönliche Weiterentwicklung. Die Erfahrungen, die dort gesammelt werden, helfen, bessere Entscheidungen zu treffen, immer in der Hoffnung auf den langfristigen Erfolg.

Diese Seminare leiten häufig Experten und Fachleute, die ihr Know-how und ihre praktischen Erfahrungen weitergeben. Sie wissen, was funktioniert, aber auch, was nicht funktioniert. Ähnlich wie Edison, der tausend Wege gefunden hat, wie eine Glühbirne nicht geht. Daher sind die sogenannten

Fuck Up Nights so populär. Dort lernen (angehende) Führungskräfte aus den Fehlern anderer. Die Erfahrungen aus Misserfolgen sind wichtig, um später erfolgreich zu sein. Hier lernen sie aus erster Hand, welche Entscheidungen zum Erfolg führten und welche zum Misserfolg.

Die meisten und besten Erfahrungen sammeln wir aus unseren Fehlern oder, noch besser natürlich, aus den Fehlern und Erfahrungen anderer. Ohne Fehler wäre technologischer Fortschritt kaum vorstellbar. Wenn wir nicht aus den Fehlern gelernt hätten, könnten wir keine klugen und erfolgreichen Entscheidungen treffen, womit der Fehler eine wichtige Grundlage für den Erfolg darstellt.

Zusammenfassung:

Ein erfolgreiches Fehlermanagementsystem hilft Fehler zu erkennen, zu analysieren, den **Fehler Eins** zu finden und Unfälle zu verhindern. Darüber hinaus unterstützt es die lernende Organisation, sich weiterzuentwickeln und kontinuierlich besser zu werden. Ebenfalls unterstützt es Innovationen und Erfindungen.

Sie sehen, es gibt kaum einen Bereich, der ohne Fehler auskommt, um besser zu werden.

Share your experience

> *„Share your experience! You never live long enough to make all mistakes yourself."*
>
> Unbekannt

Eine letzte Anekdote dazu noch:

In Krankenhäusern halte ich regelmäßig Vorträge über Fehlermeldesysteme. Das Fazit ist immer wieder, wie wichtig eine Vertrauensperson ist, an die man sich wenden kann. Jemand, der ohne Vorbehalte einfach nur zuhört. Der bereits beschriebene Beichtvater für die Mitarbeiter.

Diesen Vortrag hielt ich am späten Abend vor einer Chefarztrunde. Die armen Kollegen waren den ganzen Tag schon auf den Beinen und wollten nur noch nach Hause, endlich Feierabend machen. Auch hier kam ich wieder an den Punkt, wie wichtig eine Vertrauensperson für die Klinik sei. Nachdem ich meinen Vortrag beendet hatte und die Runde sich auflöste, blieb einer der Chefärzte noch im Saal und wartete darauf, bis wir alleine waren. Er wandte sich mit gedämpfter Stimme an mich und fragte, ob ich ein paar Minuten Zeit für ihn hätte. Er sprach von den Problemen, die es gab. Er erzählte von den Vorkommnissen, die immer wieder passierten, von den vielen Fehlern, die ihm im Laufe seiner Karriere bereits unterlaufen sind. Er redete, ich hörte zu. Je mehr er spürte, dass ich ihm einfach nur offen und ohne Vorurteile zuhörte, desto mehr Vertrauen fasste er. Von Minute zu Minute wurde das Gespräch intensiver und vertraulicher. Er schüttete mir regelrecht sein Herz aus.

Und da wurde es mir plötzlich klar. Es fiel mir wie Schuppen von den Augen: Er hatte sich noch niemals in seiner Karriere jemandem so geöffnet. Er hatte noch nie so offen über seine Probleme und eigenen Fehler gesprochen. Es gab keinen, der einfach nur zuhörte, für ihn da war, ohne dabei ein Urteil über ihn als Person oder seine Fähigkeiten als Arzt zu treffen. Er öffnete sich mir, obwohl ich kein Arzt bin. Vielleicht half ihm gerade auch dieser Aspekt. Ich weiß es nicht.

Was mir aber sehr klar wurde, ist die Tatsache, dass wir alle als Menschen jemanden brauchen, an den wir uns wenden können, dem wir unsere Sorgen, Nöte und eigenen Fehler mitteilen können. In seiner Position als Chefarzt hatte er nicht viele Möglichkeiten dazu. Vermutlich gar keine. Wem sollte er sich denn auch schon öffnen und von seinen gefühlten Unzulänglichkeiten berichten? Welcher Vorgesetzte ist so offen und ehrlich und spricht über seine eigenen Fehler mit den eigenen Mitarbeitern? Oder mit den Kollegen auf gleicher Ebene, den anderen Chefärzten oder Bereichsleitern? Und noch viel seltener haben Mitarbeiter das Vertrauen, mit ihren Chefs darüber zu reden. Stellen Sie sich vor, wie ein Mitarbeiter seinem Vorgesetzten am Telefon einen Fehler melden würde: „Ey Chef, letzte Woche habe ich einen folgenschweren Fehler begangen. Das hat unser Unternehmen etwa 2 Millionen Euro gekostet … Chef? Boss? …“ Er hat aufgelegt. Nicht jeder ist so nachsichtig, wie Tom Watson von IBM.

Ein wirklich gut funktionierendes Fehlermanagementsystem hat viele Vorteile für das Unternehmen und alle Beteiligten. Das Unternehmen erkennt Risiken rechtzeitig, wird sicherer, spart immense Kosten und entwickelt eine Fehlerkultur, die zufriedene Mitarbeiter hervorbringt.

FAZIT:

Wir als Menschen sind alles andere als fehlerfrei, noch weniger perfekt. Wir tun also gut daran, wenn wir unsere eigene Fehlerhaftigkeit akzeptieren und lernen, damit umzugehen. Wenn wir die Hintergründe verstehen, uns die Zeit nehmen, die Umstände zu analysieren, und den wahren Ursprung der Fehlerkette, den **Fehler Eins**, finden, nur dann schaffen wir es, ein Unternehmen, eine Organisation, ja sogar unser eigenes Leben sicherer zu gestalten.

Zusammenfassend bedeutet das:

„Der Weg zur Weisheit führt über Einsichten, die wir aus unseren Fehlern gewinnen."

Sie haben gelernt, was die Unfallpyramide, das ETTO-Prinzip und der Practical-Drift ist. Sie wissen, was Käsescheiben mit Fehlerketten zu tun haben, welche unterschiedlichen Fehlerarten es gibt, wie die Wahrnehmung unsere Emotionen und unser Handeln beeinflusst. Sie verstehen, warum wir zu Fehlentscheidungen neigen, dass Schuldzuweisungen nicht helfen und warum eine Vertrauensperson so wichtig ist. Sie haben kennengelernt, wie Sie Fehler analysieren und was Sie für ein erfolgreiches Fehlermanagement benötigen, um innovativer zu werden und Unfälle zu verhindern.

Für alles gibt es eine Kernursache, den Anfang einer Fehlerkette, egal ob dieser Fehler nun katastrophale Auswirkungen hat, bahnbrechende Erfindungen hervorruft oder zu erfolgreichen Entscheidungen führt. Alles beginnt aus einem Grund, dem **Fehler Eins**!

Zusammenfassung:

- Ein erfolgreiches Fehlermanagementsystem besteht aus vier Phasen: Erkennen, Bewerten, Verbessern, Beobachten
- Mit den Erkenntnissen aus dem Fehlermeldesystem können sogar Prognosen abgeleitet werden, ohne auf große Vorfälle warten zu müssen.
- Unternehmen nutzen KAIZEN, das 5. Prinzip oder Agilität, um kontinuierlich aus Fehlern zu lernen und besser zu werden.
- Innovation und Fortschritt sind ohne Fehler nicht vorstellbar. Diese Fehler dürfen im Versuchsstadium passieren, nicht jedoch, wenn Menschenleben auf dem Spiel stehen.
- Erfolg ist zurückzuführen auf Erfahrung, die wiederum gewonnen wird, indem wir aus Fehlern lernen.
- Sie haben schlussendlich (eventually) das Buch geschafft. Aber es ist nicht das Ende, denn alles beginnt mit **Fehler Eins**.

Danksagungen

In allererster Linie möchte ich mich bei meiner Frau Katrin bedanken. Ohne ihre unermüdliche und fantastische Unterstützung wäre dieses Buch nie entstanden. Bedanken möchte ich mich auch bei Thomas Ammon vom Franz Vahlen Verlag, mit dem die Zusammenarbeit immer eine große Freude war.

Mein Dank gilt auch Direktor Johann Reuß, Direktor a.D. Ulf Kramer sowie Thomas Kostrzewa, Jens Friedemann und sämtlichen Kollegen der BFU, die seit vielen Jahren das Investigation Training begleiten und unterstützen. Der gleiche Dank gilt allen Dozenten und Referenten, die durch ihre Vorträge das Training bereichern.

Danken möchte ich auch dem gesamten Team der Klinik Manhagen, Großhansdorf, insbesondere dem Geschäftsführer Axel Post, dem Ärztlichen Direktor Prof. Dr. Jörg Braun sowie dem CIRS Gremium Bettina Bonn, Ulrike Schneider und Sabine Becker für die fantastische Zusammenarbeit in den ganzen letzten Jahren.

Ebenfalls möchte ich mich bei Dr. Christian Rotering bedanken, der mir die Tür zur Beratung von Krankenhäusern geöffnet hat.

Nicht vergessen möchte ich die vielen motivierenden Gespräche, den Austausch, die Unterstützung und vertrauensvolle Zusammenarbeit, die ich über die Jahre mit meinen Töchtern, vielen Freunden, Kollegen, Kunden, CIRS Teams und Trainingsteilnehmern hatte. Ich habe so viel von und mit Euch gelernt.

Euch allen sage ich: Vielen Dank!